Wir werden dem Leben auf Er
diesen Umstand können wir
da in diesem Buch alles,
und dies nicht nur aus meiner Sicht!

Bibliografische Information der Deutschen Nationalbibliothek: Die Deutsche Nationalbibliothek verzeichnet diese Publikation in der Deutschen Nationalbibliografie; detaillierte bibliografische Daten sind im Internet über dnb.dnb.de abrufbar.

© 2019 Heinrich Schmid

Herstellung und Verlag: BoD – Books on Demand, Norderstedt

ISBN: 978-3-7494-4921-7

Haftungsausschluss:
Die Inhalte dieser Publikation wurden sorgfältig recherchiert, dennoch haften Autor oder Verlag nicht für die Folgen von Irrtümern, mit denen der vorliegende Text behaftet ein könnte. Ebenso haften Autor oder Verlag nicht für Schäden und Folgeschäden, die aufgrund der im Buch enthaltenen Anleitungen, Hinweise und oder Schutzmaßnahmen auftreten könnten.

www.moerderischestrahlung.de

Gewidmet

Oberst Stanislaw Petrow!

Am 25.09.1983 übernahm Oberst Stanislaw Petrow, in der zentralen Kommando- und Bunkereinheit der UdSSR, für den nuklearen Erst- oder Zweitschlag die Nachtschicht.

Er war zu diesem Zeitpunkt der oberste Befehlshaber.

Am 26.09.1983 um 00:15 leuchteten sämtliche Alarmlampen für einen nuklearen Erstschlag, von Seiten der USA, gegen die UdSSR. Sämtliche Vorzeichen aus den USA, alle technischen Instrumente mit all ihren relevanten Anzeigen, sowie alle Untergebenen zeigten nur noch eines an: Ohne Wenn und Aber zurückschlagen!

Er muss jetzt, denn atomaren Zweitschlag auslösen, da die USA einen Erstschlag ausführt.

Obwohl er mit dem Tode rechnen musste, wenn ER „allein" sich irrt, **hat er sich für unser aller Leben entschieden, indem ER diesen einen roten Knopf, zum Untergang der gesamten Menschheit, <u>nicht</u> gedrückt hat.**

Nachdem sich herausgestellt hat, dass gleich mehrere über der USA stationierte Satelliten, über 20 Minuten lang, von einer Reihe unterschiedlicher Lichtsignale, in die Irre geführt wurden und es tatsächlich kein Erstschlag der USA war, wurde die Alarmierung von Rot auf Grün zurückgefahren.

Keine einzige Nation hat ihm bis heute dafür gedankt, oder ihn zum Nobelpreis vorgeschlagen. Obwohl dieser eine Mensch, uns allen das Leben gerettet hat.

ER GANZ ALLEIN HAT ES SO FÜR SICH ENTSCHIEDEN!

Ich werde das nie vergessen und darum danke ich Ihm mit dieser Widmung von ganzem Herzen.

Zur Erinnerung an einen ganz besonderen Menschen!

Des Lebens wahre Zier

Ist des Menschen Gier

Ist er in der Lage

Dieser, seiner Plage

Nur einmal zu widerstehen

Wird das Leben weitergehen

Heinrich Schmid

Vorwort und Vorabinformationen!

Eines kann ich Ihnen vorab zusichern: Es wird auch für technische Laien einfach sein, um zu erkennen welch unglaublicher Gefahr wir uns und unsere Kinder mit den Milliarden-fach eingesetzten Gift aus Handys und WLAN Netzen bereits ausgesetzt haben. Gleiches gilt nicht minder für all die anderen Lebewesen auf diesem Planeten! Und wie lautet der Name für dieses Gift? Elektro-Smog!

Ein Gift, das mit Hilfe einer von uns täglich, ja sogar sekündlich benutzten Hightech Waffe, wie einem Handy oder WLAN-Router, erzeugt wird und das tatsächlich unseren Untergang herbeiführen kann!

Was alle Diktatoren und menschlichen Monster in den Jahrtausenden zuvor nicht geschafft haben, unsere Welt in den Untergang zu führen, wir werden es schaffen. Dies nur, indem wir auf eine angeblich vollkommene und unschädliche Technologie vertrauen. Ungeachtet all der bis heute zur Verfügung stehenden Berichte und den bereits seit langem schon vorhandenen wissenschaftlichen Grundlagen dazu, die wahrlich nichts Gutes verheißen.

Haben Sie auch nur einen Hauch einer Ahnung, was mit uns und unserer Welt bereits passiert und noch passieren wird, wenn ich mit meinen logischen Schlussfolgerungen in diesem Buch, die Wahrheit und nichts als die Wahrheit, zur tatsächlichen Gefahr von Elektrosmog offenbare?

Ich glaube nicht!

Da ich mit 99 prozentiger Sicherheit sagen kann, dass Sie gerade ein vollkommen intaktes Handy in Ihrer greifbaren Nähe liegen haben oder sogar noch unmittelbar am Körper tragen!

Ich habe doch Recht, oder?

Vor allem: Woher weiß Ich das?

Weil ich mein Wissen aufgrund von logischen Schlussfolgerungen aufbaue. Darum muss ich nicht unbedingt Hellsehen, um die Gewissheit zu haben, mit welchen Dingen Sie sich umgeben. Oder was für Sie und mich sehr gefährlich werden kann! Das ist die ureigene menschliche Logik! Nur auf die ist Verlass und darum werde ich immer wieder deutlich darauf zu sprechen kommen.

Den Leserinnen und Lesern, die ihr Smartphone bereits ausgeschaltet und beiseitegelegt haben, sage ich vorab schon DANKE!

* Für alle Personen, die zunächst mit den im Buch verwendeten physikalischen Begriffen und Ausdrücken wie: Elektro-Smog, Schwingung, Frequenz, Strahlung, Funkwelle und dergleichen noch nichts anfangen können, für die befindet sich auch am Ende des Buches ein kleines Lexikon mit einigen weiterführenden Erklärungen und Tabellen.

Menschliches Denken und Handeln

Gehören Sie auch zu dem Typ Mensch, der immer wieder glaubt, alles im Griff zu haben?

Der aufgrund seiner Erfahrungen und Erlebnisse niemanden braucht, um erfolgreich und gesund zu sein?

Der zu seinen Lebzeiten von nichts und niemanden abhängig ist, und schon gar keine Obhut benötigt?

Der vor allem noch nie jemanden etwas Böses wollte, (und) noch nie jemanden Schmerz oder Leid zugefügt hat?

Nun denn! Dann werde ich Sie vorab darüber aufklären, unter welch großem Schutz Sie bereits standen und immer noch stehen. Nur damit Sie kurz einmal innehalten, (und) darüber nachdenken, wer oder was Sie überhaupt in der Lage versetzt hat, um sich:

A, dieses Buch kaufen zu können,

B, damit Sie es lesen können,

C, möglicherweise mein Anliegen verstehen,

D, und warum ich gerade Sie, (für mein) mit meinem Buch ausgesucht habe!

Bitte verzeihen Sie mir, dass ich Sie so direkt und unverblümt anspreche. Aber die Zeiten der unendlichen Rücksichtnahme auf andere Menschen, die aufgrund ihres „Nicht - Wissens" immer wieder Elektro-Smog freisetzen und dadurch ihr gesamtes Umfeld in Gefahr bringen, ist nun endgültig vorbei. Weil wir nämlich alle und ich betone wirklich **ALLE**, voneinander abhängig sind.

Wovon sind wir tatsächlich abhängig?

Wir befinden uns vom ersten Schrei an, immer wieder in der Hand von anderen Menschen und der uns umgebenden Natur und Umwelt. Um aber dem gesamten menschlichen Aspekt noch etwas Nachdruck zu verleihen, gebe ich Ihnen in aller Kürze einige Ausführungen zu unserem Erdendasein und der daraus resultierenden Schöpfung.

Ich werde Ihnen beweisen, unter welch grandiosem und natürlichen Schutz Sie sich seit Ihrer Zeugung und Geburt tatsächlich befinden. „Nichts und Niemand" kann auf der Erde auf diesen allumfassenden Schutz verzichten. Sollte sich für diese unglaublich filigranen Schutzmechanismen, nur das Geringste verändern, so sind wir alle gänzlich neuen Elektro-Smog-Krankheiten ausgesetzt. Wobei die letztendlich für uns zu einem wesentlich rascheren Ende führen werden. Daran besteht nicht der geringste Zweifel. Wer heute immer noch glaubt, es wirklich besser wissen zu müssen, dem werden innerhalb kürzester Zeit seine Verfehlungen sichtbar gemacht. Vielleicht waren diese sogar noch ungewollt. Das ändert aber nichts an der Tatsache, dass sie schon passiert sind und immer noch weiter fortgesetzt werden!

Im Moment wäre es für uns noch nicht zu spät. Denn für einen sehr kurzen Augenblick hätten wir es noch im Griff und könnten noch die Umkehr schaffen.

Sollte sich aber das große Fallbeil, mit Hilfe von 5G erst einmal in Bewegung gesetzt haben, so wäre es für unseren Untergang nicht mehr zu stoppen.
Dazu gäbe es auch kein: „Wenn und Aber oder Vielleicht auch nicht"!
Die Würfel wären mit der bereits geplanten und in Teilen schon vollzogenen Einführung von 5G endgültig gefallen.
Ab diesem Zeitpunkt wird kein menschliches Lebewesen mehr vor einer Verstrahlung sicher sein. Dies sind die Fakten und darum halten Sie nur ganz kurz inne, damit Sie für sich und für andere die richtige Wahl treffen!
Um diese vollkommen neutral treffen zu können, obwohl Sie nicht von Fach sind, möchte ich Sie mit meinem Buch ausführlich darüber informieren!

Unsere Eckpfeiler für die mobile Kommunikation oder unseren Untergang? So wie sie jedes Kind bereits kennt

Der gesetzliche Schutz ist doch garantiert, oder?
Wie lautet die Zusammenfassung aus einem deutschen Gesetzestext:
Alles für den Schutz des Menschen und insbesondere für das ungeborene Leben! (1)
Allein diese trügerische Sicherheitsformel wird mit dem Einsatz der bereits vorhandenen Funkwellentechnologie Ad absurdem geführt. Was aber das aktuell geplante 5G (2) mit uns anstellen wird, kann sich jeder von uns an fünf Finger abzählen, wenn bereits die alten Technologien, zum Teil so gefährlich sind!

---

1 Gesetzestext im Anhang / EU Kommissionsbeschluss 2008 /
2 Das „G" steht für Generation. 5G bedeute somit die fünfte Generation des Mobilfunknetzes. Gekennzeichnet durch seine extremen physikalischen Daten, wie dem Frequenzmuster und der Tarnsportgeschwindigkeit von Daten.

Dabei stellt sich mir sofort die Frage:
Wie um alles in der Welt, konnte der Gesetzgeber in puncto E-SMOG so vollständig versagen?
Wie kann das sein? Wenn bereits 1932, wissenschaftliche Gutachten vorgelegt wurden, die ganz klar von möglichen Gefahren durch Elektro-Smog ausgehen. Dabei beziehen sich sämtliche Stellungnahmen auf alle Lebewesen gleichermaßen. Die daran beteiligten Sachverständigen, **bitten** sogar noch darum, keine Zulassungen zu erteilen, solange nicht das absolute Gegenteil, die vollkommene Unschädlichkeit, von E-Smog, bewiesen ist. Wie ist das mit uns Menschen und insbesondere mit unserer Gesundheit zu vereinbaren?
Wie kann so etwas ohne unser Zutun erlaubt werden?
Gibt es womöglich eine indirekte Zustimmung von uns allen?
Haben wir etwas unterschrieben und wissen nichts davon?
Möglich wäre es!
Ich werde versuchen Ihnen dies zu erklären. Nur verstehen werde ich die Handlungsweise der Verantwortlichen wohl nie! Und auch Sie, als Leser/in, sollten in jedem Fall die wahren Hintergründe kennen.

Zum Schutz des ungeborenen Lebens
Seit 1932 wird vor Elektro-Smog gewarnt.
Das Ergebnis dazu ist nur noch beschämend!
Darum betrachten wir zunächst, vollkommen neutral unser aller höchstes Allgemeingut etwas näher, das noch ungeborene Leben.
Bereits bei der Zeugung verschmelzen winzigste Zellen zu einem großen Ganzen.
Seit Urzeiten ist die perfekte Grundlage für ein gesundes Zellwachstum, durch eine natürlich vorkommende und makellos ausgerichtete Schwingung gegeben. Man spricht auch von der göttlichen Frequenz oder himmlischen Strahlung. Sie beträgt 0,000015 mW/qm und wird vom eigenen Körper produziert und zur Kommunikation unserer Sinnesorgane mit der uns umgebenden Umwelt genutzt.
Diesen Wert bitte gut einprägen.
Auf dieser körpereigenen Strahlung baut im Anschluss daran der gesamte Körper mit all seinen beeindruckenden Funktionen auf.
Jedes noch so kleine oder große Lebewesen basiert auf dieser einen Grundlage: Der störungsfreien und zielgerichteten Schwingung und

Frequenz des Lebens, die uns alle erschaffen hat! Wird die seit langem bekannte Grundschwingung des Lebens, von anderen Frequenzen gestört, überstrahlt oder sogar zerstört, haben die betroffenen Zellen mit ihren dahinterliegenden Organen, keine Chance mehr gesund auf- und weiterzuwachsen.

DEUTSCHE
MEDIZINISCHE WOCHENSCHRIFT

BEGRÜNDET VON PAUL BORNER · FORTGEFÜHRT VON JULIUS SCHWALBE

ORGAN DER BERLINER MEDIZINISCHEN GESELLSCHAFT, DES VEREINS FÜR INNERE MEDIZIN BERLIN UND ANDERER GESELLSCHAFTEN

SCHRIFTLEITUNG
REINHARD VON DEN VELDEN · PAUL WOLFF
BERLIN W 62 · KEITHSTRASSE 5

VERLAG GEORG THIEME
LEIPZIG C 1 · ANTONSTRASSE 15

Der Verlag behält sich das ausschließliche Recht der Vervielfältigung und Verbreitung der in dieser Zeitschrift zum Abdruck gelangenden Beiträge sowie ihre Verwendung für fremdsprachliche Ausgaben vor

NUMMER 32   FREITAG, DEN 5. AUGUST 1932   58. JAHRGANG

Arbeitsergebnisse auf dem Kurzwellengebiet*
Von Priv.-Doz. Dr. F. SCHLAEPHAKE, Jena-Gießen

Quelle Diagnose Funk / Link im Verzeichnis.

Betrachtet man nun unser anfängliches Leben als Baby oder Kleinkind, in Bezug auf die oben genannten Abhängigkeiten, so ist für das erste Wohlbefinden und dessen Gesundheit, ein bereits auf der Erde existierendes Lebewesen verantwortlich. Bekannterweise ist dies in unserem menschlichen Fall: „Die Mutter".

Im nächsten Atemzug gilt das auch für den Vater. Geht es beiden Personen gut, und besitzen sie jetzt den gemeinsamen Willen und den Mut für eine zukünftige Familie, dürfte dem noch ungeborenen Wesen, für dessen Gesundheit und sein Wohlbefinden, nichts mehr im Wege stehen.

So hat es auch der Gesetzgeber in den allseits bekannten Gesetzen zu unserem Schutz verankert (3).

---

3 Gesetzestext Bundesstrahlenschutzkommision im Quellverzeichnis.

Kurzes Fazit zum Thema: „Eigene Unabhängigkeiten und deren Auswirkungen".

Als aufmerksamer Leser dürfte es Ihnen wohl nicht entgangen sein, wer oder was von Anfang für Ihre Gesundheit und Ihr Wohlbefinden verantwortlich ist. Niemand anderes als ihre leiblichen Eltern sowie deren unmittelbare Umgebung, mit all den „natürlichen oder technischen Nachbarn" und deren Einrichtungen dazu. Alles nur, damit Sie möglichst gesund das Licht der Welt erblicken konnten.

Dies ist aber noch lange nicht der Weisheit letzter Schluss. Da kommt noch einiges in Betracht, um zu erkennen, was unser aller Wohlbefinden betrifft.

Weitere Abhängigkeiten in unserem Leben.

Bewertet man als Nächstes, das Umfeld unserer Eltern, Großeltern und aller bereits existierenden Vorfahren auf dieser Welt. So bleibt es nicht umhin, einmal möglichst genau auf unsere weltlichen Voraussetzungen zu achten. Die uns dieser Blaue Planet sozusagen kostenlos, zur Verfügung gestellt hat und immer noch stellt.

Kurze Zwischenfrage:

Ist unser Planet ein Er oder eine Sie?

Ich tendiere da mehr zur „Sie", und darum werde ich sie ab sofort nur noch im „Sie" ansprechen!

Also „sie", hat für uns alle die besten Voraussetzungen geschaffen. Sie beschützt uns seit Menschen gedenken mit allem was ihr zur Verfügung steht und dies seit mehreren Millionen Jahren. Sie sorgte und sorgt heute immer noch für eine vollkommen ausgewogene Umwelt. Zwar auch immer wieder mit diversen Störungen, wie Tsunamis, Vulkanausbrüchen, Erdbeben und dergleichen. Aber alles im ausgewogenen Maßstab und in keinem Falle jemals so drastisch, dass es für uns alle und der gesamten Umwelt zur absoluten Vernichtung geführt hätte.

Insbesondere die auf Ihr lebenden Menschen lagen und liegen ihr immer noch sehr am Herzen. Sie sorgt für uns mit allen erdenklichen Lebensmitteln und süßen Leckereien.

Sie schaffte und schafft immer wieder die Grundlagen für eine saubere Luft, für natürlich nachwachsende Rohstoffe, um es auch in der kalten Jahreszeit mollig warm zu haben. Sie sorgte und sorgt heute immer noch für das allerwichtigste Gut: Unser Trinkwasser!

Denn ohne dem, wäre auf ihr überhaupt kein Leben denkbar!

Was derselben Bedeutung, ähnlich dem Trinkwasser zukommt, ist ihre/unsere Atmosphäre. Sie beschützt uns mit einem schier undurchdringlichen Mantel, vor den unglaublich gefährlichen Strahlungen des umgebenden Weltalls. Da die enorm tödliche Strahlung aus dem Weltall, für sämtliche Lebewesen der unmittelbare und schnellste Untergang wäre. So sorgt sie mit Hilfe von natürlich vorhandenen Stoffen und deren darin enthaltenen Frequenzen für einen immerwährenden Schutz.

Sie wacht somit über unser aller Leben und achtet darauf, dass auch unsere Kinder und Kindeskinder, über eine gemeinsame und geschützte Zukunft verfügen könnten.

Was sich aber für uns alle, sehr bald als schicksalhaft herausstellen wird, ist die Tatsache, dass ausgerechnet die bedrohlichsten kosmischen Strahlungen auf exakt denselben Frequenzen basieren, wie unsere momentan so heiß geliebten hochfrequenten Elektrogeräte. All unsere Handys, WLAN-Sender und die bereits bekannten alten Funkmasten mit ihren Funknetzen, arbeiten mit ähnlichen Schwingungen. Nun soll zukünftig, eine bereits in der Planung befindliche neue Super – Geheimwaffe, zur permanenten Empfangsbereitschaft und der vollkommenen Verstrahlung zum Einsatz kommen. Das derzeit mobil gemachte 5G Telekommunikationsnetz. Dieses 5G Netz ist aber nur die absolute Speerspitze. Es bedeutet in keinem Falle, dass alle anderen und veralteten Netze möglicherweise nicht so schädlich wären.

Nur diese neue Art der 5G Hochfrequenz - Kommunikation, beschleunigt die bisher da gewesenen Zellschädigungen enorm und ohne gleichen. Diese Funkstrahlung ist in der Lage, alle auf der Erde vorhandenen Lebewesen, vom Einzeller bis hin zu uns Menschen, innerhalb kürzester Zeit in ein absolutes Wrack zu verwandeln.

Diese Strahlungsart nimmt keinerlei Rücksicht auf all das, was nur irgendwie Leben in sich trägt und sie steht der kosmischen Strahlung in nichts nach.

Außer dass sie noch nicht die kosmische Stärke (4) besitzt. Nur die sich daraus entwickelnden Krankheitsbilder, werden dem einer Vergiftung

---

4   Die Zerstörungskraft der kosmischen Strahlung wäre mit dem des derzeit auf der Erde vorhandenen Atombombenarsenals mal 1000 vergleichbar.

durch kosmische Strahlung sehr ähnlich sein. 5G wird möglicherweise in der Lage sein, unseren irdischen Schutzmantel, sozusagen von innen heraus anzugreifen, um ihn dann womöglich zur Auflösung zu bringen. Was dies für uns und unsere nachfolgenden Generationen zu bedeuten hat, oder noch bedeuten wird, muss ich nicht näher erläutern. Sollten wir uns demnach, mit der derzeitigen Situation zum Einsatz einer derart unkontrollierbaren Strahlung, sprich Schwingung, abfinden, so käme dies einem weltlichen Selbstmord gleich.

Alle bisher dagewesenen Gräueltaten, wären nur Schatten dessen, was dann folgen kann.

Das Ausmaß der hier von uns allen provozierten Zerstörungskraft wäre mit nichts Weltlichem vergleichbar. Außer dem kosmischen Absturz eines riesigen Kometen. Nur der würde uns alle sehr schnell vom Leben erlösen.

Da es sich aber im Gegenzug, zu den von uns selbst bereits eingesetzten tödlichen Schwingungen, beim mobilen Telefonieren und Surfen, um ein extrem leichtes Gift handelt, haben es bis zu 90 Prozent der Nutzer bis heute noch gar nicht so richtig registriert, was da in unserem Körper alles abläuft und zerstört wird. Indem dieses leichte Gift des Elektro-Smogs, immerwährend und fast ohne jegliche Unterbrechung auf uns einwirkt, wird dieses „Unser Krank werden" und das daraus resultierende dahinsiechen, schleichend vonstattengehen.

Durch diese fatalen Zeitmechanismen - was bei einem stetig einwirkenden leichten Gift immer so ist - setzen wir uns einem unendlichen Leid aus. Darum wird auch diese schreckliche Bedrohung zunächst überhaupt nicht erkannt. Das ist für uns das Schwierige daran, und kaum einer will es glauben. Dass eine so geringe Menge, eine so kleine Dosis ausreicht, um uns regelrecht zunichtezumachen. Nur was ist die Grundlage dieses elektronischen Giftes? Seine enorm hohe Schwingungs- und Impulsrate.

Wo genau setzt die an?

Im Kleinsten von allem, was uns Lebewesen ausmacht, in unseren Körperzellen. Exakt da wirkt dieses elektronische Gift am effektivsten, und genau hier wird es für uns alle sehr bedenklich.

Für den einen oder die andere wohl etwas früher, für die eine oder die andere, nur etwas später. Warum ist das so? Weil wir diese unglaublichen Zellveränderungen nicht sofort spüren können!

Die Natur ist unsere alles bestimmende Grundlage. Darum spielt man nicht mit ihr und man macht damit auch keine unkontrollierbaren Versuche.

Da sie sich im Umfeld des Kleinsten vom Kleinen abspielt und darin unsere Nervenzellen noch keine Schmerzreaktionen bereitstellen. Erst wenn sie sich - im schlimmsten Falle für uns - zu einem Zellverbund aus Krebs und/oder völlig falschen DNA-Strängen zusammenschließen, dann wird über unser eigenes Wohlbefinden und Weiterleben entschieden. Ob diese miserablen Veränderungen, gutartig oder bösartig sind, das steht dann in den Sternen.

Der Auslöser dafür ist und bleibt die hochfrequente Permanentbelastung durch Elektro-Smog, ausgelöst von unseren heiß geliebten Handys. Die wir für unsere alles umfassende Kommunikation so dringend benötigen. Welch ein Irrglaube.

Das war der zweite Exkurs zum Thema „eigener Abhängigkeiten und deren Auswirkungen". Als hellhöriger Leser dürfte es Ihnen nicht entgangen sein, dass für Ihre und meine Gesundheit, niemand anderes als unsere intakte Erde verantwortlich ist.

Die mit Ihrem nahezu perfekten Schutzmechanismen immer wieder für neues Leben sorgt und derzeit noch dazu in der Lage ist. Alles nur damit wir möglichst gesund das Licht der Welt erblicken konnten und sich heute noch auf Ihr bewegen dürfen.

Da es für alle Wesen und insbesondere für die noch ungeborenen Kinder, in erster Linie um die umgebenden Schwingungen geht, sollte man annehmen, dass von Seiten aller, auch für einen ausreichenden Schutz vor derart gefährlichen Strahlungen und Frequenzen gesorgt wird. Seit Einführung der Mobiltelefone und all ihrer „elektronischen Kinder", scheint das pure Gegenteil der Fall zu sein. Da werden seit Jahrzehnten immer wieder mehr und noch mehr Hoch-Frequenz (HF) Sender aufgebaut. Da werden immer mehr Menschen dazu verführt, sich mit elektronischen Zeitbomben zu umgeben, die jeglichen Schutz für ein solch ungeborenes Leben nahezu unmöglich machen. Da werden Menschen und insbesondere werdende Mütter dazu verführt, bereits von Anfang an für die richtige Strahlendosis dieses in Ihnen schlummernden, winzigen Zellkörpers zu sorgen. All dies wird von den beteiligten Personen einfach so in Kauf genommen. Aufgebauscht und getarnt wird das Ganze, indem immer wieder von der pauschalierten Angst bei einem möglichen Notfall gesprochen wird. Denn diese Unerreichbarkeit könnte einem „ja" das Leben kosten.

Fragt sich nur, wer da schneller ist: „Der Elektro-Smog-Krebs oder der Unfall". Geschürt wird das noch über kostengünstigste Vertragsangebote zu Telefonverträgen und Telefonkäufen, die in keinem vernünftigen Zusammenhang mehr stehen. Vor allem dann nicht, wenn es um Ressourcen von wichtigen Stoffen und Metallen auf diesem Planeten geht. Hauptsache alle spielen bei der Nutzung von kabellosen Telefonen, WLAN´s, WiFi, Bluetooth, Babyfons, Haushaltsgeräten, Ladern, usw. artig mit. Die Liste der derzeitigen elektronischen Anwendungen ist schier unendlich geworden. Wobei auch noch die Halbwertszeit eines neuen Handys bei unter 6 Monaten liegt, dann muss unbedingt ein Neues her. Welch unglaubliche Verschwendung, für unsere wichtigsten Rohstoffe auf diesem Planeten.

Verantwortung zeigen
Niemanden was Böses tun oder Schaden zufügen?

Glauben Sie jetzt immer noch an den Mythos, dass Sie mit Ihren

14

elektronischen Geräten, die auf der Basis von Funkwellen arbeiten, anderen Menschen kein Leid zufügen. Bereits die zwei kleinen Exkurse vorab, über die genannten Abhängigkeiten und der dafür Verantwortlichen, dürfte Sie doch schon zum Nachdenken gebracht haben. Wenn in Ihnen bereits jetzt gewisse Zweifel, zur angeblichen Unschädlichkeit von Funkwellen (sprich Strahlungen, Schwingungen und Frequenzen) vorhanden sind, so könnten Sie sich vielleicht schon auf dem richtigen Weg befinden.

Aber genau deswegen werde ich Ihnen innerhalb der nächsten Kapitel aufzeigen, welch unglaublichen Gefahren (Auswirkungen) Sie ihre Mitmenschen aussetzen, wenn Sie ihr geliebtes Mobiltelefon einfach so am Laufen halten, oder unbedacht die mobilen Daten offenlassen. Dazu vielleicht auch noch ihren WLAN Router permanent in Betrieb nehmen, damit Sie möglichst viele Nachbarn gleich mit verstrahlen. Wir sind doch eine menschliche Gemeinschaft und da teilen wird doch alles gerecht auf: ob Freud, ob Leid und wenn möglich, noch jede erdenkliche Krankheit mit dazu. Wenn schon „up to date", dann so richtig!

Das Raucherbeispiel.

Möglicherweise haben auch Sie sich schon über Raucher mokiert. Aber eines kann ich Ihnen schon kundtun. Nach diesem Buch wären Sie wohl besser Kettenraucher geworden, als dass Sie sich zum Top - Internetsurfer auf W-LAN Basis oder zum so genannten Vieltelefonierer entwickelt haben.

(**Vieltelefonierer** sind laut WHO **täglich 30 Minuten am Telefon**! Diese 30 Minuten unbedingt beachten).

Die dabei entstandenen Belastungen durch Funkwellen, für Sie und ihre Mitmenschen, übertreffen die Gefahren des Passiv - oder Direkt - Rauchens bei weitem. Das prekäre an der Geschichte ist, dass Sie mit Ihrem unbedarften Handeln und der von Ihnen verursachten Strahlung, sogar deutlich schmerzlichere Auswirkungen für sich und Ihre Mitmenschen nach sich ziehen, was mittlerweile wissenschaftlich eindeutig bewiesen ist. Scheinbar sind Sie sich der Gefahr nicht bewusst. Weil Sie die Strahlung im Gegensatz zum Rauch einer Zigarette, weder sehen, hören oder gar riechen können. Dadurch bleiben Sie fest in Ihrem Glauben: „Das kann doch alles nicht so schlimm sein".

Nur weil diese extreme Gefahr des Elektro-Smogs, vor Ihnen persönlich im Verborgenen bleibt, heißt dies noch lange nicht, dass es sie nicht gibt.

Beim Raucher erkennt man sofort, wann Rauch aufsteigt, wenn die Gerüche kommen und die Sache an sich zu stinken anfängt. Diesem offensichtlichen Gift, weichen Sie möglicherweise auch kategorisch aus und zeigen vielleicht noch mit dem Finger auf Ihn. *„Pfui böser Raucher"* Nutzen Sie aber Ihr Mobiles-Telefon oder Ihre Mobilen-Endgeräte immer wieder aufs Neue, so schädigen Sie im Umkreis von bis zu hundert Metern, jedes noch so kleine oder große Lebewesen. (Und) da zeigt momentan noch keiner mit dem Finger auf Sie.

Ich kann mir auch im Moment nicht vorstellen, dass Ihnen das schon einmal bewusst war. Aber es sind Tatsachen und denen müssen Sie, als Nutzer eines solchen Gerätes, ab sofort ins Auge schauen. Das Handy ist eine mobile Hightech Waffe und diese Waffe zerstört Leben. Wenn auch nur sehr langsam, aber mit der Präzision einer Schweizer Uhr.

Wie heißt es doch so schön in der Physik: „Steter Tropfen höhlt den Stein".Beim Mobilfunk darf es dann etwas anders sein: „Stete Welle höhlt das Hirn"!

Eigentlich könnte ich jetzt auch sagen:

„Hätten Sie sich das Buch nicht gekauft, dann wüssten Sie es vielleicht nicht besser! Aber Sie haben es getan und somit nehme ich Sie in die Verantwortung. Vor allem dann, wenn Kleinkinder oder andere Menschen dabei erkranken. Oder wenn jede, Art von Lebewesen, unter Ihrem Handeln und Tun, unendliches Leid zugefügt wird".

Und kommen Sie mir jetzt bitte nicht mit der Aussage:

„Aber der Funkmasten ist ja schon da! Die strahlen ja auch! Da kann doch mein kleines Handy, mit seiner geringen Strahlung nicht die Ursache sein". Darauf antworte ich Ihnen nur kurz und knapp mit einer Gegenfrage: *„Warum sind denn diese Funkmasten und alles was dazu gehört vorhanden? Weil Sie persönliche es so wünschen und gleich am Rad drehen, wenn Sie einmal in ein Funkloch kommen. Sie haben mit Ihren Gebühren all dies ja mitfinanziert. Da aber ohne „Moos" nix los wäre und ohne Ihre finanzielle Zuwendung kein einziger Sendemast, je in Betrieb genommen worden wäre!* Dadurch steht es völlig außer Zweifel, wer dies alles zu verantworten hat. Dazu bitte dies „unbedingt" Beachten: „Ihr Handy muss mit Sicherheit dieselbe Leistung wie ein Sendemast haben, sonst könnte es mit dem Sendemast niemals in Verbindung treten! Dem ist so"!

Nur Sie scheinen das einfach zu ignorieren und wollen nur die bestmögliche Verbindung haben. Egal wo auf der Welt und wie die eigentlich zustande kommt. Hauptsache die Balken stehen am Handy auf Vollanschlag.

OHNE WORTE!

Anmerkung zum vorhergehenden Bild:
Da gibt es doch tatsächliche heute noch Regierungen, Institutionen, Firmen, ja sogar einzelne Menschen, die diese derzeitigen Funklöcher immer wieder anprangern. Darum hat man für diesen Personenkreis, wieder einen Sender, und noch einen und noch einen, gebaut! Dies wird

dann solange durchgezogen, bis es kein Funkloch oder keine Menschen mehr gibt, die diesen Funklochumstand weiterhin anprangern könnten. Da aber die Aufgabenstellung zur persönlichen Eigenverantwortung in einem eigens dafür angelegten Kapitel noch behandelt wird, erspare ich Ihnen vorab noch weiterführende Einzelheiten und Argumente.

Nicht dass Sie mir noch das Buch aus der Hand legen und es nie wieder anfassen. Das wäre für mich als Autor nicht gerade förderlich oder zielführend. Denn ich will Sie hier als meinen Partner in Sachen E-Smog Vermeidung und nicht als Gegner. Derer habe ich schon genug und darum brauch ich keine weiteren mehr!

Alle Funknetze sind schädlich! *„Ja, aber da gibt es doch Funkwellen und Telefonnetze, die sind doch vollkommen unschädlich!"*

Wie oft musste ich mir dieses Argument schon anhören und darum diese kurzen Informationen vorweg. So individuell wie jeder Einzelne von uns ist, so individuell sind unsere bis heute bekannten Strahlungs- und Frequenz-Muster der einzelnen Funkwellen. Unterschiedliche Netzbetreiber benutzen vielfältige Funkwellen und Signale. Angefangen von WLAN bis hin zum neuen 5G Netz werden zum einen, unterschiedliche Frequenzen und somit andere „Taktmuster" und zum anderen, grundverschiedene Signalstärken verwendet. Was noch weitaus schlimmer ist, bleibt die Tatsache, dass zur „normalen" Funkwelle, - die an sich schon enorm schädlich ist - jetzt auch immer mehr gepulste Strahlung hinzukommt. Ansonsten wären die Funknetze innerhalb kürzester Zeit vollkommen überlastet und würden zusammenbrechen. Nur diese „Funksignale haben eines gemeinsam". Sie senden mit digitalen Trägerwellen und zukünftig, mit 5G, auch noch mit enorm hochgepulsten Trägerwellen. Jede dieser Funkwellen, alte sowie neue, bewegen sich mit Lichtgeschwindigkeit. Dadurch wird auch jedes wasserhaltige Element, im Bruchteil einer Sekunde, sowohl in der unmittelbaren Nähe dieser Strahlungsquelle als aber auch sehr weit entfernt, permanent durchstrahlt! Derartig ausgesendete Funkstrahlung macht keinen Halt vor etwas noch „Lebenden".

Sie zerschlagen in unserem Körper, Zellwände, Zellstrukturen und alles was zum Leben, dringend gebraucht wird. Daher spielt es überhaupt keine Rolle, mit welcher Frequenz, welchem Sendersignal und welchem Netzmuster Sie mobil telefonieren oder mit dem Internet agieren. Und glauben Sie bitte nicht, Sie wären mit einem WLAN / WiFi Signal auf der sicheren Seite. Egal welches DIGITALE Signal Sie mir jetzt nennen, jedes davon ist äußerst schädlich.

Sie alle beeinflussen uns und unsere Umwelt massiv. Die einen mehr die anderen etwas weniger. Dass diese Gefahren, für Leib und Leben seit 1932 bereits bekannt sind, scheint aber im Bereich der Gesetzgebung, wohl niemanden zu interessieren.

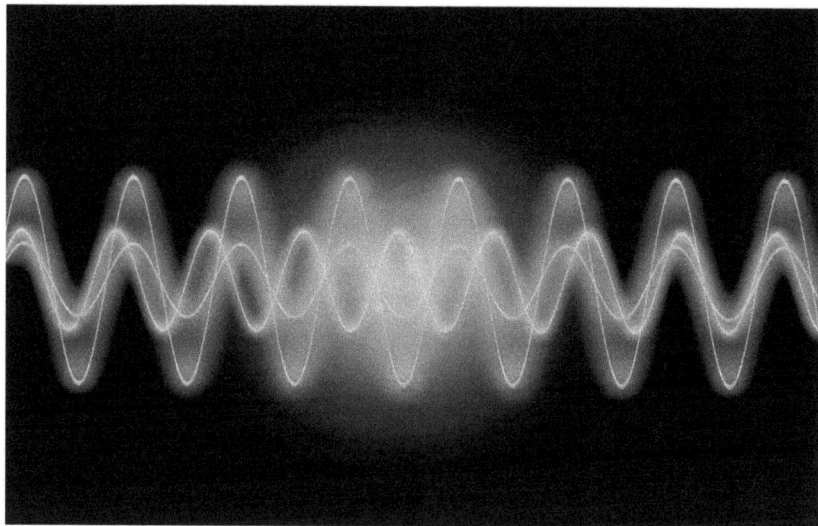

Sich überlagernde Wellen führen in bestimmten Bereichen der Zellen zu wahren Hotspots, wobei die Zellstrukturen außerordentlich leiden.

5G Armageddon pur!

Was mit der neu geplanten Einführung von 5G, an zusätzlichen Gefahren und Körperangriffen auf uns zukommt, stellt die sogenannten „alten" Funkwellen komplett in den Schatten. Die Auswirkungen von 5G werden die bis heute bereits vielfach dokumentierten Krankheitsursachen und gesundheitlichen Schäden durch den „alten" Elektrosmog, um ein vielfaches Übertreffen.

Sollten wir zukünftig von den heute bereits bekannten Funkwellen, deren extreme Schädlichkeit für uns ausführlich dokumentiert ist, auf das Neue 5G System wechseln, dann würde dies einem Umzug vom Schwarzwald Idyll nach Tschernobyl gleichkommen. Was Sie in Tschernobyl für die nächsten 1000 Jahre zu erwarten haben, brauch ich Ihnen nicht noch näher erläutern. Sie wissen es sehr genau und darum würden Sie bei einem möglichen Umzug nach Tschernobyl vorsätzlich und mit sehendem Auge in ihren Untergang gehen. Warum Sie sich aber immer mehr nach Schwingungs- und Frequenz-Zuständen wie in Tschernobyl oder Fukushima aussetzen, kann ich mir beim besten Willen nicht erklären. Ausgerechnet bei 5G sind es gerade die Bürger, mit Ihren momentanen Regierungen, die es wohl kaum mehr erwarten können. Damit 5G schnellstmöglich und vor allem europaweit eingeführt wird. Scheinbar hängt von dieser besseren Surfgeschwindigkeit und dem dazu propagierten Schwachsinn, ihr politisches Überleben ab? Wenn Sie nicht mehr mit allen anderen mithalten können.

Dass tatsächlich ihr politisches Leben und das von vielen anderen Menschen davon abhängt, das versuche ich denen und Ihnen gerade zu erklären. Weil nämlich dies der Fall sein wird, wenn 5G wahrhaftig einmal in Betrieb genommen wird.

Bereits heute stehe ich zu meiner Vorhersage, dass das Gefahrenpotential mit 5G exakt dem der atomaren Strahlung von Tschernobyl gleichkommt.

Es bleibt dazu nur ein einziger Unterschied. 5G ist eine „nicht-ionisierende" Strahlung. Aber die zellvernichtende Dosisleistung der 5G-Strahlung, wird gleich oder sogar erheblich größer sein, als die von Tschernobyl. Sobald das 5G Netz erst einmal voll ausgebaut ist.

Ihr Verständnis ist gefragt

Im Moment kann ich es noch verstehen, wenn Sie mir dies bereits geschriebene noch nicht so recht abkaufen wollen. Habe ich recht? Vielleicht besitzen Sie aber auch noch nicht dieses Hintergrundwissen, wie es mir schon zu Teil wurde. Ich bin aber nicht dazu angetreten, um Ihnen mit meinem Buch etwas „zu verkaufen" oder um Ihnen etwas vorzumachen. Mir geht es in erster Linie darum, Sie persönlich aufzuklären und dass Sie in die Lage versetzt werden, für sich und andere das Richtige zu tun. Dies sind die Hintergründe meines Buches. Darum zurück zum Thema und allen erdenklichen Informationen für Sie.

Sie selbst sollten sich ein neutrales Bild davon machen können und was Sie persönlich dazu beitragen können. Am Ende des Buches werde ich Sie erneut auf das immer noch betriebsbereite Handy in Ihrer unmittelbaren Nähe ansprechen.

Spezielle Netze mit ein und derselben Wirkung!
Dem programmierten Zelltod!

Egal ob UMTS, GSM, BOS, TETRA, 2G, 3G, 4G, usw. (5) Sämtliche „alten" Signale basieren auf einer künstlich geschaffenen Funkwelle, die anfänglich noch nicht so hoch gepulst und getaktet waren. Aber bereits diese griffen anfänglich nur die hochsensiblen Menschen und Lebewesen an. Nach und nach bekommen es aber auch alle anderen mit, dass sich in ihrem eigenen Körper, ebenfalls negative Veränderungen ergeben, die so gar nicht zu erklären sind. Genau da liegt der Dämon des Ganzen. Es gibt Erdbewohner, die bereits vom ersten Moment unter Elektro – Smog leiden und es gibt Lebewesen, die anfänglich so gut wie nichts spüren. Warum ist das so?

Weil es derart unterschiedlich viele elektronische Schwingungsmuster, wie Menschen gibt. Wir selbst sind, aufgrund unserer natürlichen Frequenzmuster, sehr verschieden. Deshalb gibt es einen Personenkreis, der exakt neben den derzeit verwendeten elektrischen Strahlungsmustern liegt, darum zeigen die so gut wie keine Reaktion. Dies liegt in der Sache der Natur und ist gegenwärtig auch gut so. Die Betonung liegt aber auf „gegenwärtig". Kommen aber diese anfänglich „Reaktionslosen" in den Bereich mit einer für sie identischen Strahlungsquelle, bei der ihre ureigene Körperstrahlung mit diesem ausgesendeten Schwingungsmuster in Resonanz geht, dann ist es passiert.

Teile ihres Körpers beginnen mit heftigen Reaktionen und anfänglich werden diese „funkgesteuerten Wirkungen" lediglich als Grippe Symptome oder Ähnliches abgetan. Meist ist noch „ein bisschen Kopfschmerz" mit dabei und es werden alle erdenklichen Mittelchen eingenommen:

„Im Übrigen, ist sowieso wieder nur das miese Wetter daran schuld". Kaum einer denkt nur im Geringsten daran, dass es sich um eine ausgewachsene Strahlungsvergiftung handeln könnte. Darum nehmen die meisten die Sache nicht so richtig ernst. Obwohl der richtige Zeitpunkt zum sofortigen Ausstieg perfekt geeignet wäre. Zumal der eigene Körper plötzlich Signale aussendet, die darauf aufmerksam machen: *„Hallo hier stimmt was nicht, könntest du BITTE schnellstmöglich darauf reagieren"!* Meistens verlassen sie noch völlig instinktiv, dieses verstrahlte Areal, mit dem für sie so schädlichen Netzmuster. Alles beruhigt sich in Ihrem

---

5 Alle Erklärungen zu den Kurzzeichen finden Sie im Lexikon.

Körper wieder und Sie glauben jetzt erst recht nicht daran, dass es gerade eben zu einer echten Strahlungsvergiftung kam.

Nur wenn dieses, ausgerechnet für sie schädliche Strahlenmuster, ihnen erneut wieder begegnet, so werden die Reaktionen ihres Körpers, von Mal zu Mal heftiger. Unterliegen sie sogar noch einem regelrechten Dauerbeschuss, kann es vielleicht schon zu spät sein. Da sie, die von ihrem Körper vorab ausgesendeten Warnsignale völlig missverstanden oder vollständig missachtet haben. Bereits in diesem Moment kann es für manchen sehr böse enden, da sie möglicherweise irreparable Schäden an ihren Körperzellen davongetragen haben.

Und wie der Name „Irreparabel" schon sagt!

Da wurden in ihnen, Zellen, Zellmechanismen oder sogar gesamte Körperregionen regelrecht verstrahlt, die das einfach nicht mehr aushalten. Die dabei betroffenen Zellregionen könnten zum Teil komplett zerstört sein. Die kann man in keinem Falle mehr, mit Hilfe einer Tablette oder einem andersartigen Medikament, schnell mal wieder reparieren. Darum kommt es ausschließlich auf denjenigen persönlich an, wieviel Zeit Er oder Sie, dem Körper zur Heilung und Regeneration gibt.

Dies zum Thema „Elektrosmog geschädigte Zellen".

Können Sie sich nur für einige Augenblicke, einmal in den Körper eines Kleinkindes, eines Babys hineinversetzen. Das so gut wie nicht in der Lage ist, seine eigenen körperlichen Reaktionen mit den dazu gehörigen Schmerzen kundzutun. Das auch nicht in der Lage ist, uns per SMS oder WhatsApp mitzuteilen, wir dreckig es ihm eigentlich geht.

Nun stellen Sie sich weiterhin vor, dass ausgerechnet Sie, mit Ihrem mobilen Gehabe und der daraus abzuleitenden immerwährenden Erreichbarkeit, diesem Kleinkind, ständig Schmerzen zufügen könnten.

Als weiteres stellen Sie sich vor:

Es ist Ihr eigenes Baby, Ihr eigenes Kind!

Warum machen Sie so etwas?

Weil Sie auf die Aussagen von Geschäftemachern und vollkommen skrupellosen Wichtigtuern vertraut haben. Die Ihnen dann noch mit völlig fadenscheinigen Ausreden, wie der folgenden, ihre Aufwartung machen.

Die dreistesten Ausreden von E-Smog Freunden!

Zusammenfassende Auszüge von Schreiben und Stellungnahmen der Netzbetreiber und deren Wissenschaftlern: *Dass es in unserem Körper, aufgrund der natürlich auftretenden* **(analog wird nicht genannt)**

Strahlungen täglich zu solchen Zellschäden kommt, ist nichts Außergewöhnliches. Sie müssen sich da nichts dabei denken. Alles OK, oder? Wir wissen das und darum gibt es keinerlei Gefahren, des von „Ihnen" und von uns erzeugten Elektro-Smogs.

Unser Körper ist doch seit Jahrtausenden auf solche „gefährlichen" Strahlungsmuster trainiert und er besitzt dazu enorm schnelle Abwehrmechanismen. Indem er die betroffenen und zum Teil zerstörten Zellregionen einfach beseitigt und ersetzt.

Dann folgt immer wieder eine Aufzählung von natürlichen Strahlungsquellen, die ein jeder von uns kennt.

Das da wären zum Beispiel:

Zu lange in der Sonne. Aufgewachsen im bayerischen Wald, der eine deutlich höhere radioaktive Grundstrahlung besitzt, aufgewachsen in Nepal, bei der die kosmische Strahlung, durch die extreme Höhe, leichter an die Menschen herankommt.

Der absolute Oberhammer, den ich immer wieder höre, der sogenannte Rausch oder Vollrausch, durch Alkohol. Bei dem 100-Tausende von Körper- und Gehirnzellen zerstört werden, die von uns sofort wieder erneuert werden: *Darum kann man auch bedenkenlos weiter mobil telefonieren, da eine mögliche Zellvernichtung, durch den dabei entstandenen Elektro-Smog, sofort wieder repariert wird. Und so weiter!*

Ich frag mich da schon manches Mal, ob nicht der Tatbestand der vorsätzlichen Körperverletzung gegeben ist und man diesen Personenkreis langsam, aber sicher vor Gericht bringen sollte!

Denn eines vergessen diese Damen und Herren, dabei zu erwähnen! Die eben genannten natürlichen Strahlungen, haben eines gemeinsam: „Sie basieren alle auf analogen Strahlungs- und Schwingungs-Mustern und sind daher bei weitem nicht so gefährlich!"

Sollten Sie es mit der analogen Strahlungsvergiftung, wie bei einer zu hohen Sonneneinstrahlung einmal übertreiben, dann werden Sie es persönlich sehr schnell zu spüren bekommen. Sonnenbrand kann hässlich wehtun und hält einem nächtelang wach.

Nur Sie als momentan unwissender, möchten wohl gerne diesen von der Politik und Industrie verbreiteten elektronischen Märchen Glauben schenken. Damit Sie als Person eigentlich fein raus sind und sich keiner Eigenverantwortung mehr stellen müssten. Alles nur um bloß nicht, Ihr

Handy, oder das immens bequeme WLAN, abschalten zu müssen, nehmen Sie diese Lügengeschichten sogar noch dankend an.

Was aber aus Ihren Mitmenschen und insbesondere Ihrem Baby wird, scheint Sie komplett kalt zu lassen. Ja geht´s denn noch? Was in Bezug auf Ihre persönliche Haftung dabei unbedingt noch zu erwähnen ist, können Sie im Kapitel „Eigenverantwortung" nachlesen. Es könnte leicht sein, dass Sie vollkommen ungewollt persönlich in die Verantwortung genommen werden.

Ich sage nur: Ursache und Wirkung. Wer im Bereich zur Verbreitung von Elektro-Smog, basierend auf WLAN /WIFI den Knopf drückt, steht für den Gesetzgeber immer außer Zweifel. Nur Sie ganz allein sind dafür verantwortlich. Dies nur mal so zur Info!

Analog contra digital.

Analoge Strahlungsmuster sind zum digitalen Muster und dem daraus abzuleitenden Elektro-Smog ein himmelweiter Unterschied. Darum noch einmal ganz langsam und zum Mitdenken für alle: Trifft unser Körper auf ein digitales Funkwellenmuster, welches gerade mal seit 30-40 Jahren existiert, dann ist dieser Körper weder darauf vorbereitet, noch ist er trainiert darauf. Er besitzt keinerlei Abwehrmechanismen oder kann sich auf die eine oder andere Weise dafür schützen. Die Jahrtausende alte Evolution, zur Abwehr von analogen Strahlungsmustern ist intakt. In keinem Falle gibt es momentan eine köpereigene Abwehr für ein digitales Elektro-Smog-Muster. Dies ist es doch gerade, was die Sache für uns so gefährlich macht. Und nicht nur für uns, denn bis heute hat kein einziges Bienenvolk länger als 100 Tage überlebt, wenn es täglich „nur" eine Stunde lang, dem Elektro-Smog von einem Handy ausgesetzt war! Bis heute gab es auch kein geschlüpftes Küken, wenn das befruchtete Ei einer täglichen Mobilfunkstrahlung von „nur" einer halben Stunde ausgesetzt war. Noch dazu wurde beim Kükenversuch ein Strahlungswert benutzt, der unter dem gesetzlich vorgeschriebenen Grenzwert lag.

Dies sind die unwiderlegbaren Tatsachen und Fakten im Bereich von Tierversuchen und die wurden so, bereits 2005 durchgeführt und 2006 veröffentlicht. Wie viele Beweise brauchen Sie eigentlich noch, um die extreme Schädlichkeit von Elektro-Smog, verursacht durch Ihr Handy oder Ihr WLAN, restlos als Fakten anzuerkennen. Benötigt da ein logisch denkender Mensch noch irgendeine oder irgendwelche wissenschaftliche

Arbeit dazu? Wenn es bereits bei den Bienen- und Küken-Versuchen, zu solch gravierenden Ergebnissen kam.

Müssen erst einmal tausende von Menschen, auf einen Schlag Tod umfallen, nur weil sie gerade eben ihr Handy eingeschaltet haben?

Braucht es durchaus solche Umstände?

Bis wir es endgültig kapiert haben, was wir da angerichtet haben.

Nur diesen Gefallen wird uns der Elektro-Smog nicht machen. Indem der nämlich ein „Gift" verwendet, das ganz gemächlich, aber dafür sehr sicher lebende Zellen zerstört und tötet.

Man darf sich im Bereich von künstlichen Strahlungsvergiftungen in keinem Falle mehr auf den Spruch: „Nur die Dosis macht das Gift", verlassen. Das könnte nicht nur, sondern das wird für Sie, Ihre Kinder, Ihr Baby, Ihr Ungeborenes, Ihre Freunde und Ihre Nachbarn, böse enden. Ist es dann erst einmal passiert, haben Sie demzufolge fast keine Chance mehr. Weil es bereits heute schon, so gut wie keine echten mobilfunkfreien Zonen mehr gibt.

„Ich rede hier nicht von Funklöchern durch Sendemasten, das sind ganz andere Baustellen".

Aber genau die, bräuchte der angegriffene Körper als aller erstes wieder, um sich noch rechtzeitig erholen zu können.

Nur Sie schalten Ihr WLAN ein und lassen es permanent strahlen. Sie laufen mit Ihrem mobilen (DECT-Telefon) Haustelefon bis in den Garten und telefonieren da stundenlang, bis dass der Akku seinen Geist aufgibt. Sie lassen WIFI Geräte 24 Stunden rund um die Uhr laufen. Da muss auch noch der Garten, die Haustür, das Balkonfenster mit einem WIFI / WLAN Türsensor abgedeckt werden. Ein paar nette ALEXA´S und CORTANA´S quatschen dann auch noch dazwischen.

Kommen Sie mir deshalb und ab sofort in keinem Falle mehr mit irgendwelchen störenden Funklöchern oder funkfreien Zonen.

DIE GIBT ES BALD NICHT MEHR.

Die wenigen Freiräume, ohne jeglichen Elektro-Smog, die momentan noch existieren, werden mit Sicherheit in Kürze von Ihnen und auf das Betreiben der Mobilfunkindustrie auch noch geschlossen. Nur dann könnte es schon längst zu spät für uns sein.

Momentan glauben viele noch, alles im Griff zu haben. Und bei den „paar wenigen" und offiziellen Kranken, die es bereits erwischt hat, läuft es wie folgt ab:

Als einzelner Betroffener wird man grundsätzlich nicht angehört.

Kommt es ganz schlimm, wird man in eine „Klinik abgeschoben.

Es wird einem noch gut zugeredet, und das war es dann schon.

In keinem Falle wird sich hier irgendein Verantwortlicher hinstellen und behaupten: *„Der Elektrosmog sei an der Krankheit schuld"*.

Noch dazu, wenn Er oder Sie, diesen vorab gutgeheißen und sogar noch mitgenehmigt hat. Solche Schuldeingeständnisse werden Sie zu Ihren Lebzeiten, von keinem Politiker, von keinem Wissenschaftler oder Netzbetreiber jemals hören, der da rückschließend an der Einführung von Funknetzen beteiligt war!

Nein, nein, so was machen die nicht. Warum?

Weil es weltweit kaum mehr Menschen gibt, die zu Ihren Fehlern stehen. Und da sich hier eine Art von Feigheit mit einer unübersehbaren Intoleranz gepaart hat, dessen Kinder dann auch noch Profitgier und Dummheit heißen.

Darum gibt es auch nur noch diese angeblich „fehlerlosen" Menschen!

Wobei aber im Gegenzug, eines der ältesten Sprichwörter immer noch lautet: ***Irren ist menschlich!***

Kommt aber momentan und scheinbar immer mehr aus der Mode, da wir alle, dank der von uns selbst programmierten Computer, immer fehlerloser werden, oder?

Anmerkung: Ganz schlaue Leute bieten sogar als Übergangslösung auch noch ihren eigenen Router als HOTSPOT an, um diese möglichen Funklöcher zu überbrücken.

Hat sich schon einmal jemand Gedanken gemacht, warum das Ding überhaupt „Hotspot" heißt?

Ich an ihrer Stelle würde Ihn jetzt ganz schnell abschalten.

Vollkommene Bestrahlung durch eigenes WLAN.
Warum setzt man sich solch einer Gefahr aus?

Ist vorsätzlicher Irrtum gesetzlich geregelt?
Die nationalen Grenzwerte zum Elektro Smog.

Betrachten wir zunächst die vom Gesetzgeber in Deutschland vorgegebenen Grenzwerte zum Elektro-Smog, so liegen diese im Vergleich zu allen anderen Ländern, jenseits von Gut und Böse. Eine einzige negative Ausnahme sticht sogar uns Deutsche noch aus: Österreich!

Irgendeiner muss es doch immer wieder noch auf die Spitze treiben und darum verzichtet Österreich komplett auf E-Smog Grenzwerte. Da jubelten die Netzbetreiber und darum knallen die die österreichische Atmosphäre mit Ihrem Elektro-Smog erst einmal so richtig voll. Ein besseres Testgelände kann es doch nicht geben! Nur Wundern tut mich das eigentlich nicht.

Denn die Österreicher mit ihren tiefen Tälern und all den verirrten Bergsteigern und Wanderern darin, die dann in einer Jubelmeldung wieder einmal durch den Gebrauch eines Handys gerettet wurden, sind schon maßgeblich für den Netzausbau verantwortlich! Ist schon eine herausragende Technologie, dieser mobile Lebensretter. Nur dass es dazu bereits Wanderer und Bergsteiger gibt, die trotz aller widrigen Umstände, meist aufgrund ihres eigenen Unvermögens, eine zum Teil lebensgefährliche Tour machen, mit dem Hintergrundwissen:

„Ich habe ja mein Handy dabei. Und wenn es brenzlig wird, die holen mich dann schon wieder raus. Ich will doch auch mal mit dem Helikopter heimfliegen".

Eigentlich sollte man allen Wanderern und Bergsteigern, vor Beginn der Tour das Handy abnehmen, nur um zu beobachten, ob dann immer noch solche riskanten Touren gemacht werden. Das wäre mal eine Arbeitsstudie wert.

Nun zurück zur deutschen Problematik und den gesetzlichen Grenzwerten, was den Elektro-Smog betrifft. Dabei geht es wahrlich um keine geringen Grenzwertunterschiede, die da vielleicht im Prozentpunktebereich liegen würden. Da gibt es tatsächlich Länder, in denen ein 10- bis 100-fach niedrigerer E-Smog Grenzwert gesetzlich verordnet ist. Wie um alles in der Welt kommen gerade wir dazu, im angeblich fürsorglichsten Land der Erde, für uns derartig zerstörerische Grenzwerte zuzulassen? Wenn all die anderen, viel geringere elektronische Strahlungen als gefährlich betrachten. Man stelle sich nur einmal vor, **Deutschland** hat in den Grenzwerten zu bestimmten E-Smog Werten, einen um **90-fach höheren** Schwellenwert gewählt, **als China (6)**. Deutlicher kann man es doch nicht mehr aufzeigen! Scheinbar kümmert sich China um seine Bürger wesentlich besser, beherzigt wenigstens die Vorgaben der Wissenschaft und handelt deutlich fürsorglicher als wir. Ist so etwas noch zu fassen?

Wir „dürfen" uns somit einer weit höheren Dosis von Strahlung aussetzen, als all die anderen um uns herum. Ausgerechnet Deutschland ist in diesem Bereich als totales Schlusslicht zu bezeichnen.

Aber wehe wir hören von anderen Ländern und deren Schandtaten im Umweltbereich, was Feinstaub und Klima betrifft. Sofort mischen wir Deutschen uns ein, schreiten erhobenen Hauptes, als die großen Saubermänner voran. Nur wo es für die Bürger am wichtigsten wäre, um mit vernünftigen Grenzwerten zum E-Smog voranzugehen, hier ducken

---

6   Siehe Grenzwert Tabelle im Lexikon.

wir uns weg und machen einen auf Vogel Strauß. Kopf in den Sand, nichts hören und nichts sehen. Das ist doch unglaublich.

Nochmal zur Erinnerung:

Diese bereits von mir dargelegten und zum Teil unvorstellbaren Informationen sind:

A; nicht mehr von der Hand zu weisen,

B; absolut belegbar,

C; Dinge, die einem eigentlich die Haare zu Berge stehen lassen sollten.

Darum auf zum nächsten Thema und behalten Sie die Aussage unserer gesetzlichen Gralshüter für den deutschen Mobilfunk *„Nur die Dosis macht das Gift" bitte* in Erinnerung!

Ist nur sehr, sehr dumm gelaufen, wenn man eine von Haus aus, zu hohe Dosis (7) verpasst bekommt und alle anderen uns sogar noch davor warnen. Die EU Empfehlung aus Brüssel von 2008 spricht dazu Bände und viele weitere Beweise finden Sie im Kapitel zum Versagen des Gesetzgebers.

Nationale und internationale Funkmischungen

Was aber die Sache mit dem von uns allen verursachten Elektro-Smog, bereits heute und im Nachgang betrachtet, von Anfang an richtig kompliziert gemacht hat, um nicht zu sagen ins perverse verschoben hat, ist die Tatsache, dass es bis heute so gut wie niemand gewagt hat, die Schädlichkeit von Mischfrequenzen, also die Kombination aus WLAN, Handy, UMTS, GSM in einem einzigen Raum zu testen.

Bis zum jetzigen Zeitpunkt wurde immer nur die „eine" Strahlung, mit der dazugehörigen „einzelnen" Frequenz, geprüft und getestet. Wobei sich bereits zu dieser, einzeln geprüften Strahlungen, weitreichende Folgen für unsere Gesundheit, unsere Zellen, unser Immunsystem und was sonst noch so ergeben haben.

(Dies sind Tatsachen, unwiderlegbare Fakten und diese stehen seit Jahren so fest!)

Wenn somit bereits eine einzige Frequenz, ab einer gewissen Dosis, ich rede hier nicht von gesetzlichen Deutschen-Grenzwerten, ungeahnte Konsequenzen für uns hat!

Was kann und wird dann erst eine Mischung, von unterschiedlichsten

---

7 EU - Vorgaben Seite 111 / 112 und im LEXIKON.

Funkwellen, Funkfrequenzen und Strahlungsarten in uns allen verursachen?

Mit Sicherheit wird es keine Heilstrahlung werden, sondern „ein" bei weitem noch gefährlicherer Strahlungspool. Der wie schon erwähnt: Bis heute noch nicht einmal konsequent erforscht ist! Was dies alles, bezogen auf die bereits bekannten Gefahren für Babys im Mutterleib und für Kleinkinder bedeutet, wird sich noch sehr deutlich herausstellen.

Ich will Ihnen zunächst nur einmal die physikalische Logik hinter dem System der Funkstrahlung offen darlegen. Fasse ich dazu die Konsequenzen der bekannten Daten und wissenschaftlichen Arbeiten zusammen, so ergibt sich zwangsläufig ein technisches Bild. Das auch für Laien vollkommen offen einsehbar ist.

Dieses technische Bild sieht nun folgendermaßen aus:

Eine einzelne Funkwelle besitzt eine typische Frequenz und ein typisches Strahlungsfeld. Wird bereits bei dieser einen Funkstrahlung eine mögliche Bedrohung einwandfrei nachgewiesen, so kann man die Benutzung dieser Funkwelle als gefährlich einstufen! Dies ist im Prinzip doch logisch, oder?

Insofern ist davon auszugehen, dass sich die Gefahr noch steigern wird, wenn wir weitere einzelne Funkwellen, desselben Typs aussenden und diese millionenfach verbreiten. Weil wir alle es so wollten, und sie auch so nutzen. Die logische Konsequenz daraus! Eine einzige Welle ist bereits gefährlich! Millionen von Funkwellen werden noch viel gefährlicher sein! Ergebnis: Mehr Gefahrenpotential durch die unglaubliche Menge der von uns ausgesendeten Funkwellen!

Im Laufe der Jahre kommt die Mobilfunkindustrie auf die Idee, noch weitere Funkwellen, eines anderen Typs zu nutzen. Auch diese Funkwelle, mit einer anderen Frequenz und einem für sich typischen Strahlungsfeld wird getestet. Und siehe da, auch die ist als gefährlich einzustufen. Ebenfalls wird die Möglichkeit von Krebs und körperlichen Zellveränderungen in KEINEM Falle ausgeschlossen. Aber auch diese „andere" Funkwelle wird erneut wieder freigegeben und abermals noch einmal millionenfach genutzt.

Weitere folgerichtige Schlussfolgerungen daraus: Eine einzige Welle ist bereits gefährlich, Millionen von Funkwellen werden noch viel gefährlicher sein. Abermillionen von Mischfunkwellen werden somit weitaus gefährlicher sein und uns letztendlich massiven Schaden zufügen.

Bitte und ich frage nur Sie vorab einmal: Was soll an diesen vollkommen logischen Schlussfolgerungen plötzlich unlogisch sein? Allein die schiere Menge und Masse der ausgesendeten Funkwellen ist für unseren Körper regelrecht erdrückend. Aber sie steigt weiter und steigt wieder weiter und steigt noch einmal, um hunderte von Prozenten an. Jedes Jahr aufs Neue. Sollte bei uns dann nichts mehr gehen, kümmern wir uns um den Rest der Welt! Sollte dadurch das Gefahrenpotential durch UMTS, GSM, 2G, 3G, 4G, WLAN / WIFI plötzlich geringer werden? Diese Frage können Sie sich ganz allein selbst beantworten! Dazu brauchen Sie mich wirklich nicht!

Nur wir sind noch lange nicht am Ende! Da kommt noch was. Das 5G Funksystem. Da wird die Anzahl der Funkzellen, die dieses 5G Funksystem überhaupt erst möglich machen, um das 30- bis 40-fache zu den heutigen Funkzellen erhöht. Und die fadenscheinige Logik der Netzbetreiber dazu lautet: **Mehr Funkzellen = weniger Strahlungs-Belastung!** Ja geht es noch dreister?

Man kann uns von Zeit zu Zeit schon für sehr dumm verkaufen.

Nur jetzt haben „die" eine Grenze zur kompletten Verblödung von uns überschritten. Und dies mache ich nicht mehr mit!

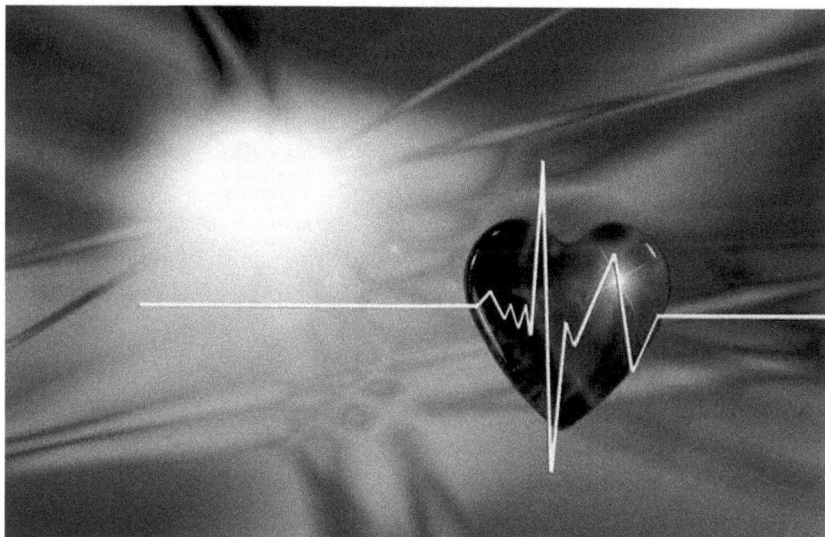

Unser Körper kommuniziert mit elektronischen Signalen von enorm schwacher Art. Was wird aus unserer körpereigenen Schwingung, wenn alles von künstlichen Schwingungen überlagert wird?

Hätte damals die UdSSR, beim atomaren Supergau in Tschernobyl gleich mal alle anderen Atomreaktoren mit in die Luft jagen sollen. So wäre nach der Logik der Netzbetreiber, die Strahlungsbelastung für uns alle gesunken. Denn die wahre physikalische Logik lautet vollkommen verständlich: **Mehr Zellen = MEHR Strahlungs- Belastung!**

Millionenfach mehr Zellen = millionenfache Mehrbelastung!

Betrachtet man jetzt die Anzahl der bereits heute verwendeten unterschiedlichen Funkwellen, mit deren unterschiedlichen Frequenzen, so gibt es auch dazu nur eine einzige logische Schlussfolgerung: Die Gefahr, durch millionenfach verwendeten Funkwellenmischungen steigt in das Unermessliche und ist für uns nicht mehr zu übersehen. Wird weiterhin eine Funkwellen-Technologie, trotz aller negativen Vorzeichen, über unsere Köpfe hinweg eingesetzt, so ist der Vorsatz zur absichtlichen Körperverletzung gegeben! Wenn man seit Langem schon bewiesen hat, welche Gefahren von nur einer einzelnen Funkfrequenz, wie zum Beispiel, der von WLAN ausgeht. Halten wir nur einmal ganz kurz inne, und fassen die bereits bekannten Konsequenzen, durch den Gebrauch unserer Mobilien Endgeräte kurz zusammen! Wir glauben ernsthaft immer noch an das Märchen: *„Die Dosis macht das Gift!*

Wäre dem tatsächlich so, dann käme jetzt von mir der Einwand:

„Ja aber nur dann, wenn die Dosis vorab richtig festgelegt wurde".

Weitere Fragestellung: *„Wurde wenigstens die Grenzwert Dosis dem heutigen Wissenstand angepasst?*

„NEIN und nochmal ein ganz klares Nein". Und warum nicht?

Ich denke, auch Sie hatten diese Fragestellung auf ihren Lippen!

„Warum und Wer"?

Warum richtet sich Deutschland, nicht an die deutlich besseren Vorgaben zum Elektro-Smog Grenzwert der EU?

Wer ist für dieses deutsche Desaster verantwortlich?

Wer ist für das österreichische Desaster, hier völlig auf die Vorgaben der EU Grenzwerte zu verzichten, verantwortlich?

Erst wenn alle diese Fragen ausführlich geklärt wären und im Anschluss daran eine völlig unabhängige Kommission aus Wissenschaftlern nach jahrelangen Forschungen (20 Jahre wenigstens) ihr „Go" zum bereits bestehenden Netz geben würde, dann könnte man über die Einführung von weiteren Netzen, wie dem 5G Netz reden.

Wir waren doch bis heute nicht einmal in der Lage, die bereits bestehenden Funknetze ausgiebig zu testen und zu prüfen, welches Gefahrenpotential von ihnen ausgeht.

Nur das alles gilt es von Seiten der Netzbetreiber unbedingt zu vermeiden.

Und deren Argumente lauten dann in etwa so:

Hat auch beim ersten Mal gut funktioniert, mit der ungeprüften Einführung einer uns vollkommen unbekannten Technologie!

Auch beim zweiten Mal hat es perfekt funktioniert. Keiner hat gemeckert und alle haben es nur abgenickt. Sogar beim dritten und beim vierten Mal hat es wunderbar geklappt.

Bei der fünften Generation (5G) sind Sie plötzlich aufgewacht und meckern da rum. Ja was ist los mit unseren Telekommunikation-Kunden?

Plötzlich wollen die ein Gutachten und was sonst noch alles! Ob der Gebrauch von Handys und WLAN tatsächlich in bester Ordnung ist? Was die Strahlung usw. betrifft. Haben sie doch vorher auch nicht gebraucht. Sind die denn schlagartig wach geworden? Darum braucht es schnell ein Gutachten, damit die jetzt bloß nicht dahinterkommen, was bereits beim ersten Mal alles nur auf Scheinwissen aufgebaut war.

Speziell, was die Schädlichkeit von Funkwellen betrifft.

Wenn das jetzt rauskommt!

Mein Statement an die Mobilfunkfirmen!

Als zukünftiger Netzbetreiber wirst du keinen anständigen Wissenschaftler mehr finden, der dir weiterhin einen Freibrief gibt. Damit wir alle im Glauben bleiben, es ist alles gut und nichts ist passiert.

Jeder vernünftige Wissenschaftler weiß heutzutage sehr wohl, was er begutachtet und freigeben soll, und dass er dafür auch seinen Kopf hinhält! Jeder, dieser Damen und Herren, wird aufgrund ihrer / seiner physikalischen Ausbildung wissen, was Elektro-Smog aus Funkwellen tatsächlich schon angerichtet hat und was er noch anrichten kann. Insbesondere, sobald der über unseren Köpfen noch verstärkter Auftritt als bisher.

Dass sich die jetzige Wissenschaft immer noch bereitwillig dazu hergibt, um letztendlich ihren Namen und den gesamten Ruf aufs Spiel zu setzen, dies kann ich mir persönlich nicht mehr vorstellen.

Sollten nämlich nur wieder irgendwelche physikalische Phantasien auftauchen, die wiederum nur für die Bürger und Politiker zurechtgelegt sind, so werden die, wie bereits in der Vergangenheit geschehen, von der renommierten Wissenschaft eindeutig wiederlegt. Dadurch fliegen besagten käuflichen Kollegen mit deren Scheinergebnissen, diese erneut wieder um die Ohren.

Dass dies mit den wissenschaftlichen Lobbyisten der Mobilfunkbranche, der WHO (8) und so weiter, in der Vergangenheit prächtig funktioniert hat, wurde von Herrn Klaus Scheidsteger (9) in seinem Buch: „Thank you for Calling" einwandfrei nachgewiesen!

Anmerkung: Ein absolut lesenswertes Buch mit unbestreitbaren wissenschaftlichen Fakten der letzten 25 Jahre!

Offener Brief von mir!

Hallo Netzbetreiber, der Traum von der Unschädlichkeit des Elektro-Smogs, ist endgültig ausgeträumt.

Du wirst niemanden Anständigen unter all den Wissenschaftlern mehr finden, der Dir dazu ein Gutachten gibt.

Wenn doch, so dürfte es ein Leichtes werden, dieses Gutachten innerhalb von Minuten zu entkräften. Dies ist eine Tatsache und diese werdet ihr kaum noch widerlegen können!

Euer Heinrich Schmid

Eine erste Bilanz: Nehmen wir nicht umgehend Abstand, vom bereits vorhandenen Elektro-Smog, so könnte es nicht nur, sondern es wird mit absoluter Sicherheit für uns alle höchst risikoreich.

Mischfrequenzen nicht geprüft!

Weitere negative Punkte zur logischen Konsequenz aus gemischten Funkfrequenzen: Auch die seriösen Gutachten, legten ihren Fokus auf eine bestimmte Frequenz und deren Funkwellenart.

Eigentlich schade, denn die Praxis schaut doch eigentlich ganz anders aus! Treffen wir im wahren Leben, nur auf eine einzige Frequenz?

Oder eine einzige Funkwelle?

In diesem Leben wahrscheinlich nicht mehr!

Das weiß ich! Sie wissen das, und den sogenannten E- Smog Verleugnern dürfte dies auch nicht entgangen sein!

Nachdem sämtliche Funkwellenmischungen bis heute nicht ausgiebig

---

8   WHO = World Health Organisation / Welt Gesundheits Behörde.
9   Buchdaten finden Sie im Quellenverzeichnis.

getestet wurden, kann doch keiner mehr behaupten, die wären vollkommen unschädlich oder hätten keinerlei Auswirkungen auf unser Leben. Es ist doch purer Betrug an uns, wenn von Seiten der Verantwortlichen mit solch gravierenden Falschaussagen weiterhin Werbung für Mobilität und was sonst noch so gemacht wird.

Ohne es jemals wissenschaftlich korrekt überprüft zu haben.

Sich hinstellen und zu behaupten: *„Ach es wird schon nicht so schlimm sein! Ist doch absolute Blasphemie".*

Für so etwas kam man früher auf den Scheiterhaufen.

Was ich aber mit absoluter Sicherheit, aufgrund der derzeitigen Forschungsergebnisse (10) und der daraus abzuleitenden logischen Schlussfolgerungen, schreiben kann, ist folgendes:

Die vom deutschen Gesetzgeber genehmigte und somit an uns permanent verabreichte Dosis, für eine einzelne Elektrosmog Strahlung, ist viel zu hoch.

Wenn aber das für uns bereitgestellte Einzel-Gift, bei nur einer einzigen Strahlung, schon viel zu hoch angesetzt wurde, dann kann es nicht sein, dass die Mischung daraus weit aus ungefährlicher sein soll.

Aber genau das möchten uns die Netzbetreiber, und ihre möglichen Helfershelfer, die heutigen Gesetzgeber mit ihren Uralt-Gutachten, immer wieder weismachen.

Fakt ist: Kommt es unter allen erdenklichen Umständen, zu einer Konzentration von verschiedenen elektronischen Giftarten, zu einer den Menschen umlagernden Mischung aus allen erdenklichen E-Smog Geräten, so werden weder ich und auch Sie, NICHT davon ausgehen können, dass diese neue Giftmischung plötzlich ungiftig ist.

Das gänzliche Gegenteil ist der Fall. Eine bereits von Anfang an verteufelte Mischung, wird ein noch viel höheres Gift ergeben. Dem wäre eigentlich nichts mehr hinzuzufügen. Wer dazu etwas anderes behauptet, kann als unwissend bezeichnet werden oder führt was im Schilde. Vielleicht hat dieser „Jemand" auch sein logisches Wissen schon im E-Smog verdampfen lassen. Wer weiß?

---

10   Im wissenschaftlichen Anhang finden sie eine direkte Auswahl von Links zu den ehrlichen und vor allem renommierten Arbeiten.

Trautes Heim, E-Smog für mich allein

Wie reden hier im Umfeld einer einzigen Familie, von circa 8 bis 10 unterschiedlichen Funkfrequenzen. Zusätzlich fallen für diese Familie noch Funkwellen von Seiten der Nachbarn, umliegenden Firmen oder von Verkehrseinrichtungen an. Obendrein gibt es noch hundert weitere elektronische Spielarten, die uns zur Verfügung stehen, um wiederum nur dieser „einen Familie" das Leben richtig schwer zu machen.

Wer ist für diese katastrophale Umweltverschmutzung zuständig?

Wer übernimmt die Verantwortung dafür?

Wer haftet mit seinem gesamten Gut für die möglichen gesundheitlichen Schäden dieser Familie? Wer?

Oder haben sie schon jemanden getroffen, der aufgrund der möglichen E-Smog Überlastung sein Handy plötzlich abgeschaltet hat. Nur damit diese Familie etwas entlastet wird.

Unbestritten ist: Die Mischung aus unterschiedlichen E-Smog Strahlungen, macht das zusätzliche und vor allem „Neue" Gift!

Wer letztendlich dafür haftbar ist?

Ganz logisch! Der Verursacher.

Wer ist das und wo sitzt der?

Gerade vor meinem Buch, sofern Sie sich von elektronischen mobilen Endgeräte bedienen lassen. Denn ohne den berühmten Einschaltknopf geht es einfach nicht.

Und wer bedient ihn immer wieder aufs Neue? Sie!

Dadurch haben wir jetzt ein massives Haftungsproblem geschaffen! Und dass diese Haftung, beim Staat hängen bleibt, das meinen auch nur die, die immer noch an den Weihnachtsmann glauben. Darum immer wieder im Hinterkopf behalten, wer da ein derart hochgefährliches Funksignal bedient. Weder der Netzbetreiber noch der Staat macht das. Die beiden sorgen nur dafür, dass es Ihnen persönlich zur Verfügung steht, und damit Sie es jederzeit einschalten können. Die Tasten dazu, den Entschlüsselungscode dafür, besitzen nur Sie ganz allein! Ein Schelm, der jetzt Böses dabei denkt!

Schlussfolgerung: Für Elektro-Smog Mischungen, gibt es bis heute keine vernünftigen Zahlen oder Daten, da sich ein Großteil der bekannten wissenschaftlichen Studien, immer nur auf eine Frequenz, auf ein Funknetz oder auf einen einzigen E-Smog Wert, selbst begrenzt haben.

Darum wissen wir über die E-Smog Mischfrequenzen so gut wie überhaupt nichts! Und obwohl wir nichts darüber wissen, setzen wir uns und andere ständig dieser offensichtlichen Gefahr aus. Eigentlich völlig unvorstellbar.

Was wir aber sehr wohl darüber festgestellt haben ist: dass bereits eine einzige Frequenz genügt, um Ihre Körperzellen ins Jenseits zu schicken oder Ihre Darmwand zu perforieren (zu durchlöchern). Ich denke, allein schon diese Umstände sollten uns alle etwas nachdenklicher werden lassen. Was den bis heute so sorglosen Umgang mit WLAN und dergleichen betrifft.

Grenzwert Diagnose einmal anders.
(Logisches Denken ist gefragt)

Wenn es der Gesetzgeber, mit seinen Vorgaben zum E-Smog Grenzwert tatsächlich ehrlich mit uns gemeint hätte, dann müsste er doch bei einem fiktiven Grenzwert von 10, davon ausgehen, dass nur die Summe aller im Raum vorhandenen E-Smog – Funkwellen, die Zahl 10 als absolutes Maximum hat.

Demnach dürften dann fünf unterschiedliche Funkwellen, beispielsweise das WLAN 3, das GSM 2, das UMTS 4, und das WIFI im Kinderzimmer 1, als maximale Gesamtsumme die 10 ergeben. Die Summe aller Funkwellenbelastungen wäre somit eingehalten, da die 10 nicht überschritten wurde.

Wie schaut hingegen die Wirklichkeit aus?

Da kommen bereits vom WLAN Router 10. Da werden vom DECT-Telefon bereits 10 abgestrahlt, obwohl es gar nicht in Betrieb ist. Da kommen aus dem Kinderzimmer 10. Das WIFI für ALEXA macht auch noch gleich mit 10 mit. Nicht zu vergessen der Tag- und Nachtbetrieb des Türbeobachters mit 10.

Macht in der Summe und in unserer aller Wirklichkeit 50 aus.

Das nennt man dann, eine den Tatsachen entsprechende Grenzwert Überschreitung, aber von feinsten. Was soll das und wie wird so etwas gerechtfertigt?

„Wahrscheinlich ähnlich wie beim Dieselskandal! Haben die damals auch nur einen einzigen Zylinder gemessen und vergessen, dass der Motor tatsächlich 5 Zylinder hatte".

Was ist denn ein E-Smog Grenzwert noch wert, wenn in der Summe des

Ganzen eine fünffache stärkere Mikrowellen-Strahlung auftritt. (Die jederzeit in der Lage ist, uns vollständig das Gehirn zu verdampfen).

Noch dazu spreche ich von einem deutschen Grenzwert, der von Anfang an durch den Gesetzgeber, viel zu hoch angesetzt wurde.

Da lob ich mir doch Österreich. Sie haben von Anfang an darauf verzichtet. Somit können die Bewohner für sich behaupten, wenigstens in diesem Bereich nicht angelogen worden zu sein.

Aber zurück nach Deutschland und zu unserer gesetzlichen Fürsorgepflicht. So wie die bei uns gestaltet ist, kann ich in diesem Falle restlos darauf verzichten. Darum ist es auch an der Zeit, hier selbst tätig zu werden und alles abzuschalten was nur irgendwie möglich ist.

Wenn es Ihnen jetzt so geht wir mir damals, als ich davon erfuhr: *Dieser kalte Schauer, der Ihnen da über den Rücken läuft und möglicherweise so wieder hochkommt, das vergeht wieder. Ehrlich!*

Die Indizien sind eigentlich erdrückend.

Wir können momentan, aufgrund der bereits bekannten Beweise davon ausgehen, dass es weitaus schlimmer ist als befürchtet!

Bekommen wir aber von unserm Gesetzgeber momentan keine Antworten, auf die Fragen zur existenziell gefährdenden Gesundheit von uns, dann gehen wir wie gewohnt einfach ganz logisch vor. Was bleibt uns den anders übrig?

Den logischen Schlussfolgerung auf der Spur.

Alle neuen Ideen, Erfindungen wurden von Anfang über die Logik und das logische Denkvermögen erschlossen. Anders wäre es ja keine Erfindung geworden.

Und mittlerweile können wir das doch auch, oder?

Höre ich hier irgendwelche Widersprüche? Ich denke nicht.

Genau da, wo es keine vernünftigen und ehrlichen Antworten für uns Normalbürger mehr gibt, kommt automatisch der immer noch gesunde Menschenverstand zum Zug. Hilft immer und beschützt uns eigentlich seit Tausenden von Jahren. Wenn man es denn so will!

Dürfen andere, über unsere Kinder richten?

So mancher Verantwortliche meint tatsächlich, dass „Er" das darf!

Folgt dazu kein Widerspruch von unserer Seite, so kann das für jedes einzelne Kind tragisch enden! Fakt ist: Wird die eigene Körperschwingung, sprich Körperfrequenz, einmal direkt getroffen, so zeigen sich ab der ersten Sekunde körperliche Auswirkungen!

Wann diese getroffen wird und wie sie getroffen wird, steht in den Sternen. Dass sie getroffen wird, steht außer Zweifel. Noch dazu bei der heutigen Dichte von Funkwellen. Wird Sie aber sehr häufig getroffen, so endet es meist sehr böse!

Was Sie aber in keinem Falle wissen oder erahnen können ist, welches Funksignal für Ihr Baby im Bauch, Ihr Neugeborenes oder Ihr Kind gefährlich oder ungefährlich ist. Wir reden hier über eine Technologie die keine 50, keine 40 und keine 30 Jahre auf dem Buckel hat. Bei der neuen 5G Technik, sind es gerade mal 2 Jahre. Aber wir benutzen Sie und arbeiten mit ihr, wie wenn sie uns seit Jahrtausenden schön geläufig ist und vor der wir überhaupt nichts zu befürchten hätten.

Wir glauben da, von etwas zu wissen, und wissen im Grunde NICHTS. Alle Studien und wissenschaftlichen Arbeiten, die zu einem negativen Ergebnis kamen, wurden immer wieder fein säuberlich unter den Teppich gekehrt.

Da wurden und werden uns immer noch pseudowissenschaftliche Ergebnisse präsentiert, die sich auf das Wissen der Netzbetreiber und deren Wissenschaftler stützt. Ausnahmslos alle Resultate, von vollkommen unabhängigen Instituten, wurden als falsch und zu ungenau deklariert. Da wird eine bundesdeutsche Strahlungs-Kommission eingesetzt, die aus Leuten der Netzbetreiberindustrie (11) besteht.

„Ja wo gibt es denn so etwas, dass sich der Beschuldigte selbst, sein eigenes Gutachten zur Schuld oder Unschuld erstellen darf?"

Obwohl uns alle diese eingesetzten Intelligenzbolzen bis heute noch nicht einmal erklären können, was Strom in Kombination mit Magnetismus und einer darauf aufbauenden Funkwelle eigentlich ist. Da aber alle derzeit bekannten künstlichen Schwingungen und Frequenzen, auf gerade diesem UNWISSEN aufbauen, können die doch von keinem

---

11 Siehe „Ein Interview, dass es in sich hat". Ab Seite 164

wissenschaftlichen Beweis für ihre Unschuld sprechen.

Scheinbar wissen sie trotz unserer gesamten physikalischen Unwissenheit, über exakt diese elektromagnetischen Phänomene und die von ihnen ausgesandten digitalen Funkwellen, genau Bescheid - was für uns dabei gut oder schlecht ist- .

Möglicherweise haben die da etwas mit dem alten griechischen Spruch verwechselt:

Wenn ich weiß, dass ich nichts weiß, weiß ich schon sehr viel.

Wenn die Sache an sich nicht so tragisch für uns enden könnte, dann wäre dieses Schauspiel einfach nur noch lächerlich. Da es aber bekanntlich, um unsere Gesundheit geht, ist dies nur noch mit einem vorsätzlichen Zugrunderichten zu bezeichnen. Von unseren Schutzbefohlenen, den Babys im Mutterleib, noch gar nicht gesprochen!

WIE MEINE ICH, DAS?

Die schier unglaubliche Vorgehensweise der Bereitsteller von Funknetzen auf einen Nenner gebracht! Diese lautet wie folgt:

Ich weiß zwar nicht wie es funktioniert, ich weiß nur dass es funktioniert und darum kann eine künstliche Strahlentherapie niemals gefährlich sein.

Ich gebe das einfach so weiter! Kritik wird für immer und ewig verbannt.

Dazu bestrahle ich mal alles und jeden und kassier dabei noch richtig ab.

Wir alle, die scheinbar nicht die geringste Ahnung davon haben, kaufen ihnen diesen Humbug noch ab und zahlen sogar noch kräftig dafür. Ist dann jeder Winkel der Erde richtig unter Strahlung gesetzt, so sind mögliche Gegengutachten zur Gefährlichkeit dieser oder jener Funkwelle überhaupt nicht mehr möglich und machbar.

Da es für die Durchführung einer solch aufwendigen Messung, keinen einzigen strahlungsfreien Platz mehr gibt. Da wir als echte Referenz zur perfekten Strahlungsmessung, immer einen sogenannten „NULLPUNKT" benötigen. Um zu den Auswirkungen auf einen lebenden Körper, auch gewissenhafte Ergebnisse feststellen zu können. Wie lange kann das also noch gutgehen, wenn es weltweit keine strahlungsfreien Plätze mehr gibt? Für die Mobilfunkindustrie könnte es kaum besser laufen. Denn wo kein Nullpunkt mehr vorhanden ist, gibt es auch keine nachvollziehbaren Ergebnisse mehr. Sie sind dabei fein raus!

Sie brauchen und benötigen unseren Schutz. Wer sonst sollte das tun? Nur wir sind dazu in der Lage!

Ein Negativ Beispiel aus unserer Geschichte!

Als die Menschen gefragt wurden, ob sie an einem atomaren Test teilnehmen könnten, fragten die zurück:

Ist das gefährlich?

Die Wissenschaftler erwiderten :

Nein, nein, das ist *völlig harmlos, keine Gefahr.*

Und dies war noch nicht einmal gelogen. Weil Sie es tatsächlich nicht besser wussten. Obendrein hatten die Forscher ja selbst, bei den Tests vor Ort, mitgemacht.

Nur das Ergebnis zur atomaren Schädlichkeit und der daraus resultierenden Belastung einer ionisierenden Strahlung für Mensch und Tier, ist mittlerweile jedem bekannt. Warum?

Weil Hiroshima, Nagasaki, Tschernobyl und Fukushima ihren Teil dazu beigetragen haben. Alles in allem haben die Erkenntnisse daraus, vielen Menschen das Leben gekostet. Aber heute wissen wir nun mal Bescheid darüber, und dass diese atomare Technologie doch nicht ganz so ungefährlich ist, wie man uns früher immer wieder weiß machen wollte.

Was aber, machen Sie persönlich nach diesem Lehrbeispiel daraus? Sie als der Handynutzer, WLAN HOTSPOT Betreiber, mobiler Internetsurfer, smart House Betreiber, usw. Sie haben sich vor einiger Zeit doch tatsächlich zum Selbsttester für eine Strahlendosis aus einer oder mehreren Funkwellen gemeldet. Nur haben Sie dabei einiges vergessen. Sämtliche Elektro-Smog Strahlungen, und deren Wirkungen, sind keines Falls räumlich begrenzt. Somit ziehen Sie in eigener Person, alles und jeden, der sich in Ihrem Umfeld zu diesem Strahlungstest befindet, mit in den Test hinein. Was für die Netzbetreiber und Hersteller solcher Endgeräte nahezu fantastisch klingt, obwohl es der puren Realität entspricht, ist folgender Umstand: Sie zahlen auch noch horrende Summen dafür! Ist das überhaupt zu fassen?
Für einen neutral denkenden Menschen wohl kaum! Wie schon mehrfach erwähnt: *„Bereits die kleinste DOSIS macht das Gift!"*

Nur bei der künstlichen Verstrahlung kommt noch das sich gegenseitige Hochschaukeln der körpereigenen Frequenz, mit dem des WLAN´s oder Mobil-Telefons, dazu. Plötzlich bewegen Sie sich in einem Strahlungsbereich, der für Ihren Körper alle bisher da gewesenen Krankheitsbilder ad acta legt. Im Moment bleibt Ihnen nur noch eine einzige Möglichkeit, nämlich die, dass sich Ihr Körper so gut es geht, selbstständig zur Wehr setzt!
Nur ab einem bestimmten Übermaß von E-Smog ist Schluss damit. Es geht nur noch bergab mit Ihnen. Dass alles, was ich Ihnen bis jetzt, zu Ihrem Körper offenbart und gesagt habe, übertragen Sie persönlich und ab sofort auf Ihre völlig unschuldigen Kinder, Mitmenschen und möglicherweise auch auf Ihre Haustiere. Damit dürfte Ihnen wohl sehr schnell klar werden, auf was Sie sich da eingelassen haben. Mit einer zum Teil vollkommen unkontrollierten Strahlungswaffe, die nachweislich Leben zerstört und nichts anderes als fürchterliche Krankheiten nach sich zieht, hantieren Sie sorglos herum. Sie schalten und walten damit, als ob diese Waffe seit hunderten von Jahren bereits im Spiel wäre. Sie entscheiden letztendlich über Leben und Tod, im Besonderen über Ihr eigenes und das Ihrer unmittelbaren Familie. Dies alles nur, aufgrund eines angeblich

wichtigen Telefonats, einer einzigen, meist vollkommen überflüssigen WhatsApp Nachricht oder einer Werbemail.

Ja sind wir denn alle noch zu retten? Wie können wir mit dem Wissen zu unserem Unwissen, und der immens kurzen Erfahrungszeit zu diesen elektronischen Geräten, immer wieder andere Menschen einer solchen Gefahr aussetzen. Ja wie nur?

Und ich frage jetzt Sie als Leser, hier und jetzt, ganz unverblümt:

Wieso machen wir das?

Für jede gute Erklärung wäre ich Ihnen sehr dankbar!

Ausgerechnet unsere Sozialen Medien sind für unser a-soziales Verhalten verantwortlich, schier unglaublich.

Wie alles anfängt!

Ab einer gewissen Nutzung von mobilen Endgeräten zeigen sich bestimmte Krankheits - Muster oder - Bilder. Nur Sie finden einfach keine so rechte Erklärung dafür. *„Nein, nein da kann doch nichts sein".* *„Das ist wieder nur diese verflixte Grippe, die bereits alle anderen mit sich herumschleppen. „Das war wieder nur irgendein Lebensmittel, auf das ich so heftig reagiert habe!*

Da der Mensch an sich, um keine Ausrede verlegen ist, findet „Er" oder

„Sie", tausenderlei Begründungen. Nur auf die eigentliche Ursache kommt er einfach nicht. Oder will sie partout nicht anerkennen. Nur seine, sich langsam stetig nähernde Krankheit nimmt auf solcherlei Ausreden keinerlei Rücksicht. Die schlägt nahezu erbarmungslos zu, zumal es auch eine echte Vergiftung ist.

Fakt ist: Verstrahlt und krank durch den Gebrauch des eigenen Mobiltelefons, WLAN Netzes und was es da sonst noch so gibt.

Ist es dann einmal passiert, dann wälzen Sie das Wissen aus irgendeiner Suchmaschine im Internet. Möglicherweise bewerkstelligen Sie das auch noch auf mobiler Ebene. Ist da nichts zu finden, so sprechen Sie ALEXA oder CORTANA an, ob die Ihnen nicht weiterhelfen könnten.

Nur das Peinliche daran ist: „ALEXA und CORTANA tragen eine erhebliche Mitschuld an Ihrer Misere".

Und auf das Naheliegendste kommen Sie einfach nicht. Obwohl Sie die Antwort, zur möglichen Krankheit, tatsächlich in den eigenen Händen halten. Ihr geliebtes SMARTPHON!

Einführung in die ersten körperlichen Anzeichen.

Die bereits landläufig bekannten thermischen Reaktionen, durch das Handy als Mikrowelle am Ohr, wie eine Temperaturerhöhung des betroffenen Ohrs und dem dazu gehörenden Ohrensausen, haben alle von uns schon erlebt. Allein dieser Umstand hat uns bereits etliche Körperzellen gekostet.

Als Folge dieses erhöhten Telefonkonsums (20 - 30 Minuten täglich) werden meist unmittelbar danach, ihre Nervenzellen im „Telefonarm" reagieren.

Wie sehen diese Reaktionen aus:
- Erstes Kribbeln am Handgelenk
- Leichte Taubheit im Daumen, anschließend auch in den Fingern.
     Zeitraum: 2 – 20 Minuten nach dem Telefonat.
- Ständiges unbewusstes Abwinkeln und Ausstrecken des Daumens.
     Zeitraum: anfänglich nur wenige Minuten. Im fortgeschrittenen Stadium bis zu mehreren Stunden.
- Taubheit am Unterarm mit anschließenden „eingeschlafen" sein.
     Zeitraum: ähnlich wie beim Daumensyndrom.
- Hautreizungen zwischen den Fingern, wobei dazu auch Hautschuppen

entstehen, die sich dann nach und nach immer häufiger ablösen.

Die Folge daraus: Hautallergien aller Art!

Weitere körperliche Reaktionen:

- Trockene Schleimhäute in allen Bereichen. Mund, Nase, Gaumen, und so weiter.
- Ohrenpfeifen, ähnlich Tinnitus aber mit niederer Frequenz.
- Extrem trockene Gehörgänge.
- Muskelschwund an den Körperpartien die mit dem Handy unmittelbar in Kontakt geraten.
- Oberschenkel – hinkender Gang.
- Hüfte – schlürfender Gang.
- Bauchmuskeln – Nabelbruch / Bruch der Bauchdecke bei untrainierten Kurzzeit Belastungen.
- Muskelbrennen nach nur sehr kurzer Anstrengung. Speziell Oberschenkel / Bauchmuskel.

- Angespanntes Verhalten im gesamten Körper.

Dadurch hohes Aggressionsverhalten.

Ständiges übermüdet sein.

Keinerlei Schwung oder Mut zur körperlichen Bewegung.

Ständiges Streit suchen.

Ständiges Überreagieren.

Immer wiederkehrender Jähzorn.

Hyperaktivität, aber ohne echte Ergebnisse.

Frühere selbstverständliche Handlungen erfordern wesentlich mehr Zeit.

- Selbstwertgefühle gegen Null

Dadurch keine Gefühle mehr für Partner oder Mitmenschen.

Hohes Misstrauen gegen alles und jeden.

Eifersucht gegen den Partner steigert sich immer mehr.

Absolute Mutlosigkeit.

Keinerlei Selbstvertrauen mehr, nur noch Show nach außen.

Ständiges Gefühl nach sexueller Stimulanz.

(Worauf zum Teil sehr gefährliche Wege gesucht werden)

Im Gegenzug nimmt die Potenz immer mehr ab.

Massive körperliche Erscheinungen

- Lähmungserscheinungen an den unterschiedlichsten Körperteilen
	Anfänglich leichte Muskelzuckungen in der Herz – Lungen
	Gegend, die aber immer hochfrequenter werden. Ähnlich wie
	Zittern!
- Blutgerinnsel, ähnlich wie Krampfadern in den unterschiedlichsten
	Körperteilen unmittelbar unter der Haut.
- Darmflora komplett außer Kontrolle!

Dies ist aber nur eine Auswahl von möglichen Reaktionen in ihrem Körper. Diese Aufzählung verfügt in keinem Falle über eine Vollständigkeit. Es soll Ihnen nur einmal aufgezeigt werden, welch hohe Artenvielfalt bereits im Anfangsstadium zur Unverträglichkeit von E-Smog möglich ist.

Wissensstand im Bereich Elektro-Smog

Dass es sich bei all diesen „wunderbaren elektronischen Erfindungen" um Geräte handelt, die nachgewiesenermaßen manipulative und krankmachende Schwingungen (12) erzeugen, ist mit dem Stand der Technik von heute unbestritten. Dies sind die wahrhaftigen Fakten und bleiben physikalische Tatsachen.

Dadurch können sich die von uns allen verursachten und künstlichen Strahlungen enorm schädlich auf das perfekte Zellwachstum auswirken. Dies steht vollkommen außer Zweifel. Und ich bitte Sie jetzt von ganzem Herzen, unterlassen Sie alles, was diesen Aussagen hier widerspricht. Mit derartigen Widersprüchen verführen Sie nur andere Menschen. So dass diese sich mit ihrem Handygebrauch in eine vermeintliche Sicherheit wiegen, die es so gar nicht gibt.

Wollen Sie wirklich die Verantwortung dafür übernehmen, wenn der oder die andere sich aufgrund IHRER Aussagen, Krebs einfängt. Trauen Sie sich das wirklich zu?

Wir sind bereits heute schon in der Lage, zu beweisen, dass wir schon gar nicht mehr von „auswirken können" sprechen dürfen. Indem allein die Verwendung des kleinen Wortes „können" zum jetzigen Zeitpunkt schon eine unumstößliche Lüge wäre. Die Realität ist: Die tödlichen Folgen von

---

12 Berichte mit Link und Quellenangaben im wissenschaftlichen Teil.

derart starken digitalen Strahlungen, wie die des: GSM, UMTS oder 5G Netzes, und so weiter, sind zweifelsfreie Tatsachen geworden! Da dies aufgrund von hunderten wissenschaftlichen Studien(13), bereits vor Jahrzehnten, unwiderlegbar bewiesen wurde.

Zudem schreitet die Wissenschaft immer weiter voran. Die aktuelle Beweislage für dessen Zerstörungen, sowohl im Zellkern als auch in der Zelle selbst, und in der Zellmembran, sind geradezu erdrückend. Sämtliche Zelldefekte sind zweifelsfrei nachgewiesen und derart künstlich hervorgerufener Zellschäden, können in jedem Falle eine unmittelbare Entzündung der Zellen nach sich ziehen. Was im Anschluss daran wohl zwangsläufig auch Krebs auslösen kann und meist sogar wird. Wobei der dann letztendlich immer zu einem vorzeitigen Tod führt.

Ob mit, oder ohne, dementsprechender Behandlung. Es gab bis heute keinen einzigen Fall, bei dem ein Lebewesen nach einer Krebserkrankung auch nur einen einzigen Tag länger als normal gelebt hätte.

Des Weitern wurden durch die ATHEM 1 und 2 Studien (14) in Österreich DNA Strangbrüche festgestellt. Wobei derartige Brüche, beim für uns falschen Gen, zwangsläufig das Krebsrisiko dramatisch erhöhen.

Was aber wird erst das 5G Netz in uns auslösen?

Wenn bereits die vorhandenen, „alten" Funknetze, eine derartige Gefährlichkeit für Leib und Leben nach sich ziehen. Von welchem Ausmaß sprechen wir, wenn 5G tatsächlich in Betrieb genommen wird! Welche weiteren Gefahren hier auf uns lauern werden, das will ich Ihnen nicht nur erläutern, sondern auf Basis der uns eigenen Logik, erklären.

Sie haben sich dieses Buch nicht ohne Grund ausgesucht und darum werden Sie Schritt für Schritt in die logischen Schlussfolgerungen zur Materie des Elektro – Smogs eingeführt. Befinden Sie sich dann auf einem gewissen Wissenstand, dann können Sie von ganz allein erkennen, welch unglaublichen und dreisten Lügen wir aufgesessen sind.

Ich bitte Sie nur noch um etwas Geduld und Sie dürfen versichert sein, da kann es für Sie noch um einiges unverdaulicher werden!

Aber Sie schaffen das. Oder?

Zitat aus einer wissenschaftlichen Studie: „5G ist der pure Angriff

---

13 Siehe: Chronologie der wissenschaftlichen Studien von 2000 bis 2019 sowie die REFLEX Studie im Anhang / Auszügen dazu im wissenschaftlichen Teil /
14 ATHEM Studien von Professor Dr. med. Wilhelm Mosgöller / Link im

auf die Zellen unsere DNA und deren Strukturen"!

E-Smog, eine Gefahr von ungeahntem Ausmaß.

Dass dieser unmittelbare Zellangriff, ausgelöst durch unseren digitalen Funkverkehr, einer der Hauptbausteine für unser aller Untergang sein wird, steht für mich außer Zweifel.

Da gibt es aber im Bereich der hochfrequenten Strahlung nicht nur die Zellen und unsere DNA, die dabei massiv angegriffen werden. Es werden sogleich auch unsere Wassermoleküle, ob im Gehirn oder in der Natur, regelrecht verdampft. Zusätzlich wird durch die digitale Funkwelle, unsere natürliche Blut-Hirn-Schranke außer Kraft gesetzt und geöffnet. Wobei gerade diese, seit Jahrmillionen Bestand hatte, um uns und alle anderen Lebewesen, vor vielerlei Giften, Eiweiß-Schäden, negativen Veränderungen und Krankheiten zu schüttzen.

Sollte nichts gegen diesen ausufernden, digitalen Elektro-Smog unternommen werden, so werden wir mit verheerenden Auswirkungen konfrontiert, die ihres gleichen suchen.

Noch lächeln wir dazu und surfen munter weiter.

Nur jeder gute Surfer sollte wissen:

„Wenn die Welle einmal zu groß wird,

kann er darin untergehen".

Die Frage lautet dann nur noch: Wann? WANN? **WANN?**

Dass es gerade eben so passiert, werde ich Ihnen immer wieder aufs Neue beweisen! Es zählt sodann nur noch, was Sie persönlich daraus machen werden. Dabei ist es vollkommen egal, was Ihnen da von anderer Seite erzählt, erklärt, oder angeblich schon bewiesen wurde. Es sind nichts als grandiose Lügenmärchen, die um uns herum verbreitet wurden und immer noch werden. Alles nur, um von der Schädlichkeit dieser mobilen elektronischen Geräte, insbesondere von Handys, der daraus resultierenden Funkmasten und WLAN - Sendern abzulenken. Und damit die Mobilfunkindustrie mit möglichst viel Gewinn und ohne irgendeinen Schadensersatz heil aus der Sache rauskommt. Ob es sich dabei um alte oder neue Netze handelt, völlig unerheblich. Weil eben nicht nur die Dosis allein das Gift macht! Dies ist eine der größten Fehleinschätzungen der dabei involvierten Wissenschaft. Die uns aufgrund ihrer völlig falsch dargelegten Vermutungen, alle ins offene Messer haben laufen lassen. Weshalb?

Weil bereits die kleinste köpereigene elektronische Resonanz, auf diese

Elektro-Smog-Gifte ansprechen kann. Dabei genügen Dosisleistungen, die tausendmal geringer sind, als unsere völlig veralteten E-Smog-Grenzwerte.

Darum hören Sie in keinem Falle mehr auf diese fadenscheinige Ausrede: „Nur die Dosis macht das Gift"!

Egal ob sie nun von den sogenannten SAR (15) Werten oder den mannigfaltigen verbreiteten Einheiten wie mW/kg (16) und so weitersprechen.

Diese wurden nur geschaffen um:

A. das Verständnis in der Bevölkerung und bei den Regierenden möglichst klein zu halten.

B. damit sich die Wissenschaft untereinander im Disput verfängt und jahrelang kein effektives Ergebnis zustande kommt.

Was letztendlich zu keiner einzigen klaren Linie führen kann, wenn jeder für sich, von völlig anderen Einheitsregelungen zum E-Smog ausgeht und dies weiterhin so praktiziert.

Das Spiel lautet, Verwirrung stiften wo es nur geht. Da sind dann die unterschiedlichen Messeinheiten mit den daraus abzuleitenden Interpretationen gerade recht. Denn als Nichtfachmann hat man da zunächst nichts entgegenzusetzen. Was von Seiten der Wissenschaft dringend zu erledigen ist, wäre die Einigung auf ganz klare Messeinheiten und deren hundertprozentige Aufklärung darüber. Was, wie und wo genau gemessen wurde und welche Bedeutung dies für uns und unsere Natur hat. Bereits aus diesen zuvor genannten Gründen hat der abgedroschene Spruch: „Nur die Dosis macht das Gift"" mit dem heutigen Wissenstand zum Elektro – Smog überhaupt nichts mehr zu tun. Wenn überhaupt, hatte diese Erkenntnis zur Menge eines Gifts, nur in der Chemie eine Bedeutung. Was aber nicht das Thema dieses Buches ist.

Fazit: In der Elektrotechnik hat die Feststellung zum möglichen Grenzwert, für die uns verabreichte Dosis Elektro-Smog, mit momentan 2 Watt pro Kilogramm Körpergewicht, nichts mehr zu suchen! Punkt Ende und aus!

Indem bereits die geringste Strahlungsmenge einer Funkwelle, auch wenn sich keinerlei thermische Anzeichen ergeben, unglaubliche Auswirkungen auf unsere lebenden Zellen hat. Sollten Sie oder Ihre Kinder, auf eine

---

15 SAR Erklärung im Lexikon.

16 mW/kg Erklärung im Formel-Lexikon.

49

elektronische Strahlung treffen, die exakt einer Ihrer elektronischen Schwingungen im Körper ähnelt, dann kann das Signal auch noch so klein dosiert sein. Ihre Zellen werden darauf ansprechen, Reaktionen zeigen, und möglicherweise einen erheblichen Schaden davontragen. Dabei ist es vollkommen egal, wie hoch die Dosis war!

Es geht ausschließlich um die exakte gleiche Schwingung, mit einer für Sie deckungsgleichen Frequenz, und Ihrem dahinter liegenden Strahlungsmuster, das getroffen wurde. Die Dosis spielt eine vollkommen untergeordnete Rolle. Wenn wir schon dabei sind die Stärke und die Frequenz zu betrachten, dann sollte man von vornherein die Logik walten lassen und anwenden. Dazu benötigt man nur etwas Allgemeinwissen und man erhält tatsächlich haltbare Antworten.

Der uns betreffende Anwendungsbereich im direkten Vergleich:

A. Eine Handystrahlung, Funkwelle arbeitet mit nichts anderem als Strom.

B. Ihr Köper arbeitet auch mit Strom (Wert auf einer der ersten Seiten)

C. der Strom einer Handyfunkwelle eines ist um das Tausendfache höher als Ihr Körperstrom (17)!

Sollte ausgerechnet Ihr eigener Körper-Strom, mit einer wesentlich geringeren Stärke, gegen den starken Handystrom gewinnen? Sie selbst kennen die Antwort sehr genau! Immer der Stärkere von beiden wird die Oberhand behalten und nur der sagt, wo es lang geht. Das dabei einige Ihrer Körperzellen auf der Strecke bleiben ist doch vollkommen logisch! „Da ist sie wieder, unsere menschliche Logik"!

Sollten sich plötzlich die physikalischen Gesetze abrupt umkehren, nur weil es sich die Netzbetreiber so wünschen und der bei weitem schwächere Körperstrom die Oberhand besitzen?

In Ihrem und in meinem Leben nicht! Aber exakt diese physikalischen Grundlagen, die absolut unbestreitbar sind, verdrehen unsere Handylobbyisten in das pure Gegenteil.

Sie behaupten schlicht weg, dass die bei weitem höhere elektrische Strahlungsstärke eines Funksignals, der völlig schwächeren Körperstrahlung nichts ausmache. Hallo! Geht es noch?

Deutsche Grenzwerttabelle für die effektive Belastung.

---

17 Siehe wissenschaftlichen Anhang Studie B2B.

Da gibt es Tabellen mit den Messeinheiten Kilovolt / Meter oder auch die Mikrotesla. Keine Spur von mW/qm (Milliwatt pro Quadratmeter) sowie bei den Grenzwerten der Weltgesundheitsorganisationen. Damit ist der Reigen zum Chaos der Grenzwerteinheiten eröffnet. Hauptsache es blickt

Anhang 1b		
	Grenzwerte, quadratisch gemittelt über 6-Minuten-Intervalle	
Frequenz (f) in Megahertz (MHz)	Elektrische Feldstärke in Volt pro Meter (V/m) (effektiv)	Magnetische Feldstärke in Ampere pro Meter (A/m) (effektiv)
0,1 – 1	87	0,73/f
1 – 10	87/f$^{1/2}$	0,73/f
10 – 400	28	0,073
400 – 2 000	1,375 f$^{1/2}$	0,0037 f$^{1/2}$
2 000 – 300 000	61	0,16

Nichtamtliches Inhaltsverzeichnis

Tabelle A1 Quelle Bundesstrahlenschutzkommision /
keiner mehr durch, und alle haben freie Hand, um uns in die Irre zu

(Fundstelle: BGBl I 2013, 3270)

	Grenzwerte	
Frequenz (f) in Hertz (Hz)	Elektrische Feldstärke in Kilovolt pro Meter (kV/m) (effektiv)	Magnetische Flussdichte in Mikrotesla (µT) (effektiv)
0	–	500
1 – 8	5	40 000/f^2
8 – 25	5	5 000/f
25 – 50	5	200
50 – 400	250/f	200
400 – 3 000	250/f	80 000/f
3 000 – 10 000 000	0,083	27

Tabelle A2 Quelle Bundesstrahlenschutzkommision /
führen. Ein Schelm der Böses dabei denkt, oder?

Und weil das Chaos noch nicht groß genug ist, geben wir auch noch ein Messintervall von 6 Minuten an.

Dabei ermittelt man die Elektrische Feldstärke (Strahlung) und die magnetische Feldstärke, quadratisch auf die Fläche der Antenne bezogen. Wer dazu, mit seinem Wissen, nicht deutlich physikalisch vorbelastet ist, muss dies so hinnehmen und darauf hoffen das schon alles seine Richtigkeit hat. Nur Vertrauen ist gut, Kontrolle aber wesentlich besser! Vor allem wenn es um unsere Gesundheit geht.

Wer ohne Schuld sei, werfe den ersten Stein.

Wer von uns glaubt, Elektro-Smog trifft nur einige wenige und nach dem Motto handelt: „E-Smog sei nur für hochsensible Mitmenschen relevant", der unterliegt einem gewaltigen Irrtum. Egal, von welchem Standpunkt Sie es betrachten, alles und dazu betone ich noch einmal, wirklich „ALLES" in unserer Natur und Umwelt basiert auf Schwingungen und Frequenzen. Das dem tatsächlich so ist, dies gilt schon seit langem als unwiderlegbar, und entspricht dem wissenschaftlichen Stand der Dinge. Jeder gute Physiker, Wissenschaftler oder Arzt, kann und wird Ihnen das sofort bestätigen. Um aber diese Problematik durchaus selbst verstehen zu können, benötigen Sie wahrlich keinen elektronischen oder physikalischen Hintergrund. Insbesondere wurde die schädliche Beeinflussung von Elektrosmog gegenüber der Körperschwingung von den wirklich ernsthaften und wahren Gelehrten (18) schon vor über 20 Jahren festgestellt. Dies alles dürfen Sie auch selbst noch nachlesen und halten Sie sich gut fest, was noch auf Sie zukommt. Speziell wenn es im Anschluss an dieses Buch um Ihren nachfolgenden Umgang von Handy- oder WLAN-Signalen geht. Aber die Entscheidung darüber, treffen NUR SIE GANZ ALLEIN. Ich bin lediglich ein Berater dazu.

Schlussfolgerungen zur künstlichen Strahlung! Wenn es sich beim Elektro-Smog, wie bereits ausführlich beschrieben, um künstlich erzeugte Schwingungen oder Strahlung handelt, dann hat dies sehr wohl Auswirkungen auf ein natürlich vorkommendes Schwingungsfeld.

Noch dazu, wenn es sich um identische Muster oder Frequenzen handelt, die immer wieder aufeinander losgelassen, ja sogar aufeinandergehetzt werden. Nur ohne diese „unsere eigenen Schwingungen und Frequenzen", könnten wir Menschen und alle anderen lebenden Organismen, nicht existieren. Dies ist eine Tatsache!

---

18 Strahlungsbild des Menschen als Kirlian - Photographie bekannt.

Unsere eigene Schwingung ist eine Kraft und sie beinhaltet die Macht, um zu entscheiden, was krank oder gesund macht. Sie ist alles, woraus wir bestehen und sie kann sowohl negativ als aber auch positiv sein. Wenn wir uns in Folge dessen, durch ein bis zur Perversion gesteigertes Kommunikationsverhalten, mit einer immer intensiveren künstlich erzeugten Schwingung, sprich Strahlung belasten, so hat dies Auswirkungen auf uns. Und es **wird auch immer mehr negative Auswirkungen nach sich ziehen**, solange wir diese Praxis fortsetzen. Bis auf ein paar wenige Ausnahmen, wird die Menschheit in ihren persönlichen Untergang laufen. Nur können sie sich diesen, bis heute, noch nicht einmal so richtig vorstellen. Die Möglichkeit dazu ist aber als absolut realistisch zu bezeichnen! Weil alle Anzeichen dafür bereits vorhanden und bewiesen sind. Sollten wir nicht innerhalb kürzester Zeit, auf unser mobiles Telefonieren, mobiles Surfen, mobiles Kinderzimmer überwachen, mobil gesteuertes Fahren, usw. verzichten! So leiten wir gemeinsam, unseren eigenen Suizid ein.

Nicht in unseren kühnsten Träumen hätten wir dies jemals gedacht. Den Tatsachen aber nicht ins Auge zu blicken, kommt purem Selbstmord gleich. Momentan und nach dieser Erkenntnislage gäbe es auch nichts Weiteres mehr zu sagen. Von meiner Seite aus, wäre alles was „nur" die menschliche Logik betrifft, dazu gesagt. Damit Sie sich aber wirklich sicher sein können, gebe ich Ihnen noch mehr an Wissen. So dass Sie persönlich, möglicherweise auch als Sprecher gegen den mobilen Elektro-Smog auftreten könnten. Wenn Sie es denn wollen.

Weitere unwiderlegbare Fakten!
URSACHE UND WIRKUNG!

Aktion und Reaktion, sind **die** physikalischen Grundpfeiler der Natur und allen Lebens auf diesem Planeten. Das wiederhole ich solange, bis Sie es nachts im Schlaf beherrschen. Wenn diese physikalische Grundregel somit vollkommen außer Zweifel steht, kann sie doch von nichts und niemanden in Frage gestellt werden! Warum sollte ausgerechnet ein dermaßen massiver Strahlungsaustausch, wie der des elektronischen Funkverkehrs, in uns und unserer Umwelt keinerlei Wirkung hinterlassen? Vor allem dann nicht, wenn diese höchst negativen Schwingungen und Strahlungsmuster bereits permanent und überall anzutreffen sind. Wieso und Warum nicht? Frage ich Sie zum letzten Mal! Nennen Sie mir nur einen einzigen Grund, weshalb solche elektronischen Monster, wie unsere WLAN Hotspots, Sendemasten und Satelliten, bei uns keinen Schaden anrichten sollten. Wenn ausgerechnet der Mensch, mit einem ähnlichen aber vielfach schwächeren elektronischen Feld, ausgestattet ist. Das insbesondere für sein gesamtes und gesundes Leben, absolut notwendig und enorm überlebenswichtig ist.

Liste des Grauens!
Dokumentiertes Wissen zum Elektro-Smog!

Bis heute gibt es eine Vielzahl von mehrfach bewiesenen Auswirkungen (19) von Elektro-Smog auf:
- alle Grundbausteine des Lebens, unsere Zellen
- alles Lebende und natürlich Wachsende
- die Natur und unser gesamtes Umfeld
- auf die Psyche von Menschen und Tieren
- jedes Säugetier
- auf die gesamte Insektenwelt, in erster Linie die Bienen
- unser Wasser. (Das Wichtigste was wir besitzen).
- Bakterien und Viren (Die können in ein unkontrollierbares Wachstum geraten und dabei werden dann richtige Monster entstehen).

---

19 Weiterführende Details unter „Erste Auswirkungen E-Smog" und im Anhang.

Alle diese oben genannten Erkenntnisse sind nur ein geringer Teil von dem, was allemal schon dokumentiert ist. Aber bereits diese offensichtlichen Ergebnisse, können und werden für uns und unsere Umwelt, geradezu verheerend sein. Wollte ich alles, was darüber schon bekannt ist, in ein einziges Buch bringen, so hätte dieses mehrere tausend Seiten. Das wollte ich Ihnen eigentlich ersparen (20). Für mich heißt es momentan, erst einmal die elementarsten Fakten dazu aufzuzeigen. Dies in einem Stil, der auch von Fachfremden verstanden und nachvollzogen werden kann. Und auch mit weiterführenden Informationsquellen versehen, damit Sie sich konkret damit auseinandersetzen können. Alles andere hätte doch so gut wie keinen Sinn. Da die mobile Funktechnik an sich schon, ein derart riesiges Wissenschaftsspektakel darstellt. Haben Sie erst einmal den Einblick zur Problematik Elektro-Smog erhalten, so können Sie uns zu Hilfe eilen und sich hinter diese, für alle Menschen so wichtige, Sache stellen. Jede Stimme, jede Meinung dazu zählt. Sofern sie auf ehrlichen Tatsachen beruht und logische Schlussfolgerungen zu lässt. Darum bitte ich Sie jetzt, ganz persönlich, aber im Namen von uns allen. Helfen Sie persönlich mit, dieses technische Desaster von uns abzuwenden.

Alles ist über Schwingungen in Verbindung.

Da auch die Natur, alles auf der Basis von elektronischen Schwingung aufbaut und dadurch das gesamte Leben erschaffen hat, wäre der logische Schluss daraus: Dass jede fremde Schwingung, die ausgesendet wird, auch auf die natürliche Schwingung Einfluss nehmen muss. Was gibt es denn daran bitte noch zu bezweifeln? Wenn es sich sogar für einen Nichtfachmann wie mich, bereits auf der Basis der herkömmlichen Physik, logisch erklären lässt. Wenn wir uns jetzt nur einmal als Beispiel, unser wichtigstes Element auf diesem Planeten, unser Wasser herausgreifen. So können wir uns doch bereits bei einem angenommenen möglichen Wasserverlust oder einer gesetzt dem Fall bevorstehenden Wasserschädigung ausmalen, welche gravierenden Auswirkungen das auf uns alle haben wird. Gibt es nun tatsächlich bereits bewiesene

---

20 Wer sich dafür weiter interessiert, dem empfehle ich die im Anhang genannten Internetseiten und Bücher. Weiterführende und wichtige URLs finden Sie im Anhang.

Anzeichen dafür, dass diese eben genannten negativen Einflüsse, auf unser Wasser, aufgrund von E-Smog zu Stande kommen, so dürfte der Apokalypse zu Roland Emmerichs (21) Film „HELL" nichts mehr im Wege stehen. Hier wurde bereits um die Jahrtausendwende von einer vollkommen verdorrten Erde berichtet, durch die alles Leben innerhalb kürzester Zeit ausgelöscht wurde. Sollten wir also unsere Funknetze (3G, 4G, 5G) immer weiter ausbauen, so dürfte unserem eigenen Wüstenplaneten nichts mehr im Wege stehen. So etwas kann und wird in keinem Traumland enden! Noch dazu, und dies sollte bereits hinlänglich bekannt sein, bestehen auch wir Menschen zu fast 80 Prozent aus WASSER. Na sauber!

Fazit: Es steht vollkommen außer Zweifel, dass die Menschen von jedweder elektronischen Schwingung, jederzeit betroffen sein können und werden. Dadurch haben alle elektronischen Schwingungen auch zwangsläufig ihre Auswirkungen, auf sämtliches Leben und dessen tatsächliche Grundlagen. Egal von wem sie nun ausgehen. Dass es sowohl Schwingungen von lieblicher Natur oder von extremer Gefährlichkeit (Atomare) gibt, steht schon lange nicht mehr zur Debatte. Mit einer harmonischen Schwingung im Bereich des positiven, können wir in Form von Liebe, Gesundheit und Ausstrahlung jederzeit weiterleben. Aber und jetzt kommt das aber! Mit den derzeitig aufkommenden künstlichen Schwingungen, aus dem Bereich des Elektro Smogs, wird es wohl keineswegs eine friedliche Lösung geben. Da uns diese negative Schwingung regelrecht das Gehirn, samt Zellen und deren gesundes Wachstum, zerstört. Dies gilt ohne jegliche Ausnahmen und für alle erdenklichen Zellstrukturen auf diesem Planeten.

„Ist wissenschaftlich nachgewiesen und belegbar (22)".

Wie kommen darum ausgerechnet SIE, mein Buchleser auf die Idee, jetzt noch nicht betroffen zu sein oder niemals davon betroffen zu werden. Dazu müssten Sie schon aus einem etwas anderen Stoff, als unseren bekannten Zellen aufgebaut sein, um wirklich ohne Schaden davon zu kommen. Ich möchte es nochmals ganz deutlich betonen. Elektro Smog betrifft wirklich jedes Lebewesen auf diesem Planeten. Warum glauben ausgerechnet alle die, die dafür verantwortlich sind und den

---

21 Roland Emmerich – Film „HELL" / Link im Quellverzeichnis
22 Englische und russische Studien im wissenschaftlichen Anhang zu finden.

Netzbetreibern alle Freiheiten geben, dass sie keinesfalls davon betroffen sind. Sie unterliegen gegenwärtig einem wirklich fatalen Irrtum, der uns allen im schlimmsten Fall, das Leben kosten kann. Von allen anderen Gesundheitsproblematiken will ich gar nicht erst sprechen. Denn die würde ganze Buchbände füllen. Nur so viel dazu: Vielleicht können Sie, als einer der Befürworter von Elektro-Smog, einmal davon ausgehen, dass sie möglicherweise schon längst betroffen sind! Wahrlich, ich wünsche es Ihnen nicht! Aber die reale Chance dazu, liegt bei 1 zu 3, dass Sie bereits massiv getroffen wurden.

Dass es bei dem einen oder der andern etwas langsamer geht und dass es eben Mitmenschen gibt, die hier von Anfang an aufs Schwerste betroffen sind (23), liegt ganz einfach in der einzigartigen Struktur des Menschen. Es gibt keine zwei gleichen Menschen auf diesem Planeten, so wie es auch keine zwei gleichen Schneeflocken gibt. Nur diese Einzigartigkeit macht den E-Smog so gefährlich. Da er für jeden von uns, zum Teil, völlig andere Auswirkungen haben kann. Aufgrund der Gegebenheit, dass dies nicht nur so sein kann, sondern bereits bewiesenermaßen so ist, gilt es umso mehr, dass wir alle diese Einzigartigkeit schützen. Im ganz besonderen Ausmaß hat das für unsere Kinder, unserer kommenden Generation, zu gelten! Wenn wir demzufolge, ohne jegliches Grundlagenwissen zu den Auswirkungen von künstlichen Schwingungen, diese bereits vorab immer und immer wieder nutzen und erst einmal völlig sorglos/gedankenlos damit umgeben, weil das WLAN oder Funktelefon so modern und unglaublich bequem ist, dann könnte es sehr bald zu einem bösen Erwachen kommen.

Weil wir uns nämlich erst hinterher, nach dem bevorstehenden Einsatz von 5G, Gedanken über die möglichen Auswirkungen auf die Natur und unsere Mitmenschen gemacht haben. Dann dürfte es aber, gelinde gesagt „zu spät sein"! Wenn man sich erst ab diesem Moment, dem eigentlichen Problem stellt und annimmt.

Alles was für ein gesundes Leben von enormem Vorteil sein kann, wird durch eine falsche Schwingung zerstört. Das gilt für Bauwerke, wie Brücken oder Häuser, ebenso wie für Zellkerne, Zell-Membranen oder allem was lebt. Insbesondere gilt dies auch für unser Wasser und da besonders für die elementarste Verbindung aller Zeiten: die

---

23 Offener Brief einer Ärztin an die verantwortlichen in Deutschland Seite 123.

Wasserstoffbrückenbindung (24). Sollten sich die dazu gemachten wissenschaftlichen Entdeckungen, innerhalb der nächsten Monate bestätigen, sitzen wir alle demnächst auf dem Trockenen. Das im wahrsten Sinne des Wortes. Wir werden diesen, unseren Planeten in eine vollkommen unbewohnbare Welt verändern. Denn ohne unser Wasser wird es kaum noch Leben darauf geben. Da in den bekannten Studien und wissenschaftlichen Arbeiten dazu, die zerstörerische Schwingung an der Wasserstoffbrückenbindung durch Elektro Smog bereits katastrophale Auswirkungen gezeigt hat.

Um Ihnen die Tragweite zur möglichen Zerstörung von einem unsere wichtigsten Elemente, dem Wasser, möglichst detailliert darzulegen, wurden zwei Artikel (25) des ZeitenSchrift-Verlages als Zitate, in das Buch mit aufgenommen.

Dunkle Wolken ziehen über unser aller Leben auf. Für die Ursache und deren Wirkung, sind ausschließlich wir verantwortlich.

---

24 Eine Erklärung zur Wasserstoffbrückenbindung finden Sie im wissenschaftlichen Teil zum Verschwinden des Wassers.
25 Titel 1: Mikrowellen: Vom Verschwinden des Wassers!
    Titel 2: Lassen technische Mikrowellen das Wasser verdunsten!

Reue zeigen!

Sich erst Gedanken machen und Reue zeigen, wenn alles schon zu spät ist, mussten bereits zwei Generationen vor uns sehr deutlich spüren. Vor allem welche „Unannehmlichkeiten das mit sich bringen kann", wenn man blindlings den falschen Versprechungen der „Oberen" glaubt. All das geschah nur, weil völlig unlogisch aufgebaute Beteuerungen der Verantwortlichen nicht im Geringsten hinterfragt wurden.

Erst als alles schön brannte und tatsächlich passierte, wurde behauptet: *„Das man dies alles nicht wollte".* Damals wie heute ist so etwas nur als pure Verantwortungslosigkeit zu bezeichnen.

Was aber machen wir gerade wieder? Wir machen es genauso! Und haben scheinbar, aus der gemeinsamen Geschichte, nichts aber auch gar nichts dazu gelernt. Wir vertrauen wieder einmal auf die angebliche Unbedenklichkeit des Ganzen. Da es uns von der Telekommunikations-Industrie so vorgegaukelt wird.

Ähnlich wie in den 60er und 70er Jahren, von der Tabakindustrie: *„Rauchen ist doch niemals schädlich und sie werden keinesfalls in Ihrer Gesundheit geschädigt. Ruhig Blut und immer schön „Cool" bleiben, denn Rauchen ist „todschick" und so männlich"* !

Was sich im Nachhinein als Lüge herausstellte!

Dies wird aber den Tabakgeschädigten und Rauchertoten auch nicht mehr weiterhelfen oder sie wieder lebendig machen.

Das damals hatte aber gegenüber dem „Heute" einen echten Vorteil: Sowohl von der Raucherseite als aber auch von der NICHT – Raucherseite wusste man, wenn im Raum geraucht wurde und die Sache an sich zu stinken anfing!

Man hat es ganz einfach gerochen und man konnte dies von Anfang an spüren. Wenn einem der Hals anschwoll oder einem der Hustenreiz und dergleichen plagte. Nur damals war die Gefahr der eigenen Vergiftung bei weitem geringer. Verglichen mit damals wäre es nicht annähernd so schädlich Raucher zu sein, als wie heutzutage als ständiger Vieltelefonierer zu gelten. Die Betonung liegt hier auf „STÄNDIG".

Ja, Sie lesen richtig: Im Gegensatz zum Rauchen dauerte dessen maximale Belastung für seinen Körper, circa 8 – 10 Minuten. Anschließend beginnt dann der Körper bereits wieder mit dem Abbau der Schadstoffe.

Bereits nach wenigen Stunden wäre das geschafft. Sofern keine nachgeraucht wird. Unmittelbar nach dem letzten Zug an der Zigarette beginnt der Körper zu regenerieren. Können Sie das bei Ihrem Handygebrauch auch so behaupten. Leider nein!

Weil wir hier und heute, einer „dauernden" und somit permanenten Strahlungskonzentration ausgesetzt sind, die jeden Kettenraucher vor Neid erblassen lassen würde. Noch dazu mit einer Konzentration und Stärke, die für uns alle katastrophale Folgen nach sich ziehen wird.

Was, wenn jetzt auch noch das wohl heisseste Pferd in Stall (im wahrsten Sinne des Wortes) **5G**, eingesetzt und freigeschaltet wird. Dann hat dies mit dem vom Gesetzgeber verpflichtenden Schutz und dessen Sorgfaltspflicht „für alles Lebende", nichts mehr zu tun.

Es steht außer Zweifel: Elektro Smog betrifft wirklich jeden auf diesem Planeten. Da wird kein lebendes Wesen eine Ausnahme dazu machen. Was aber in seiner Wirkung noch viel ärgerlicher ist, bleibt die Tatsache: „Dass Sie als Elektro - Smog Verursacher auch für andere Lebewesen und deren Krankheit oder dessen Tod **mitverantwortlich** sind". Vor allem, wenn Sie ohne jegliche Bedenken und Vorsorge, völlig gedankenlos damit herumhantieren. Sie schädigen nicht nur sich. Sie schädigen auch noch vollkommen unschuldige, wie Babys und Kleinkinder!

Eine Frage an Sie persönlich gerichtet: „Wer von Ihnen hat denn sein Handy immer noch eingeschaltet?

Ich werde Sie jetzt auf gar keinen Fall bitten, es auszuschalten, beileibe nicht. Denn dieses Recht habe ich nicht und will ich auch nicht". Vielleicht könnten Sie mir jetzt einen kleinen Gefallen tun! Schalten Sie doch in der Zeit, in der Sie mein Buch lesen, einfach mal die MOBILEN DATEN ab. Damit sind Sie immer noch jederzeit erreichbar (außer Facebook, WhatsApp und dergleichen).

Bereits dadurch **reduzieren** Sie Ihre **eigene Strahlenbelastung** um sage und schreibe **98 Prozent**. Das ist doch schon was für einen guten Anfang. Ihre Mitmenschen um Sie herum, werden es Ihnen danken, bewusst oder unbewusst! Am Ende des Buchs können Sie sich diese Frage noch einmal stellen! Nur, um zu sehen, was mein Buch für ein Ergebnis auf Sie hatte und wer nun recht behalten darf. Sie oder Ich! Und seien Sie mir bitte nicht böse, wenn ich mir im Gegenzug schon mal eine Pfeife anzünde und wir uns dann in Sachen Umweltbelastung einmal vergleichen. Wer oder was da wohl schädlicher ist! Ihr mobiles Telefon oder mein Pfeifenqualm? Die Antwort dürften sie bereits kennen!

Mögliche Krankheitsbilder zum vorhandenen E-Smog

Die Folgen von bereits vorhandenem Elektro – Smog sind bekannt, dokumentiert und dadurch unübersehbar!

Das da wären:

Kopfschmerzen,

Migräneanfälle (zurzeit 43 Millionen Betroffene).

Konzentrationsstörungen

Schlafstörungen

Depressionen

Hyperaktivität

ADHS

Demenz

Alzheimer

Geöffnete Blut - Hirn - Schranke

Erhöhte Selbstmordgefährdung des einzelnen

Erhöhtes Aggressionsverhalten von einzelnen und in Gruppen

Gefährdung der Fruchtbarkeit

Anstieg des Krebsrisikos um das 4 bis 8-fache.

Bluterkrankungen aller Art

DNA Veränderung

Zell Deformationen im ganzen Körper

Hirntumor

Kinderkrebsrate so hoch wie nie!

Alle genannten Symptome sind als Reaktion zum bereits vorhandenen Mobilfunk einwandfrei nachgewiesen.

Zitat (26) diagnose:funk >> ....darum „Finger weg" beim Kauf von vernetzten Haushaltsgeräten. Sie verstrahlen Ihren und den Wohnraum der Nachbarn. Sie senden persönliche Verhaltensdaten an Unternehmen und Datenhändler und öffnen dadurch Tür und Tor für Nachstellungen und Verleumdungen aller Art". <<

Bis zum heutigen Zeitpunkt gibt es weitere schwerwiegende Verdachtsfälle, bei denen unser jetziger Mobilfunk, mit als Ursache in Betracht gezogen werden kann!

Liste des Argwohns:

Frühzeitiger Kindstod

Degeneration von Babys im Mutterleib durch Zell Veränderungen

Unkontrollierbares Zellwachstum

Kurzzeitiger enormer Gedächtnisverlust

Genveränderungen bei Menschen

Genveränderungen bei Säugetieren aller Art

Genveränderungen in der Insektenwelt

Genveränderungen in der Pflanzenwelt

Sollten zukünftig mit dem Ausbau zum 5G Netz, weitere zigtausende Sendeanlagen, hunderte von Satelliten und Millionen von neuen Handys hinzukommen, so ist den Krankheiten und mörderischen Veränderungen nicht mehr beizukommen!

---

26 Quelle S65 / diagnose:funk / Link im Verzeichnis / Download 12.11.2018.

Werden wir jetzt nicht aktiv, dann steuern wir auf unseren eigenen Untergang zu. Wer sollte diese, fast vollautomatisch gesteuerte Apokalypse noch stoppen? Wenn es keine Möglichkeiten mehr zum Abschalten gibt! Da bereits die Satelliten sowie die geplanten elektronischen Sende- und Empfangsanlagen, in ihrer jetzigen Ausführung, fast autark über Sonnen- und Windstrom versorgt werden.

Allen MATRIX Kennern, dürfte jetzt das Gruseln kommen. Diejenigen, die diese Kinofilme noch nicht kennen, einfach mal anschauen!

>> Zitat (27) diagnose:funk „Die 5G Mobilfunkfrequenzen bedeuten eine totale Verseuchung der Umwelt. Alle Wohnungen und Lebensbereiche werden somit zwangsweise durchstrahlt. Keine Orte mehr zur Erholung vom dauernden Elektrostress. Die Zellen in uns werden AMOK laufen! Was folgt daraus: ein explodierender Ressourcenverbrauch und eine Energieverschwendung ohne gleichen. >> Bereits produzierte High-Endgeräte werden, seit Jahren schon, innerhalb kürzester Zeit wieder als untauglich gekennzeichnet. Was für alle, die mit dabeibleiben wollen, immer wieder enorme Kosten nach sich zieht. Für die Welt bedeutet dies! Elektronikmüll ohne Ende. Im Gegenzug wird die vollständige Überwachung somit Realität. Dies bedeutet für unsere Zivilisation: chinesische Zustände. Nicht nur in Deutschland, sondern auch in ganz Europa! Darum: Stoppen wir den 5G - Ausbau JETZT und nicht erst morgen" <<

Was hätten wir als bestehende Hochkultur mit diesem Stopp noch großartig zu verlieren? „Eine geringere Datengeschwindigkeit im Netz. Ja dass ich nicht lache".

Durch eine derartige Propaganda zur höheren Datengeschwindigkeit, sind es doch WIR wieder, die auch noch schneller arbeiten müssen. Sonst hätte das Ganze doch keinen Sinn.

Was ich Ihnen hier und jetzt dazu sagen darf, ist Folgendes:

Mit Sicherheit bewegen wir uns mit einem zusätzlichen 5G Funknetz wesentlich schneller auf unseren gemeinsamen Exodus zu.

---

27 Quelle S66 / diagnose:funk / Link im Verzeichnis / Download 08.11.2018.

Was lässt uns so krank werden?

Gibt es aus unserer Vergangenheit mögliche logische Schlussfolgerungen, die uns diesen direkten Anstieg von immer mehr erkrankten Menschen erklären könnten?

Benutzen wir wieder einmal unseren eigenen Verstand und gehen der Sache entsprechend, völlig logisch auf den Grund. Bei dieser Vorgehensweise brauchen wir weder wissenschaftliche Arbeiten, noch müssen wir uns auf jemanden anderen verlassen.

Wir benutzen dazu, das sogenannte Ausschlussverfahren. Dabei müssen die möglichen Ursachen, für unser derzeitiges westliches Krankheitsbild, und deren mögliche Auslöser ins Auge gefasst werden.

Diese vergleichen wir mit den Zuständen der Vergangenheit und unserer Gegenwart.

Beispielsweise, was hat sich in unserer Umwelt, unserer Lebensweise enorm verbessert und welcher Umstand hat sich in unserer Lebensführung verschlechtert oder gravierend verändert.

Dazu vergleiche ich einfach die aus der Vergangenheit krankmachenden Ursachen mit den heute üblichen Standards. Die für uns offensichtlich bekannten Umstände werden uns zeigen, woran die heutige Menschheit leidet und dabei immer häufiger kränker wird als die Menschen vor über hundert Jahren. Im Anschluss daran folgt eine logische Bewertung dazu.

A, Trinkwasserverunreinigungen

Früher: Auslöser von Pest und Cholera, sehr hohe Infektionsquote. Katastrophale Folgen für uns Menschen.

Heute: nahezu perfekte Bedingungen, in 90 % von Europa sauberstes Trinkwasser mit bester Qualität, dies unmittelbar aus der Wasserleitung.

B, Lebensmittelverunreinigungen

Früher: permanente Belastung des Organismus, hohe Infektionsraten durch Bakterien und Viren. Krankmachende Lebensmittel waren an der Tagesordnung.

Heute: Perfekte Zustände dank permanenter Überwachung, keine nennenswerten Ursachen, um ein hohes Krankheitsrisiko ableiten zu können.

C. Hygiene

Früher: Ohne Kommentar!

Heute: zum Teil klinisch sauberste Verhältnisse in unseren Wohnungen sowie in öffentlichen Räumen. Kein weiterer Bedarf.

Anmerkung, außer bei Krankenhauskeimen. Hier spielt die Genveränderung eine wichtige Rolle und Mobilfunk könnte eine Ursache sein. Dazu später mehr!

D, Gift und Giftstoffe aus der Umwelt.

Früher: Vollkommen verrußte Städte und Landstriche, Bergbau im Übermaß, Abraumhalden und Müllhalden, die alles und jeden vergiftet haben. Bis vor 60 Jahren schier unglaubliche Zustände.

Heute: Sehr gute Luftverhältnisse auf dem Land, gute Luftverhältnisse in den europäischen Städten. Bis auf die Ausnahmen bei ungünstigen Wetterlagen. Müllentsorgung mit guten Recyclingquoten.

E, Arbeitswelt

Früher: Menschenverachtende Tätigkeiten, die bis auf die Knochen ging, im wahrsten Sinne des Wortes. Arbeitssicherheit, war ein Fremdwort, unglaubliche Arbeitsumstände, auch für Kinder, die ein ganzes Buch füllen würden.

Heute: Arbeitssicherheit wohin man schaut, Maschinen wohin man schaut, höchst körperlich anstrengende Arbeiten, wie vor 50 Jahren, so gut wie ausgeschlossen.

F, Medizin und Medikamente:

Früher: Kaum Ärzte, Bader, die ohne entsprechende Ausbildung höchst dubiose Operationen vornahmen und bei denen die Überlebensrate bei 50 Prozent lag. Keime und Viren wohin man schaute. Kaum Medikamente und deren Wirkung war höchst fraglich. Lediglich die Naturheilkunde war etwas ausgeprägter. Aber auch nur, weil es einfach nichts anderes gab!

Heute: Kliniken vom allerfeinsten, Fachpersonal für alle Situationen, keinerlei Abhängigkeiten mehr vom finanziellen Hintergrund. Naturheilkunde mit beweisbarem Fundament.

Ich könnte diese Liste jetzt unendlich weiterführen. Da wären noch die radioaktiven Belastungen aus unserer jüngsten Geschichte zu nennen. Da wären auch noch für die Frauen, die zum Teil katastrophalen Aspekte vor 100 Jahren anzuführen. Das wäre aber jetzt nicht zielführend und würde vom eigentlichen Thema nur ablenken. Da die oben genannten Punkte, bereits eine erhebliche Beweislast in sich tragen.

Zusammenfassend müssten wir in der westlichen Welt nahezu paradiesische Umstände haben, was das Krankenbild betrifft. Jedoch alle derzeit vorhandenen Statistiken, zeigen mit ihrer Negativkurve nur noch steil nach oben.

Was kann die Ursache sein?

Für dieses erschreckende Bild und die daraus abzuleitenden Tatsachen, dass wir zum Teil so krank geworden sind! Um diese Fragestellung zu beantworten, werden die uns bekannten Umstände zusammengefasst und die oben genannten Fakten einfach als Ganzes betrachtet. Klammern wir dabei die Zivilisationskrankheiten, aufgrund der übermäßigen kalorienhaltigen Ernährung und der enorm zuckerhaltigen Lebensmittel aus, so hätten wir uns in den letzten 30 Jahren, traumhafte Voraussetzungen geschaffen, um alle möglichen Krankheitsursachen nahezu besiegt zu haben.

Aber alle Statistiken, die sich auf die Anzahl von erkrankten Personen beziehen, alle dazu gehörigen Arztberichte, zeigen ein vollkommen anderes Bild.

Dazu folgt für jeden logisch denkenden Menschen nur noch die eine Fragestellung:

Wodurch hat sich in den letzten Jahren unser gesamtes Umfeld derart dramatisch verändert, dass es eine solch hohe Krankheitsrate gibt?

Sämtliche krankmachenden Umstände wurden doch fast abgeschafft. Überdies wurden diese negativen Ursachen zu einem Großteil noch gesetzlich überwacht und geregelt.

Was kann heute, als eine der Hauptursachen, mit herangezogen werden? Nachdem folgenden Zahlen zu den bekannten Krankheitszahlen nur noch erschreckend sind und einem regelrecht den Atem verschlagen.

Aber lesen sie selbst:

Erschreckende Zahlen aus der Presse!

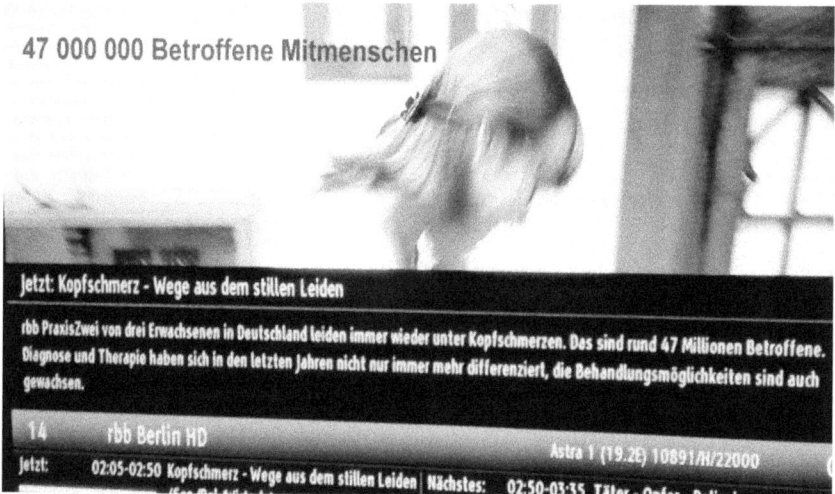

47 000 000 Betroffene Mitmenschen

Jetzt: Kopfschmerz - Wege aus dem stillen Leiden

rbb PraxisZwei von drei Erwachsenen in Deutschland leiden immer wieder unter Kopfschmerzen. Das sind rund 47 Millionen Betroffene. Diagnose und Therapie haben sich in den letzten Jahren nicht nur immer mehr differenziert, die Behandlungsmöglichkeiten sind auch gewachsen.

14   rbb Berlin HD

Astra 1 (19.2E) 10891/H/22000

Jetzt: 02:05-02:50 Kopfschmerz - Wege aus dem stillen Leiden | Nächstes: 02:50-03:35 Täter - Opfer - Polizei

TV rbb Berlin / Bericht vom 12.10.2018 / Direktfoto vom Bildschirm.

**47 Millionen Deutsche, die von ständigem Kopfschmerz geplagt sind.
23 Millionen die unter mysteriösen Nervenschmerzen leiden.**

Mysterium Nervenschmerzen

Über 23 Millionen Deutsche betroffen

Ausstrahlende Rücken- schmerzen, Kribbeln oder Taubheitsgefühle in Beinen und Füßen, muskelkaterartige Schmerzen: Diese Beschwer- den machen den Alltag von Millionen Menschen zur Qual. Vielen unbekannt: Das sind häufig Symptome von Nerven- schmerzen – und dagegen gibt es jetzt wirksame Hilfe!

Mysteriöse Nervenschmerzen – was steckt dahinter?

Mehr als 23 Millionen Deutsche klagen heutzutage über chronische Schmerzen. Was viele nicht wissen: Die Ursache sind häufig geschädigte oder gereizte Nerven! Mediziner sprechen von sogenannten Neuralgien (Ner-

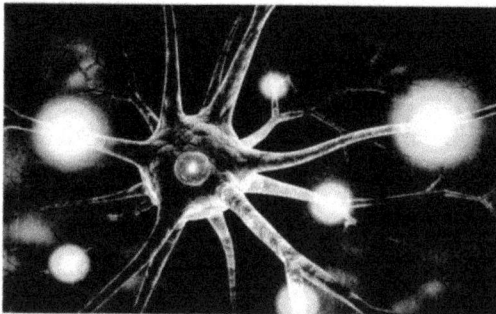

*Quelle S70 B „Das Wochenblatt / Deggendorf / Zeitungsbericht 24.5.2017 /
Bild Kopie SW / Im Verzeichnis Link hinterlegt.*

Weitere Beweise aus Statistiken:

- 3, 8 Millionen Deutsche die von schweren Allergien heimgesucht werden.
- Hirntumore, so häufig wie noch nie.
- Kinderkrebsraten, die alles bisher Dagewesene in den Schatten stellen.
- Selbstmordraten ohne gleichen.

Wirtschaftliche finanzielle Ausfälle im Milliarden Bereich durch:

- 108 000 000 Krankentage (28) pro Jahr in „Deutschland"! Diese Zahlen zeigen eine Zunahme von 100 Prozent innerhalb von 10 Jahren. Die Kosten dafür belaufen sich auf 33 Milliarden Euro pro Jahr! Tendenz: Enorm ansteigend! Als Haupt-Ursachen werden psychische Erkrankungen genannt. Keiner hat auch nur annähernd den Elektro-Smog im Visier. Obwohl hier in Versuchen extreme Stimmungsschwankungen in der Psyche eindeutig nachgewiesen wurden

Woher kommt das?

Kann uns eventuell eine logische Schlussfolgerung weiterhelfen? Dazu schauen wir, welche möglichen „Krank-Macher" ständig gestiegen sind! Was wurde immer zudringlicher und kam uns immer näher?

Welches täglich konsumierte Produkt hatte ähnliche Steigerungsraten wie die der Krankheitszahlen? Ähnlich dem Motto: „und darf es noch ein bisschen mehr sein?

Mit wenigen logischen Schlussfolgerungen gibt es dafür nur noch eine mögliche Alternative, die da lautet:

„ Der von uns persönlich verursachte ELEKTRO-SMOG ist als eine der Hauptursachen für die oben genanntem Krankheitsbilder in Betracht zu ziehen" !

Beweis dazu: *„Außer dem Mobilfunk gibt es derzeit keinen weiteren Umstand, der sich so dramatisch nach oben hin verändert hat. Würde es einen geben, dann wüssten wir davon".*

Auch die Statistiken unserer Nachbarn in Europa, zeigen ein schier

---

28 Quelle: AOK Studie 2018

unglaubliches Bild, was das Ausmaß der Krebs-, Demenz-, Alzheimer, Suizid-, Depressiv-Raten, usw. betrifft. Aber ausgerechnet Deutschland hat die Nase bei weitem vorne. Allein dieser Umstand, ist doch aufgrund der nicht „ganz so niedrigeren" E-Smog Grenzwerte in „D" , geradezu ein Paradebeispiel für die Analyse der Krankheitszahlen.

Was soll denn daran bitte noch falsch sein? Wenn doch die anderen Länder in diesem Bereich, deutliche Unterschiede zu uns aufweisen. Wir in „D" dürfen einen bis zum 90-fachen höher Elektro-Smog geniessen, sie erinnern sich?

Im internationalen Vergleich bedeutet dies noch lange nicht, dass die „anderen" nicht auch von Gesundheitsbeschwerden betroffen sind. Lediglich deren Wachstumsraten sind zeitlich verzögert und nicht so hoch. Im Steigen sind sie allemal, was wiederum auf eine enorme Belastung von E-Smog schließen lässt.

Was uns alle aber aufhorchen lassen **muss**, ist folgender Umstand: **Europaweit** wird ein Anstieg von kranken Kindern unter 16 Jahren sichtbar, der momentan bei **53 Prozent** liegt.

In der **Dritten Welt** sind es gerade mal **41 Prozent erkrankte Kinder**. Somit hat Europa, die Dritte Welt bei weitem überholt.

Obwohl in der Vergangenheit und besonders in Europa, alles nur Menschenmögliche darangesetzt wurde, um sämtliche krankmachenden Ursachen auszumerzen.

Kann dies mit rechten Dingen zugehen (29) ?

Vor allem welche europäischen Krebsarten sich in uns ausbreiten, ist völlig unglaublich. Das kann doch alles nicht sein! Diese Tatsachen sind unvorstellbar, geradezu Grotesk und mit nichts zu rechtfertigen. Sind wir alle blind geworden? Derart dramatische Auswirkungen und niemand schert sich darum.

Fazit: In unserem gesamten Umfeld wurde jede noch so krankmachende Ursache der Vergangenheit bekämpft und so gut wie abgeschafft. Als de facto Ursache, für derartige Zunahmen von allen diesen Krankheiten, bleibt für mich nur noch die sehr hohe Zunahme und Belastung von Elektro-Smog übrig! Er bildet die einzige Negativ-Ausnahme, zu unserem ansonsten gesunden Lebenswandel.

Als Solches ist er für mich, der „Krank-Macher" Nummer eins. So wie der

---

29 Beispiel: Russland Studie zu Kinderkrebs! Im Kapitel: Unsere KINDER!

E-Smog in allen Statistiken zugenommen hat, exakt so spiegeln sich die Zunahmen in den Statistiken der Krankenbilder wieder. Wer dies immer noch verleugnen will, muss uns Normalbürgern schon sehr viel Ignoranz entgegenbringen. Schauen Sie einfach mal auf diese Statistik zur Einführung von mobilen Endgeräten, wie ihrem DECT - Telefon im Haushalt und Beruf.

Legt man jetzt über diese Statistik, die der Krankheitsverläufe und Sie werden sehr schnell erkennen das diese Kurven nahezu parallel

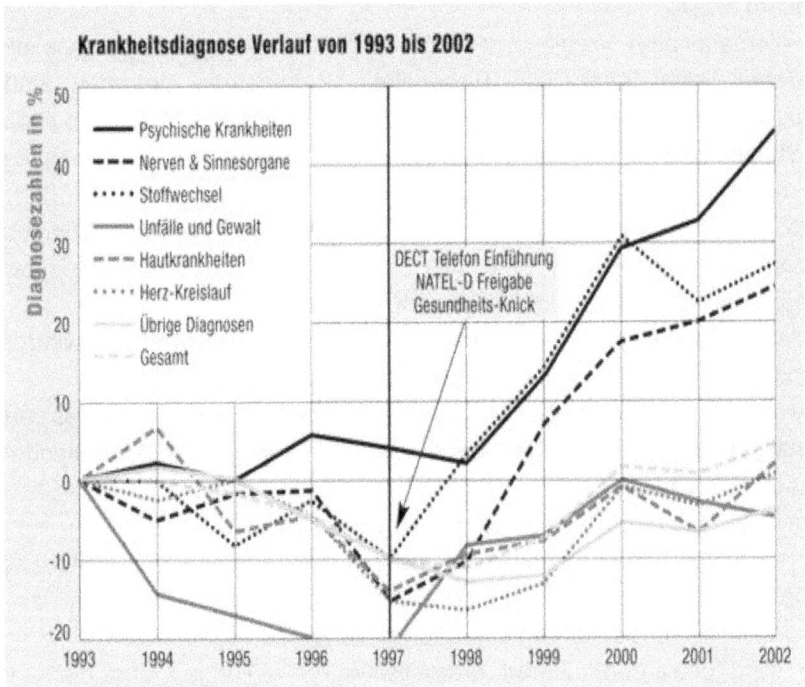

Krankheitsdiagnose Verlauf von 1993 bis 2002

Quelle S073 Tabelle Krankheitsverläufe nach Einführung des DECT System bei Schur los Telefonen.

verlaufen! Soll das ein Zufall sein?

Für mich keinesfalls, denn in meinem Leben gibt es keine Zufälle! Vielleicht sollten Sie ganz kurz innehalten und einmal darüber nachdenken, wie Sie ab heute weitermachen wollen, mit ihrer drahtlosen Verständigung. Und damit Sie mich noch ein bisschen besser verstehen, ein geschichtliches Ereignis dazu: Haben Sie sich schon einmal gefragt, warum ausgerechnet in den Amtsstuben die DECT - Telefone mit sehr viel

Kosten zunächst flächendeckend eingeführt wurden? Bereits nach sehr kurzer Zeit und innerhalb von 1 Jahr, wurden diese wieder vollständig ausgetauscht und mit alter Kabeltechnologie am Telefon ersetzt. Warum wohl? Sie werden in kaum einer Amtsstube oder Behörde noch ein schnurloses Telefon finden, das ist auch gut so. Was uns dieser erste Fehlgriff gekostet hat, das kann man sich an drei Fingern abzählen. Milliarden von DM und Euros!

Was noch viel mehr als diese vergeudetet Geld zu bedeuten hat, ist der Umstand, dass dem Staat und dessen Schutzbefohlenen, seine Beamten, doch etwas wert sind. Weil die von den damaligen „Neuen DECT – Telefonen, regelrecht verstrahlt wurden.

Sie halten es da wohl etwas anders und lassen auch noch Ihre Kinder damit spielen, oder? Bitte kurz darüber nachdenken, ob es nicht doch mit einem „alten Telefonkonzept, sprich mit Kabel zwischen Hörer und Telefon, besser ist. Denn auch sie haben Schutzbedürftige und somit Schutzbefohlene, wie unser Staat!

Unsere Schutzbefohlenen, die nächste Generation,

Was also tun? Am besten heute noch!

Die Kommune ist der Ort, wo der Protest gegen jegliche Funkwelle und dessen Elektro – Smog wie 4G, 5G, GSM, UMTS, WLAN und Smart City organisiert werden muss!

Ich und bereits viele andere, rufen Sie als verantwortungsbewusste Bürgerinnen und Bürger dazu auf. Sprechen Sie über diese Entwicklung in Vereinen, Kirchengemeinden, Gewerkschaften und im Freundeskreis. Schreiben Sie Leserbriefe, fordern Sie die Abgeordneten Ihres Wahlkreises und auch Ihre Gemeinde- oder Stadträte dazu auf, Stellung zu beziehen.

Da können die ersten Fragen an diese Damen und Herren (wie folgt) lauten: *Was ist Elektro Smog für Sie, Herr oder Frau Gemeinderat?*

Was ist 5G, 4G GSM und WLAN für Sie, Herr oder Frau Abgeordnete.

Nennen Sie mir nur ein einziges Argument, was im Anschluss an diese von ihnen genehmigten Installationen, unser aller Leid und unseren vorzeitigen Tod rechtfertigt.

WAS, frage ich Sie?

Lassen Sie sich in keiner Weise mit dem Gegenargument beschwichtigen:

Ja das ist doch noch gar nicht bewiesen!

Was! Sie brauchen Beweise dazu?

Schauen Sie nur einmal in dieses Buch!

Besuchen sie die Internetplattform „diagnose:funk".

Hier werden ihnen nicht nur, sondern müssen Ihnen die Lichter aufgehen, was mit uns allen gerade passiert.

Eine weitere Fragestellung kann dann lauten:

Glauben Sie wirklich Herr Abgeordneter, das 5G / 4G usw. einen Bogen um Sie herum macht?

Sind Sie kreativ in Ihren Fragen. Aber bleiben Sie um alles in der Welt auf dem Boden der Tatsachen.

Ich bitte Sie darum!

Allein die (bereits heute schon bekannten Erkenntnisse) reichen vollkommen aus, um zu beweisen, was Elektro–Smog und insbesondere die digitale Funkwelle 5G, 4G, WLAN, usw. mit uns allen anstellt und noch anstellen (verursachen) wird.

Da braucht es keine einzige Übertreibung oder Sonstiges.

Wir alle sind und bleiben dabei seriös und werden uns keinesfalls auf das Niveau der Netzbetreiber oder Ihrer Lobbyisten herablassen.

Was wir wollen und brauchen, ist Vertrauen in uns und unser Wissen zur

Schädlichkeit des E-Smogs! Wir bitten alle vernünftigen Menschen, uns zuzuhören. (So dass) Damit Sie sich selbst erst einmal darüber in Kenntnis setzen, wie hoch der Anteil des schädlichen Elektro–Smog schon ist, und was mit der Einführung von 5G noch auf uns zukommt.

Nur wer es für sich selbst, ohne lange Überredungskünste, von ganz allein verstanden und begriffen hat, um was es in diesem Augenblick unseres Daseins geht, wird sich für die gute Sache einsetzen und uns zur Seite stehen.

Im Gegensatz zur Mobilfunklobby brauchen wir keine bezahlten Mitstreiter! Was wir brauchen, sind vollkommen unabhängige Mitmenschen, die über einen gewissen logischen Verstand verfügen. Die alles Gute respektieren, aber auch vor nichts und niemanden Angst haben. Weil ANGST immer wieder einer der miesesten Berater aller Zeiten ist. Die hat(te) schon früher, ganze Generationen in ihren Untergang geführt. (Ist noch keine 100 Jahre her)

An alle Funkwellen Befürworter vorab dieses!

Wollen Sie das alles einmal mitverantworten, dann schließen Sie jetzt bitte dieses Buch und schauen niemals mehr hinein.

Am besten, Sie verschenken es, denn dann hätten Sie mit Sicherheit mir und jemanden anderen eine echte Freude bereitet.

Warum Sie das tun sollten?

Weil im Bereich zur gezielten E-SMOG Verhinderung, **jede Stimme zählt**. Menschen, die aber diese Bürde zum Verbreiten von Elektro-Smog tragen können, so wie unsere Macher in der Kommunikationsbranche und der Politik, werden sich so gut wie niemals überzeugen lassen. Damit ist mein Buch für Sie vergeudete Liebesmühe. Ihr Personenkreis wird sich möglicherweise und wahrscheinlich erst dann, wenn die Krankheit Sie selbst ergriffen hat und man erfährt, dass diese durch E-Smog verursacht wurde, an mich und mein Buch erinnern. In dem Moment ist es aber schon längst zu spät und auch vollkommen überflüssig, wenn Sie ab da mein Buch noch lesen würden. Für mich als Autor genauso, wie für viele andere! Darum würden Sie mir, durch das Verschenken meines Buches, eine echte Freude machen. Vielleicht hätten sie dann auch später noch die Genugtuung, dass Sie es eigentlich gut mit uns gemeint haben, indem Sie mein Buch tatsächlich weiterreichten.

Aber nur wenn SIE es noch erleben dürfen! Ist doch auch schon was, oder?

Wie schön die Welt doch ist. Wir bauen für unsere Mitmenschen immer wieder eine Brücke, damit diese nicht alleine sind!

Auf ein Wort

Mobiltelefone, Tabletts und Minicomputer, schön kombiniert mit WhatsApp, Facebook, Instagram, Twitter und Co! Zu einem großen Teil sind Sie in ihren Funktionen zur konkreten Nachrichtenübermittlung vollkommen überhitzt und aufgeblasen wie ein Luftballon. Und im Prinzip, sinnlos wie ein Kropf. Warum?

Indem mir zu jeder Tages- und Nachtzeit, vollkommen unwichtige Gespräche oder Nachricht aufs Auge gedrückt werden, die ich momentan weder benötige noch brauche. Noch dazu werde ich dadurch immer wieder nur von meinen eigentlichen Tätigkeiten abgelenkt. Zum Teil schaffen es diese ominösen Freundes – Nachrichten auch noch, mich zu diffamieren, in eine Diskussion zu locken oder mir Werbung aufzudrücken. Eine Werbung, von der A, ich nicht einmal wusste, dass ich dieses Produkt benötige und B, ich die Dienstleistung wünsche. Des Weiteren könnte ich mir all dies finanziell nicht einmal leisten, weil mein gigantischer Datenvolumenverbrauch, bereits ein kleines Vermögen gekostet hat und immer noch kosten würde, hätte ich nicht schon seit langem die

Notbremse gezogen. Diese groß propagierte Nachrichtenform, ist alles in allem absolut lästig und als der erste Zeitkiller schlechthin zu betrachten. Von der bereits verlorenen Arbeitszeit und dem finanziellen Schaden, der durch diese Art der Kommunikation den Arbeitgebern zugefügt wird, will ich erst gar nicht schreiben.

Was dabei die meisten Familienmitglieder, bedingt durch ihre permanente Erreichbarkeit schon gelitten haben, ist schier nicht mehr auszuhalten.

In 99 Prozent aller übermittelten oder empfangenen Nachrichten, handelt es sich um regelrechten Bockmist. Wir führen zum Teil stundenlange Gespräche, die weder lebenswichtig noch überlebenswichtig oder sogar lebensrettend sind. (Dazu gleich mehr)!

Ich weiß bis heute von keinem meiner Bekannten, dass Er oder Sie, nur ein einziges Mal mit Hilfe seiner mobilen Kommunikationswege seine Existenz gerettet hätte. Meist ist das absolute Gegenteil der Fall! Weil aufgrund des erlittenen Zeitverlustes, wichtige Termine versäumt oder komplett übersehen wurden.

Persönlich könnte ich es mir im Falle eines Unfalls vorstellen, dass mit einer mobilen Telefoneinheit auch die Rettung etwas schneller herbeigeholt wurde. Nur rechtfertigt dieser eine legendäre Fall, den Tod oder die Krankheit von so vielen anderen Menschen?

Wenn diese durch den in der Atmosphäre vorhanden Elektro Smog, regelrecht gegrillt oder verstrahlt werden.

Da gibt es sicherlich genügend andere elektronische Hilfsmittel, die man für diesen einen einzigen Unglücksfall in seinem Leben einsetzen kann und darf. Dazu braucht es gewiss auch nicht diese Super-Monster von 5G – Mobilfunknetzen.

Unsere Firmen-Handy-Philosophie.

Was in diesem Bereich von jedem einzelnen von uns gefordert wird, ist eigentlich mit nichts menschlichen mehr zu rechtfertigen. Da begegnen einem Verkäuferinnen, die permanent mit einem WIFI Onlinetelefon im Ohr ausgestattet sind. Es gibt kein vernünftiges Beratungs- oder Verkaufsgespräch mehr, bei dem nicht mindestens 3mal ein Anruf stört. Geschweige denn bei einem Baustellenbetrieb, wobei heutzutage bereits jeder Handlanger mit wenigstens einem Firmentelefon ausgestattet ist, um unaufhörlich erreichbar zu sein. Sämtliche Führungskräfte tragen sowieso in der Regel 2 Mobiltelefone am Körper. Alles nur um innerhalb von

Sekunden erreichbar zu sein und das auch gewiss jeder Beschäftigte vollkommen überwacht ist. Sollte dann den Firmenbossen in diesem Zusammenhang kein weiteres Argument mehr zur Verfügung stehen, dann wird immer wieder auf den sogenannten Notfall zurückgegriffen. Und gerade deshalb MUSS man auch jederzeit erreichbar sein. Bis heute wüsste ich von keinem einzigen Fall, bei dem es zur Notfallabwicklung von Projekten, Baustellen oder irgendwelchen anderen wichtigen Geschäftstätigkeiten, nur auf den Gebrauch eines mobilen Telefons ankam.

Wenn dem so wäre, dann hätten nämlich alle die Verantwortlichen für solch ein Projekt, bereits von Anfang an schlampig und vor allem „ohne Durchblick" geplant. Sollte nämlich ab einem gewissen Zeitpunkt, ein scheitern dieses „Projekts" drohen, dann wird auch kein Handy mehr die Rettung bringen. Nur manche Projektleiter glauben dies und führen ihre gesamte Konversation nur noch über dieses kleine Ding in ihrer Hand. Dies alles nur, damit man als eigentlich Verantwortlicher, möglichst schnell von der eigenen Unfähigkeit ablenkt und allen anderen die Schuld in die Schuhe schieben kann. Nach dem Motto, das Handy wird's schon richten und am besten alle anderen Beteiligten mit einbeziehen, damit „Die" den von Ihm verursachten Mist, noch rechtzeitig wegräumen können. Nicht umsonst heißt es aber für jeden vernünftigen Projektleiter: Die vorauseilende Planung ist das Wohl und Wehe jeden Erfolgs. Dazu gehört bei Leibe kein Handy oder ein mobiles Tablet.

Wobei es momentan schon zu beachten gilt, das Handys als solches, bereits in den obersten Führungsetagen dafür bekannt sind, dass die durch ihren provozierenden Störcharakter, weitaus mehr Schäden an Projekten und der gleichen anrichten können, als man später wieder noch gut machen könnte. Weil der angerufene bekanntlich für mehrere Minuten vollkommen abgelenkt ist, möglicherweise den Faden verloren hat und ab dem Moment, Fehler begeht, die im ohne Handy oder Tablet und dergleichen, niemals unterlaufen wären.

Nennen Sie mir nur einen einzigen Fall, bei dem es in einem mobilen Telefonat um Leben oder Tod ging. Aber die Vielzahl aller durchgeführten Telefonate, lässt immer wieder diesen Schluss zu, dass es augenblicklich schon wieder einmal um Leben oder Tod ging. Ansonsten wäre das alles schon gar nicht mehr erklärbar. Oder?

Dass uns die Bereitstellung, dieses zum Großteil vollkommen

überflüssigen Strahlen Netzes, in jedem Falle Krankheit, Leid und letztendlich auch den frühzeitigen Tod ins Haus bringt, das steht außer Zweifel.

Was der mobilen Sache aber immer wieder noch die Krone aufsetzt, sind die bis heute ins schier unendlich angewachsenen Datenmengen, die dazu über die Luft transportiert werden müssen. Datenmengen, die wie bereits vorher schon erwähnt, zu 99 Prozent aus völlig unnützen Informationen bestehen. Und die wirklich nichts mehr mit dem wahren Leben zu tun haben. Wobei wir aber in nahezu 100 Prozent aller Fälle, innerhalb einer Stunde vom Gesprächsinhalt so gut wie nichts mehr davon wissen oder Konkretes dazu sagen könnten. Wirklich wichtige Gesprächsinhalte, bei denen es beispielsweise um Kündigungen, Ehescheidungen, den Tod eines Verwandten, Bekannten, um die Firmenpleite, Bankkredite, Geschäftsabschlüsse geht, die werden nach wie vor persönlich geführt.

Was also lässt uns hier und heute glauben, dass ohne die mobile Erreichbarkeit von Milliarden Arbeitnehmern, die Wirtschaft, ja sogar die ganze Welt zusammenbrechen würde.

Was wir alle wieder brauchen, ist der nötige Abstand zur immerwährenden mobilen Erreichbarkeit. Was Sie aber in keinem Falle brauchen ist der gesamte zusätzliche Schrott drum herum, wie WhatsApp, Facebook, Instagram, Twitter und Co. Diese Applikationen (Abgekürzt App) sind eigentlich App´s, die früher einmal für Leute gedacht waren, denen eigentlich nur langweilig ist und die den lieben langen Tag nichts anderes zu tun haben.

Anmerkung:

Vor allem verbrät dieser völlig ungestresste Personenkreis, mit seinem unvorstellbar hohen Datenverbrauch die Atmosphäre derart schnell, dass wir alle, die im Moment noch nicht so viel Zeit haben, plötzlich wieder Zeit haben werden. Weil das Ganze in einem fürchterlichen Chaos enden wird, bei dem es dann auch keine Arbeitnehmer mehr braucht.

Am Rande erwähnt: Heutige Prognosen gehen davon aus, dass sich durch die zurzeit geschaffene und teilweise schon vorhandene Künstliche Intelligenz (KI), insbesondere im Einsatz für Roboter und dem Dienstleistungssektor im Internet, bis 2015 circa 250 Millionen Arbeitsplätze in Luft auflösen werden. Dies aber nur für den Bereich, Büro und Bankwesen errechnet.

Dadurch wird es bei unserem derzeitigen Gebrauch von mobilen Funkverkehr als aber auch durch die bereits geplante KI eine Arbeitswelt wie die heutige in Kürze nicht mehr geben. Dies steht für mich schon lange fest. Aber wie gesagt, diese Aspekte wurden von mir nur mal so am Rande erwähnt. Darüber nachdenken dürfen Sie schon noch selbst.

Probe aufs Exempel!

Nehmen Sie ein Blatt Papier und einen Stift zur Hand. Teilen Sie dieses Blatt in drei gleichgroße Spalten, indem Sie auf dem Blatt im jeweils gleichen Abstand zwei senkrechte Striche ziehen. Diese drei Spalten beschriften Sie ganz oben wie folgt:

„Sehr wichtig" –   „Wichtig" –   „Absolut unwichtig"-.

Schreiben Sie nun unter die jeweilige Spalte den Inhalt Ihrer letzten fünf mobilen Telefonate in Stichpunkten auf.

Merken sie was?

Die Spalte mit „absolut unwichtig" quillt regelrecht über, bei „wichtig" steht vielleicht ein Termin, bei „sehr wichtig", gähnende Leere.

Was in aller Welt, hat uns dazu bewogen, dass wir diesem elektronischen Monster, unserem Handy, so hörig sind und es immer wieder in den Vordergrund stellen.

Indem alles andere dazu, Familie, Freunde, Beruf, nur noch blass aussieht. Wir schädigen uns, unserer Natur, unserer Umwelt, und haben dabei das Bewusstsein für schädliche Wirkungen, fast vollständig verloren, wenn nicht sogar aufgegeben! Dies alles, auf der Basis von zum Teil vollkommen unerforschten Technologien. Wie konnte das jemals mit und geschehen und warum lassen wir es gerade wieder zu?

99 Prozent aller geführten Telefonate beinhalten, auf dem dazu berechneten Zeitraum, regelgerechten Schrott. Dem ist so und Ihr Blatt Papier, wird nichts anderes dazu hergeben. Außer Sie verfügen bereits über eine geeignete Einstellung zum Telefonieren mit Ihren Mitmenschen. Wenn dem so ist, dann kann ich Sie für diesen Weitblick nur bewundern, und das meine ich wirklich ehrlich. Bei mir hat es nämlich ein bisschen gedauert, bis ich dahinterkam, wer oder was mir da immer wieder meine wertvolle Zeit gestohlen hat. Denn die Zeit, ist tatsächlich unser wertvollstes Gut!

Kein Geld der Welt, kann Ihnen die „vertelefonierte" Zeit jemals wieder zurückgeben oder Ihnen mehr Zeit verschaffen! Bitte dies immer so im Hinterkopf behalten, und darauf achten welche technische Einrichtung, Sie zum Teil massiv beeinflusst und Ihren gesamten Tagesablauf erheblich zerstört.

Anekdote:
Stellen Sie sich nur einmal vor, Sie kommen in den Himmel und Petrus erkundigt sich nach Ihrem Tun und Handeln auf der Erde! Und sie müssen ihm jetzt die Wahrheit sagen. (Weil im Himmel gibt es keine Lügen)

Ihre Antwort darauf: *„Ja ich habe den ganzen Tag lang telefoniert. Habe SMS geschrieben, Habe im Internet gesurft, bis zu 5 Stunden täglich!"*

Worauf er weiter fragt:
„Und was war so wichtig bei diesen fünf Stunden?"

Ihre Antwort dazu: „ ------" Und gerade jetzt, wo Sie Zeit für Ihren Himmel hätten, haben Sie kein einziges vernünftiges Argument dazu.

„Woraufhin Sie Petrus, ohne Wenn und Aber, samt Ihrem neuen Handy in die Hölle schickt".

Ich bitte Sie inständig, dass Sie nur um einmal darüber nachdenken, was Sie auf der Erde mit dieser Strahlenwaffe Gutes bewirkt haben! Außer dass Sie ihr Leben lang mit nichts anderem, als dem Führen von Telefonaten und dem „Ein streicheln" von Texten vergeudet haben. Über 90 Prozent der gesamten Inhalte sind und waren völlig nutzlos. Geschweige denn von dem, was Sie sonst noch damit angerichtet haben.

Da könnten Sie auch gleich „Eulen nach Athen tragen" oder die „Steinkugel den Berg hoch rollen". Obendrein haben Sie noch dafür gesorgt und sich persönlich dafür verantwortlich gemacht, dass unsere Erde, extrem verstrahlt wurde und so gut wie alles Leben einen Schaden davongetragen hat. Nur weil Sie nichts anderes, wie telefonieren und texten im Sinn hatten.

Was Sie dabei ihren Telefonpartnern, mit den zum Teil lästigen und sinnlosen Gesprächen angetan haben, das will ich hier nicht großartig ansprechen. Aber merken Sie sich vielleicht dass eine: Hatte auch „der" ein Handy am Ohr, haben Sie mit Sicherheit „nicht" für dessen Gesundheit gesorgt. Im Gegenteil, Sie haben ihn möglicherweise unbewusst das halbe Gehirn aufgeweicht. Dies als kleiner Hinweis von mir!

Fazit: Beim Telefonieren sind 99,6 Prozent der Gesprächsinhalte und der dabei verbrauchten Zeit nichts wert. Purer Schrott

0,3 Prozent der zu übermittelnden Gesprächsinhalte hätte man auch per Mail senden können. Dies sind in der Regel zwei vollständige Sätze.

0,1 Prozent der Gesprächsinhalte sind zwar von Bedeutung, aber zum jeweiligen Zeitpunkt fast irrelevant.

Somit sind 99,9 Prozent der zur mobilen Kommunikation verbrauchten Zeit und Kosten vollkommen sinnlos vergeudet worden. Die 100 Prozent der dazu benötigten Strahlung, haben Sie aber in die Umwelt entlassen. Nur diese Strahlung und Schwingung hat es in sich. Zu ihren Mitmenschen, die Sie dabei E-Smog technisch belastet haben, komme ich noch näher darauf zu sprechen. Da stellen Sie sich einer ungeahnten Verantwortung, die Ihnen so bisher wohl unbekannt war.

Anmerkung: Für nichts und wieder nichts den Kopf hingehalten, im wahrsten Sinne des Wortes. Dazu riskieren Sie täglich Kopf und Kragen, gratis Krebs und noch ein paar weitere kranmachende Kleinigkeiten.

Ja wie peinlich ist das denn und wie naiv obendrein?

Sollte man jetzt noch alle negativen Nachrichten hinzuzählen, die im Moment Ihrer unendlichen Erreichbarkeit mit eine tragende Rolle spielten, so betreten wir ein psychologisches Feld, welches einzig und allein nur unsere Handys zustande brachten. Ohne es zu ahnen, werden Sie aufgrund Ihrer unendlichen Erreichbarkeit in mögliche Familienkrisen und Tragödien aller Art hineingezogen. Die so, und eben nur so, aufgrund Ihrer perfekt organisierten Mobilität überhaupt erst möglich wurden und bis heute immer noch sind. 12 Prozent der sehr wichtigen Gesprächsinhalte ziehen Sie immer wieder im völlig falschen Moment in einen Strudel aus Hass, Missgunst, Eifersucht, Neid und alles, was es auf diesem Gebiet sonst noch so gibt. 24 Prozent des verbrauchten Datenvolumens gehen für Überwachungsmaßnahmen von Kindern und Partnern drauf.

Wo ist da eigentlich der gesunde Menschenverstand geblieben?

Und warum spreche ich exakt dieses Thema an?

Weil es sich im Bereich der mobilen Verständigung, einfach so eingebürgert hat, dass man seine Partner, Freunde und so weiter, schnell einmal die Meinung sagen will. Da aber auch das Gegenüber meistens zum Telefon greift und zum oben genannten Thema auch emotional voll aufgeladen ist, (so wie die beiden beteiligten Handys) kommt es innerhalb von Sekunden zum Paukenschlag. Weil man sich mit Hilfe des Telefons, das zuweilen auch als psychologische Waffe eingesetzt wird, anfänglich sehr sicher sein kann, dass der gegenüber praktisch immer und überall den Empfangsknopf drückt, bekommen beide Beteiligten auch gleichermaßen ihr Fett weg.

Scheidungsgrund Nummer 1:   Misstrauen!

Scheidungswerkzeug Nummer 1:   Handy und SMS!

Früher lief es nämlich grundlegend anders. Wie wir alle wissen, laufen emotionale Geschichten beim persönlichen Aufeinandertreffen, bekanntlich friedlicher und gesitteter ab. Bis Er oder Sie, die für seinen Groll verantwortliche Person „persönlich" sprechen konnte, war dieser „anfängliche Ärger" erheblich abgeflaut oder so gut wie verflogen.

Wäre somit die ureigene telefonische Mobilität nicht immer wieder aufs Neue vorhanden, hätte sich der gegenüber bereits nach wenigen Minuten von ganz allein beruhigt. Die Sache an sich, wäre bereits auf einem völlig anderen Emotionslevel. Aber nein, nein, nein! Man muss doch immer erreichbar sein. Es könnte ja die Glücksfee der Lottozentrale sein, die einem mitteilt, dass man gerade eben Millionen gewonnen hat, obwohl man gar kein Lotto spielt. Nur mit der permanenten Nutzung Ihres Smartphon, ihres Handys, ihres Tabletts, sind für alle und jeden erreichbar.

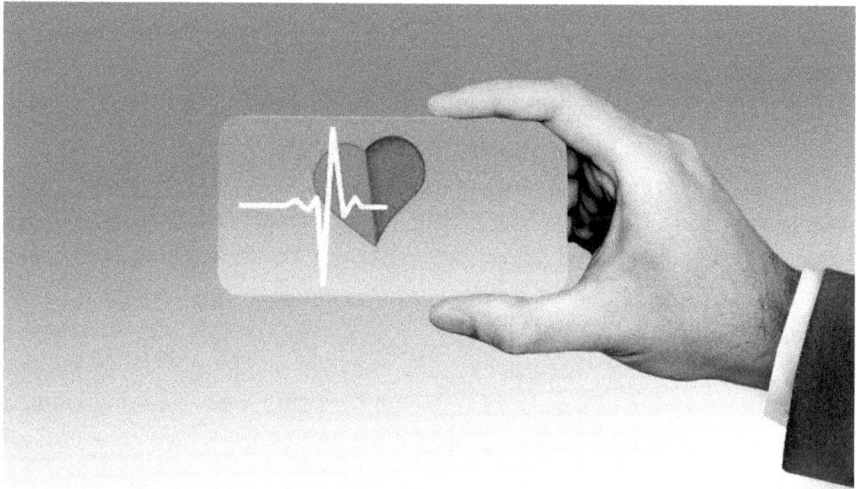

Und welch tragische Eigenschaft für ein Kommunikation-Gerät. Eigentlich sollte es Menschen immer besser verbinden. Heute ist das mobile „Etwas", samt mobiler Kinder, das Scheidungswerkzeug Nummer 1. Ist doch irre, oder?

Dass gerade Sie, mit diesem, Ihrem Verhalten, Ihr Leben plötzlich von einem kleinen elektronischen Monster bestimmen lassen und Sie beim Betrieb dieser kleinen Maschine mit Ihrer Gesundheit Lottospielen, scheint Ihnen momentan noch nicht bewusst zu sein.

Im Bereich von zerstörten Beziehungen, gibt es weit und breit keine einzige Maschine, die bis dato derartig große Schäden angerichtet hat und immer noch anrichtet. Es ist ja so einfach, in etwas so kleines permanent hinein zu brüllen, um sein Gegenüber in die Schranken zu weisen. Ob zu Recht oder zu Unrecht, spielt im Moment des Zorns fast keine Rolle. Aber Hauptsache „man" hat sich wieder einmal bewiesen, wer hier und jetzt das sagen hat. Besagtes gilt übrigens auch für Sprachnachrichten. *„Da kann der andere nicht mehr dazwischen quatschen und hat nicht der geringste Möglichkeit zum Widerspruch!"* Da es aber von alledem auch noch eine Steigerung gibt, beweist folgender Umstand: „Man" hinterlegt seinen Groll schriftlich und sendet Ihm oder Ihr einen **Eilbrief** in Form einer SMS! *„Dadurch hat Er oder Sie es für alle Zeiten schriftlich, was über Ihn oder von Ihr gedacht wird und was einem so wahnsinnig macht!* Und die halbe Welt weiß es auch gleich noch, da alle Facebook Freunde begeistert mitgelesen haben. Danach gibt es nur noch eine einzige Option: „Rosenkrieg pur".

PS: **Eilbriefe**, sogenannte Telegramme, benutzten früher auch die Diplomaten, bevor es in den Krieg ging.

Rettungsgerät Nummer Eins?

Schlussendlich komme ich noch kurz zum meist genannten Grund für ein mobiles Telefon. „Upps, ein Verkehrsunfall oder Unglück!"

Frage: „Wie oft haben Sie ihr mobiles Telefon bereits für eine lebensbedrohliche Unfallmeldung genutzt?" Einmal im Jahr, einmal alle zwei Jahre.? Noch nie?

Wie lange wäre die Gesprächsdauer bei einem Notruf? Zwei bis fünf Minuten! Hätte Ihr mobiles Telefon diesen Verkehrsunfall oder das Unglück verhindern können? Ich denke nicht!

Weil mittlerweile das pure Gegenteil der Fall ist.

Handys lösen Verkehrsunfälle aus, dies in einem Ausmaß, dass es nur noch lächerlich wäre, wenn der Umstand eines Verkehrsunfalles an sich, nicht so erschreckend auftreten würde.

Abschließende Feststellung:

Ich weiß sehr wohl, dass dies im Moment harsche Worte sind. Nur die Medizin und die Wahrheit haben eines gemeinsam: „Sie schmecken von Zeit zu Zeit sehr bitter".

Und dabei kann es einem auch so richtig aufstoßen!

Aber beide verfolgen immer ein gemeinsames Ziel.

Uns Menschlein möglichst schnell zu heilen, vor Schaden bewahren und darauf hinzuweisen, welch gefährlichen Weg wir bereits eingeschlagen haben.

Vollkommen schutzlose Wesen sind uns allen ausgeliefert. Ich spreche insbesondere von unseren Kindern, Kleinkindern und Babys. So wie es aber scheint, haben die im Zusammenhang mit Elektro-Smog, so gut wie keine bezahlten Lobbyisten in den Parlamenten. Gerade darum sollten sie sich, auf uns „Erwachsene" verlassen können. Da zählt dann nur noch die Wahrheit und nichts als die Wahrheit.

Wer hier beim gezielten Einsatz von Elektro Smog, noch von „vielleicht Schäden" oder „möglichen Schäden" spricht, hat sich in Bezug auf unsere Kinder und deren Wohlbefinden schon strafbar gemacht. Da gibt es auch keine Ausflüchte mehr und darum werde ich alles Menschenmögliche unternehmen, dass dem nicht so ist. Dafür stehe ich mit meinem Namen und allem, was dazu gehört. Punkt und Ende!

Ähnliches sagte einstmals schon ein Bundeskanzler, als er es richtig gut mit uns meinte: „BASTA"! Und die Lobby der Begünstigten war sehr glücklich!

Wer die wahren Schuldigen sind.

Wir brauchen keinesfalls „nur" mit dem Finger auf die Netzbetreiber oder Mobilfunkunternehmen zeigen. Sie alle bieten uns lediglich ihre Dienste an. Aber wir sind die Dummköpfe (im wahrsten Sinne des Wortes), die diese Dienste anfordern und sogar noch fürstlich dafür bezahlen. Wie um alles in der Welt können wir dann „nur" auf sie zeigen. Deshalb bitte ich Sie bei jeder Elektro-Smog Diskussion, erst einmal in den Spiegel zu schauen, wie Sie dies persönlich handhaben. Erst nachdem darf man sich fragen: Wer hat das von Anfang an, so gewollt? SIE oder die TELFONKONZERNE? Wobei die allesamt zusammengerechnet, mit unserem Kommunikations-Wahn momentan bis zu *17 000 MILLIARDEN Euro (30)* weltweit umsetzen.

---

30 Quelle Klaus Scheidsteger, Quellverzeichnis im Anhang.

(17 Billionen Euro, was für eine Zahl)

Davon befinden sich in Deutschland 138 Millionen Handyverträge (31).

Gesamt sind es Circa 8 Milliarden Verträge weltweit. Dies entspricht der derzeitigen Bevölkerungszahl auf diesem Planeten. Wobei wir im Westen wieder mit der schieren Masse an Verträgen glänzen. Da braucht es dann schon bis zu 4 Verträge pro Person. Im Gegenzug muss aber der Benutzer bei den gesundheitlichen Argumenten gleich zwei Augen zudrücken.

Tatsache ist aber, dass es für jedes Geschäft zunächst zwei braucht!

Einen Kunden, der etwas unbedingt haben will. Einen Lieferanten, der es möglich macht. Ab da beginnt die Geschäftsbeziehung und es fließt Geld.

Nur Sie als Kunde, sollten sich vorab schon einmal fragen, warum Sie sich eigentlich eine vollfunktionsfähige Mikrowelle an den Kopf halten.

Bereits jetzt liegt die Verantwortung nicht mehr beim Lieferanten, wenn der Ihnen eine Mikrowelle verkauft. Weil er unteranderem auch noch Mikrowellen - Hersteller, – Händler und - Verkäufer ist und Sie prompt beliefert. Darum ist auch Ihre Gesundheit nicht sein Problem, wenn Sie ihm permanent ein unglaublich lukratives Geschäftsmodell ermöglichen. Und Sie trotz allen bekannten Bedenken, immer wieder kräftig davon Gebrauch machen (Indem Sie sich seine Mikrowelle ans Ohr halten). Was ist daran noch falsch zu verstehen? Außer Sie werden über die tatsächlichen Gefahren, zu dieser Mikrowelle, schlicht und einfach immer wieder belogen!

Wie kann man das sehr schnell beenden?

Wenn keiner mehr eine Mikrowelle haben will, wird der Hersteller, Lieferant und Händler sicherlich keine Geschäfte mehr machen und er geht daraufhin pleite. Sofern er auf seine Mikrowellenproduktion beharrt und sich nicht umstellt.

Ergo: Der Markt regelt das Geschäft, die Gesundheit und den Erfolg. Ohne Unterlass und immer wieder auf das Neue. Denn so einfach ist die Welt.

Dazu stehe ich und werde es nicht leugnen.

Auch wenn ich es bis heute noch nicht ganz verstehe, warum ausgerechnet ich, der hochsensible und für meine Begriffe mit einigermaßen Intelligenz ausgestattete, als einer der ersten zu den Nutzern eines mobilen Telefons gehörte.

---

31 Quelle Klaus Scheidsteger, Quellverzeichnis im Anhang.

Somit war auch ich, damals 1991, mit dabei und gelinde gesagt, schon etwas blauäugig. Vor allem wollte „Mann" ohne Unterlass erreichbar sein und schließlich ist „Mann wer"! Dazu muss jede noch so fragwürdige Technologie genutzt werden, um am Fortschritt dran zu bleiben. Wahrscheinlich wollte ich in keinem Falle den Trend verpassen, und damit ich nicht abgehängt werde, musste es unbedingt ein eigenes Mobiltelefon sein. Nur wenn es dann um das Krank sein oder sogar ums Sterben geht, will plötzlich keiner mehr der Erste sein. Woran, dass wohl liegen mag?

Solche Aussagen mögen mit dem damaligen Wissenstand noch als Entschuldigung durchgehen. Nur etwas mehr Nachfragen, zur angewandten Technologie, wären schon angebracht gewesen. Und welch gottloses Vertrauen war da im Spiel, wenn man aufgrund dieser Errungenschaft und der daraus resultierenden hochfrequenten Strahlungsbelastung, möglicherweise innerhalb kürzester Zeit den Löffel abgibt. *„Hauptsache man war wieder einer der ersten, beim kommerziellen Trend, und wenn es noch so viel kostet".* (Vom Anschaffungspreis und Unterhalt dieser Strahlungskanone noch nicht gesprochen). Nur mir persönlich, hätte die fast die Gesundheit gekostet und das Leben zerstört. Wäre da nicht ein unglaublich begabter Arzt gewesen, der nach seiner Diagnose, zu meiner halbseitigen Körperlähmung, sofort die Ursachen dafür erkannte und mich in letzter Sekunde vor dem Schicksal eines dauerhaft gelähmten Menschen bewahrte.

Was war die Ursache: Die Lähmungserscheinungen an meiner vollständigen rechten Körperseite, wurden durch eine geöffnete Blut-Hirnschranke hervorgerufen. Ausgelöst von meinem immens geliebten Mobiltelefon und dessen Elektro Smog. Verschärft wurde dies noch durch den ständigen Gebrauch des Handys im Auto. Wobei nur ein geringer Teil der damalige Telefonate mit einer am Auto befindlichen Außenantenne gekoppelt waren. Dadurch war der „Goldene Käfig" für die Strahlung perfekt, und sie konnte sich über meine Körperzellen hermachen, um sie bedingungslos fehlzuleiten.

Heute mag dies meine eigene Darlegung für eine Entschuldigung sein. Was ich damals meinem eigenen Umfeld angetan habe, ist im eigentlichen Sinne mit Nichts zu rechtfertigen oder gar zu entschuldigen! Nur wenn sie sich heutzutage, im Zeitalter intensivster Wissensverbreitung, immer noch hinter dem Begriff „des nicht Wissens zur Gefährlichkeit von E-Smog" verstecken wollen, könnte das schon als kriminell bezeichnet werden. Da sie zum einen, regelrechten Selbstmord begehen und zum. anderen wissentlich ihr gesamtes Umfeld und insbesondere, dass, was sie am meisten Lieben schädigen. Ihre eigene Familie, mit allem Drum und Dran! Und deshalb schützt sie die eigene Unwissenheit, weder gestern oder heute noch, vor möglichen Schaden.

In unserem menschlichen Fall ist es als absolut lächerlich zu betrachten, wenn man einer fadenscheinigen Unwissenheit den Vorrang gibt.

Nur weil alle anderen, und insbesondere die Hersteller und Vertreiber solcher Geräte und Netze, einem immer wieder sagen:

„Es sei alles absolut ungefährlich!"

Darum darf man wie selbstverständlich, sein Handy oder was zur derzeitigen mobilen Szene gehört, ohne jegliche Kompromisse einsetzen, wann und wo auch immer.

Jeder vernünftige Mensch weiß sehr wohl, dass ohne exaktes Wissen über bestimmte Technologien, immer wieder deutliche Schäden davongetragen werden können. Siehe Atomkraft, Röntgen, Contergan, chemische Substanzen, wie Glyphosat, und so weiter.

Immer wieder wurde uns das von Anfang an, als völlig harmlos und vollkommen ungefährlich verkauft. Nur die unendliche Zahl von kranken und toten Menschen, im Bereich der atomaren Strahlung, Contergan, Asbest, spricht da eine wesentlich andere Sprache.

Demzufolge hat für jede moderne Erfindung, nur ein einziger Leitspruch zu gelten: *„Im Zweifelsfall nicht für die moderne Technologie , sondern für unser aller Gesundheit entscheiden".*

Das ist und hat der Maßstab zu sein, nach dem sich jede neue Innovation richten muss und nicht umgekehrt.

Deshalb meine ehrliche Bitte an Sie direkt gerichtet: Vertrauen Sie bei jeder neuen Technologie (5G) auf nichts und niemanden! Außer auf Ihr eigenes Wissen und den Fakten von wahren wissenschaftlichen Studien. Die, wie Sie noch feststellen können, sehr wohl auf physikalischen Hintergründen und seriösen Arbeiten basieren.

Sollte Sie der Krebs erst einmal erreicht und im Griff haben, so werden sich Ihre Überlebenschance drastisch reduzieren. Das will Ich nicht und Sie wahrscheinlich auch nicht. In diesem Sinne bleiben Sie wachsam, wenn es um das Erkennen von Gefahren und den wahren Messergebnissen zur Schädlichkeit, von Elektro – Smog geht!

Welche bösartige Rolle, unser neues 5G Netz dabei spielen wird, steht momentan noch in den Sternen, da es noch nicht voll in Betrieb ist. Aber BITTE informieren Sie als aller erstes Ihre Familie, Ihre Nachbarn, Ihre Freunde, über diese nahezu unglaublichen Gefahren von bereits bekannten Systemen. Wir alle können herzlich auf 5G verzichten, weil es uns und unsere Kinder in den Abgrund führt.

Sie sind „unsere Schutzbefohlenen", die Sie möglicherweise bewusst oder unbewusst, einer verheerenden Strahlung aussetzen. Sofern Sie weiterhin Mobilfunk und im Besonderen die 5G Technologie zulassen oder sogar noch selbst nutzen.

EILMELDUNG aus dem Radio:
Datum: 26.03.2019 / Uhrzeit 15:00 / Radio Oberösterreich
Zitat: Heute hat ein Mobilfunkunternehmen in 17 Bezirken Österreichs, als erstes Land der Welt, 5G freigeschaltet.
Anmerkung Buchautor: Keine Grenzwerte in Österreich und darum auf zum flächendeckenden und offiziellen Menschenversuch im Labor Österreich!
Ja wie dumm ist das denn?

BITTE, kommen Sie mir jetzt nicht mit diesen Argumenten:
„Was kann ich als Einzelner schon dazu beitragen, um es besser zu machen oder um 5G zu verhindern"?
„Hallo! Hoppala"!
„Wer sitzt denn gerade ganz allein vor seinem Computer und schreibt ein Buch darüber"?
„Wer"?
Hätte ich nur den kleinsten Gedanken an diese Argumentation verschwendet, wüssten Sie vielleicht bis heute noch nichts über die Schädlichkeit von Funkwellen, und dem auf uns zu rasenden Debakel 5G! Wo ein Wille ist auch ein Weg, und dieser Umstand bleibt keinem von uns verwehrt. Was wäre denn diese Welt, ohne die kleinen und großen Einzelkämpfer darin?

Wobei auch alle Gutmenschen, vielleicht erst einmal erkennen müssen, dass es ab einem bestimmten Zeitpunkt, nur noch gemeinsam und in der Gruppe geht. Um tatsächlich positive Ergebnisse zu erzielen. Vor allem, wenn es um ein ehrenwertes Ziel geht, das es zu erreichen gilt.

Wenn somit unser aller Gesundheit und die unserer Kinder nicht gerade ehrenwert sind, dann weiß ich auch nicht mehr so recht weiter.

Aber bis dahin werde ich alles daransetzen, um Menschen darüber aufzuklären, welcher Gefahr sie sich und andere immer wieder aussetzen, wenn sie ihr Handy oder ihr WLAN immer wieder und völlig gedankenlos in Betrieb nehmen.

Die Schmidschen Formeln!

Glauben Sie bitte nicht, dass ich so naiv wäre, um sofort den kompletten Stopp aller Handys zu verlangen. Das wäre die Kriegserklärung schlechthin, und die an 95 Prozent der Bevölkerung gerichtet. Derartiges werde ich brav unterlassen.

Nur was nützt ihnen aber ihr schönstes Handy, wenn sie es aufgrund von Demenz oder Alzheimer demnächst nicht mehr bedienen können. Ab dem Moment ist ihr Traum von Mobilität, aber so was von ausgeträumt.

Um aber dem Thema Elektro Smog weiterhin gerecht zu werden, verfolge ich von meiner Seite aus einen etwas anderen Weg. Dafür gibt es sogar noch sehr einfache Formeln und die lauten, schlicht und ergreifend:

Wenig Handy Nutzung - weniger Funkmasten - weniger Elektro Smog

Kein Handy mehr - kein Mast mehr - keine Funkstrahlung mehr.

Kein mobiles Tablet - kein WLAN mehr - keine Funkstrahlung.

Keine mobilen Geräte - keine WLANs mehr - keine Funkstrahlung.

Die Folge davon ist:

Keine mobilen Überwachungseinheiten von Familienmitgliedern!

Kein Elektro-Smog mehr für Sie!

Die eigene Rettung?

Sollten Sie doch tatsächlich meinen, Sie bräuchten „unbedingt" ein Handy für IHRE eigene RETTUNG, weil Ihnen „irgendwann einmal" ein Unfall oder Ähnliches passieren sollte.

Dazu sage Ich Ihnen jetzt Folgendes: *„Ist es so schlimm, wie Sie vermuten, dann sind sie kaum mehr in der Lage zu telefonieren".*

Bereits ab diesem Moment, sind Sie ausschließlich auf die Hilfe der unmittelbar vor Ort befindlichen Mitmenschen angewiesen.

Das Sie mit Hilfe dieser dort anwesenden Personen und durch deren geeigneten Rettungsmaßnahmen am Leben bleiben. Da spielt das Handy wohl kaum mehr eine Rolle. Um es aber gerade für diesen speziellen Fall noch einmal deutlich zu betonen: es gäbe dazu seit Jahrzehnten analoge Funkgeräte, die obendrein auch noch vollkommen selbstständig agieren würden! Nur keiner will sie haben. Warum wohl?

Somit geht es vorrangig, um kein einziges UNFALLSZENARIO, was ein permanent strahlendes Handy rechtfertigen würde.

Grundlegend geht es doch bei uns Menschen, um das ständige im Rampenlicht stehen. Dazu muss man auch immer erreichbar sein. Dies ist doch der wahre Hintergrund. Also machen Sie sich und auch mir nichts vor.

Die wahren Fakten für ein gedachtes Szenario zu einem Unfall lauten wie folgt: *„Es zählt nur DER MITMENSCH, der unmittelbar vor Ort ist und Ihr Leben retten wird, wenn er es denn kann". Dazu braucht es weder ein Handy noch eine mobile Funkeinheit. Wie so oft in unserem Leben zählt einzig und allein das Können von jedem einzelnen von uns!*

Wahre Geschichte über eine lebensrettende Erfindung.

Bereits 2002 habe ich ein **analoges** Funkwarnsystem entwickelt. Grundvoraussetzung ist: Sie haben eines und ich habe eines, möglichst alle anderen auch.

Dieses Unfallwarnsystem hat eine Reichweite von bis zu 600 Metern. Dieses befestigen Sie in Ihrem Fahrzeug. Ob Auto, Motorrad oder Fahrrad und dergleichen. Es kann vollkommen autark oder durch einen Tastendruck von ihnen aktiviert werden. Ab da reagiert es unmittelbar mit einem Funksignal nach draußen. Aber wie bereits gesagt maximale Reichweite 600m.

Ein mögliches Szenario: Sie haben einen Unfall!

Ab sofort sendet der zigarettenschachtelgroße Unfallwarner (UW) eine Gefahrenmeldung an alle im Umkreis befindlichen Verkehrsteilnehmer. Sollte es ein Überschlag sein, so reagiert und sendet der UW ein Hilfesignal. Fliegt ein Motorrad aus der Kurve und ist für niemanden mehr einsehbar. Der UW sendet 48 Stunden am Stück und zeigt diesen Unfall allen anderen, sich nähernden oder vorbeifahrenden, Verkehrsteilnehmern an!

Haben Sie ein Stauende vor sich, so schalten Sie den UW auf Stauende und im besagten Umkreis werden alle auflaufenden Fahrzeuge rechtzeitig gewarnt.

Fährt ein Kleinkind auf dem Fahrrad vor Ihnen um die Kurve, so dass Sie dieses Kind vorerst nicht erkennen können, der UW am Fahrrad des Kindes ist permanent eingeschaltet. Dieses vor Ihnen fahrende Kind, das gerade um die Kurve fährt, wird Ihnen angezeigt. Ohne fremde Hilfe und mit den „Augen" eines analogen Funksignals funktioniert dies auch bei Kreuzungen und rechts Abbiegern, und so weiter.

Sie nähern sich einem unbeschrankten Bahnübergang und ein Zug naht, der wird ihnen direkt im Auto angezeigt! Per Ton und Sprachausgabe.

Nähert sich Ihnen ein Polizeiauto mit Blaulicht von hinten, so wird Ihnen das angezeigt. Befindet sich ein Gelber Engel auf der Straße, der gerade versucht, ein defektes Auto wieder flott zu machen, dieser wird ihnen angezeigt, und, und, und!

90 verschiedene Einzelsignale, für jede erdenkliche Gefahrensituation im Straßenverkehr, sind in dieser kleinen Box integriert.

Extremes Fazit:

Es ist ein ausschließliches analoges Signal, mit einer Reichweite von 500 Metern. Sie werden unmittelbar vor Ort, über die Gefahr durch Unfälle, Stauende, heranfahrende Züge, Kleinkinder und Kinder im Straßenverkehr, usw. informiert. Kostenpunkt für den Endverbraucher 45 DM, Herstellungspreis 3 DM. Mein Erfinderanteil wäre 1. DM gewesen.

Aussage der Industrie, einer sehr großen Firma, die auch mit Klinikeinrichtungen, Rettungsgeräten und sonstigem, was Unfälle betrifft ihr Geld mit dazu verdient:

Original Zitat: Da gehen uns ja Milliarden Umsätze verloren, wenn es keine Toten und Verletzen mehr gibt.

NOCH Fragen.

Offener Brief von mir: *Liebe Firma „B", wie viele Tote und Schwerverletzte, hätten wir uns seit 2001 ersparen können, wenn Sie Ihre Geldgier, nur einmal hintenangestellt hätten?*

Unser Rettungsplan

Was können Sie persönlich tun? Erst einmal das Buch kurz zur Seite legen. WLAN abschalten und nur noch im absolut begrenzten Umfang einschalten. Außer Sie haben einen Router, bei dem man das WLAN Signal nicht einmal mehr abschalten kann. Bereits in diesem Moment dürften Sie nachdenklich werden!

Sollten Sie Kleinkinder haben oder ein Baby erwarten?

Alles „abschalten", was nur irgendwie geht. Kein Baby, kein Kind der Welt braucht eine WIFI Dauerüberwachung oder einen elektronischen

Kinderzimmergeist. Der das Gehirn Ihres Allerliebsten mit Funkwellen auf Mikrowellenbasis beschießt.

Wie kommt die Elektronikindustrie eigentlich dazu, Ihr Baby mit solch krankmachenden Wellen zu verstrahlen?

Als Nächstes sollten Sie Ihre Nachbarn, sanft aber mit Nachdruck darüber Infomieren, was da so alles in diesem Buch geschrieben steht. Und ob sie, die Nachbarn, nicht wenigsten über Nacht auf ihr WLAN verzichten könnten. Da Sie einfach besser und vor allem beruhigter Schlafen könnten. (Ich hoffe meine Nachbarn, kaufen sich alle mein Buch und Sie lesen das! Vielleicht sollte ich Ihnen ja eines schenken).

Dann lehnen Sie sich erst einmal zurück und denken ganz sachlich und ohne Hass darüber nach, wie Sie in Zukunft mit allen Ihren mobilen Endgeräten umgehen werden.

Machen Sie sich einen Plan und fangen am besten noch heute damit an. Wichtigste Grundlage zu allem: Ein Kabel kann vieles deutlich besser machen. Aufgrund meines Buches müssen Sie in keinem Fall Ihre Kommunikation einschränken. Sie müssen Sie nur besser und vor allem sicherer, für sich, Ihre Kinder und alle Ihre Nachbarn machen. Wäre dieses erreicht, hat sich Ihr Risiko für eine mögliche Strahlungsvergiftung in Ihren eigenen vier Wänden bereits drastisch reduziert.

Gleiches machen Sie dann in der Arbeitsstelle. Vorgesetzte und Chefs sanft informieren. Neuigkeiten darüber austauschen und immer wieder Vorbild sein. Das wäre doch gelacht, wenn wir alle das nicht noch hinbekämen.

WIR alle können es möglich machen. Dazu müssen wir uns ein klein wenig einschränken, und das am besten bevor wir ein mobiles Endgerät nutzen.

Deshalb vorab das Gehirn einschalten und kurz darüber nachdenken, ob es tatsächlich so wichtig ist, um schnell was im mobilen Internet zu suchen oder nachzuschauen. Vor allem, was werden sie dabei finden? Nichts als Werbung, noch mal Werbung und erneut versteckte Werbung. Ganz zu schweigen von all dem andern Mist, bei dem es sich nur wieder um eine „unglaubliche" Welt - Nachricht handelt, die Sie zum 20sten-mal persönlich verpasst bekommen.

Sie ALLEIN haben doch die Kontrolle über alle Ihre mobilen Endgeräte und nicht umgekehrt.

Haben Sie mich dazu auch wirklich verstanden, so sehe ich unserer gemeinsamen Zukunft mit Freuden entgegen. Und bitte sind Sie mir nicht böse, wenn ich doch von Zeit zu Zeit sehr hart mit Ihnen ins Gericht gegangen bin. Von Streicheleinheiten allein, wird aber der kluge Geist nicht geweckt. Es braucht ab und an, schon ein etwas härtere Gangart. **Elektronische Streicheleinheiten bekommen Sie von Ihrem Handy bereits genug, wenn es einmal eingeschaltet ist. Nur das dabei Ihre eigenen Körperzellen, zwar sehr sanft aber mit absoluter Sicherheit ins Jenseits gestreichelt werden, sollte Ihnen immer bewusst sein.** Eines dürfen Sie mir wirklich glauben und dies ist mein voller Ernst. Mir liegt schon immer jede einzelne Seele auf diesem Planeten am Herzen. Alle meine Erfindungen und meine gesamte Geschichte zeigten dies immer wieder ganz deutlich.

Was mir aber wirklich sauer aufstößt, sind Umstände bei denen Kleinkinder oder Babys, durch unser aller Handeln und Tun zu Schaden kommen könnten. Das will ich nicht zulassen und das werde ich nicht zulassen und am Allerwenigsten in meinem direkten Umfeld.

Darum soll mein Buch dazu beitragen, um all den kleinen, schon geborenen oder noch ungeborenen Wesen, etwas mehr Schutz vor Elektro-Smog zu geben. Dazu stehe ich! HEINRICH SCHMID

Unsere Kinder

Aus einem Flyer der BUND Pressemitteilung vom 17. 10. 2011

Zitat >> Kinder(32) und Ungeborene(33) reagieren besonders empfindlich auf elektromagnetische Strahlen, da ihre Köpfe kleiner, die Schädelknochen dünner und die Strahlungsaufnahme im Gewebe damit stärker ist. Die sechs Umwelt- und Verbraucherschutzorganisationen, die den Flyer „Mobilfunkstrahlung - ein besonderes Risiko für Kinder und Jugendliche" herausgegeben haben, rufen dazu auf, bei Kopfschmerzen, Unruhe und Tagesmüdigkeit von Kindern Mobilfunkstrahlung als mögliche Ursache in Betracht zu ziehen und diese oder ähnliche Beschwerden ernst zu nehmen. Heribert Wefers, BUND-Experte für elektromagnetische Strahlung: „Inzwischen werden viele Beschwerden von Kindern, wie Lern- und Verhaltensauffälligkeiten, Schwindel und ADHS mit der Handynutzung als eine der möglichen Ursachen in Verbindung gebracht. Hersteller und Mobilfunkbetreiber aber informieren einseitig über die technischen Neuigkeiten und über die angebliche Unbedenklichkeit. Eltern und Pädagogen sollten sehr kritisch mit diesen Angaben umgehen und selber

---

32 Zitatquelle S98 B4 / BUND / Link im Quellverzeichnis / Blatt 1 von 2
33 Quelle S98 A Dr. H-C. Scheiner / Die verkaufte Gesundheit / Link im Verzeichnis.

Vorsorgemaßnahmen treffen." Nach Ansicht des BUND reichen die aktuellen Grenzwerte zur Strahlenbelastung bei weitem nicht aus, um Gesundheitsrisiken für Kinder auszuschließen. Auch das Europaparlament hat bereits gefordert, Kinder und Ungeborene besser vor Handystrahlung zu schützen. Die Organisationen raten deshalb, dass Kinder unter acht Jahren und Schwangere generell auf die Nutzung von Handys und auch von Schnurlostelefonen (DECT) verzichten sollten. Grundsätzlich wird empfohlen, DECT-Telefone und WLAN so weit wie möglich durch kabelgebundene Alternativen zu ersetzen. Funk-Babyphone sollten vermieden werden. Eltern sollten auch, die Schul- oder Kindergartenleitungen ansprechen, um dort Strahlenbelastungen minimieren zu lassen. Wegen der erhöhten Leistung von Handys in Fahrzeugen sollten diese in Schulbussen komplett verboten werden. Schließlich sollten Handys so wenig wie möglich genutzt und nachts ausgeschaltet werden (34)<<.

Seit Urzeiten wohnt der göttliche Funken in uns. Darum haben wir die Pflicht und die Verantwortung für alles Lebende auf diesem Planeten. Diesen Punkten kann sich keine einziger von uns entziehen, geschweige denn diese auf andere übertragen.
Wir sind das Alpha und das Omega in einer Person!

---

34 Zitatquelle S099 B4 / BUND / Link im Quellverzeichnis / Blatt 2 von 2

Kinder mit bis zu 10-fachen Risiko behaftet!

Anmerkung von mir: Sollten noch irgendwelche Unklarheiten bestehen, was die Gefahren für unsere Kinder betrifft, mit diesem Schweizer Artikel dürfte alles dazu gesagt sein! *Zitat (35)* >> Gesundheitliche Auswirkungen von Funkstrahlung werden bereits seit langer Zeit beobachtet und untersucht. Es liegt eine große Bandbreite von Ergebnissen vor und nicht selten sind widersprüchliche Aussagen zu finden <<.*Daher soll hier als Voraussetzung für einen korrekten Umgang mit diesen Untersuchungen die möglichst sachverständige und nachprüfbare Beurteilung der Erkenntnisse stehen. In einem Bericht des Schweizerischen Bundesrats über Rahmenbedingungen beim zukünftigen Ausbau der Mobilfunknetze wird festgestellt, dass neben der Erwärmung von Körpergewebe durch Funkstrahlung auch weitere unterschiedlich gut abgesicherte Beobachtungen zu anderen biologischen, wissenschaftlich zweifelsfrei schädlichen Effekten vorliegen. Die existierenden Immissionsgrenzwerte sollen vor den bekannten Wärmeeffekten schützen. Darüber hinaus sieht das* **Schweizer Nationale Forschungsprogramm auch die nicht wärmebedingte Beeinflussung der Hirnströme als wissenschaftlich ausreichend nachgewiesen** *an, für* **weitere Effekte, wie die Beeinflussung der Durchblutung des Gehirns, die Beeinträchtigung der Spermienqualität, eine Destabilisierung der Erbinformation sowie für Auswirkungen auf die Expression von Genen, den programmierten Zelltod und den oxidativen Zellstress sieht es deutliche Hinweise.** *Nach Auffassung des Schweizer Bundesrats können diese Effekte nicht durch einen allgemein anerkannten, nachvollziehbaren Wirkungsmechanismus erklärt werden, und es ist nicht klar, ob damit Gesundheitsfolgen verbunden sind oder ob es bezüglich der Strahlung Schwellenwerte gibt (Nationales Forschungsprogramm NFP 57 2011; Schweizerische Eidgenossenschaft 2015). Nach Ansicht des BUND ist für Maßnahmen eines auf Vorsorge ausgerichteten Gesundheitsschutzes bereits das wahrscheinliche Auftreten von gesundheitlichen Effekten ausreichend. Ein nachgewiesener oder anerkannter Wirkungszusammenhang ist dazu keine notwendige Voraussetzung, da der wissenschaftliche Nachweis eines Ursache-Wirkungs-Zusammenhangs (Kausalität) in komplexen biologischen Prozessen kaum möglich ist. Diese*

---

35 Zitatquelle S099 B5 / BUND / Link im Quellverzeichnis / Blatt 1 von 3

Ausrichtung des Vorsorgeprinzips begründet sich im europäischen und deutschen Recht. Daher sind auch die Ergebnisse des Schweizer Forschungsprogramms in Hinblick auf die Wirkung von Funkstrahlung auf Hirnfunktion und Erbinformation für notwendige Folgestudien besonders wichtig. Man muss davon ausgehen, dass der in der Entwicklung befindliche kindliche Organismus empfindlicher auf Funkstrahlung reagiert als derjenige von Erwachsenen. Auch ist die Strahleneinwirkung bei der Nutzung von Mobiltelefonen im Kopfbereich von Kindern höher als bei Erwachsenen. Dies wird auch durch eine Studie des Deutschen Mobilfunk Forschungsprogramms gestützt, die an verschiedenen Modellen von Kinderköpfen zeigt, dass vor allem bei jüngeren Kindern bestimmte Gewebe und Hirnareale beim Telefonieren stärker betroffen sind als bei Erwachsenen (Bundesamt für Strahlenschutz 2008a) Problematisch ist insbesondere, dass bei jüngeren Kindern die Aufnahme von Mobilfunkstrahlung durch das sich noch entwickelnde Gehirn viel größer ist als bei Erwachsenen (Christ et al. 2007). Auch die deutsche (36) Strahlenschutzkommission stellte fest, dass größere altersbedingte Unterschiede festzustellen sind. Bei einzelnen, tief im Gehirn liegenden Regionen kann bei Kindern in Abhängigkeit von Alter sowie Frequenz und Position des Mobiltelefons eine höhere oder niedrigere Belastung als bei Erwachsenen auftreten. Beim Knochenmark des Schädels und beim Auge zeigten sich bei Kindern generell höhere Belastungen (Strahlenschutzkommission 2011). Auch führt die Anwendung nahe am Kopf bei Kindern zu einer höheren Aufnahme, da ihre Schädelknochen im Vergleich zu Erwachsenen dünner sind und ihre Gehirne eine noch höhere Leitfähigkeit haben. Zum Verständnis der Wirkungen von Mobilfunkstrahlung ist eine Unterscheidung notwendig zwischen thermischen Effekten einerseits und nicht-thermischen Effekten andererseits für einen vorsorgeorientierten Umgang mit funkbasierten Anwendungen und den notwendigen Schutz von Kleinkindern müssen sowohl thermische als auch die beobachteten weiteren Effekte im nicht-thermischen (Anmerkung: nicht durch Erwärmung ausgelöste Effekte im Köpergewebe) Bereich berücksichtigt werden, die bereits bei einer sehr viel niedrigeren Belastung auftreten können. Für diese beobachteten Wirkungen von Funkstrahlung, wie zum Beispiel: Befindlichkeitsstörungen oder

---

36 Zitatquelle S099 B5 BUND / Link im Quellverzeichnis / Blatt 2 von 3

unspezifische Symptome wie Kopfschmerzen, Müdigkeit, Schlafstörungen und eingeschränkte kognitive Leistungsfähigkeit beim Menschen, existieren noch keine definierten Wirkungsmodelle, so dass auch keine Schwellenwerte festgelegt werden können. **Es ist beachtenswert, dass der größte Anteil aller Krebserkrankungen bei Kindern im Knochenmark entsteht – Leukämie-Erkrankungen haben daher einen Gesamtanteil von mehr als 50 Prozent. Die Belastung des Knochenmarks von Kindern kann das von Erwachsenen ungefähr um den Faktor zehn übertreffen.** Da Funkstrahlung von Seiten der Weltgesundheitsorganisation (2011) als möglicherweise Krebs erregend (Gruppe 2B) eingestuft wurde, und in einer vom Bundesamt für Strahlenschutz beauftragten Wiederholungsstudie eine tumorfördernde Wirkung bei ständiger Bestrahlung mit UMTS-Signalen im Tierversuch festgestellt wurde (Bundesamt für Strahlenschutz 2015), sollte aus Vorsorgegesichtspunkten eine Belastung von Kindern vermieden werden. Auch ist eine Beeinflussung der Hirnaktivität bei Kindern wahrscheinlicher, da wesentliche Schritte in der Entwicklung des Gehirns bis zum Alter von acht bis zehn Jahren stattfinden. Die Weltgesundheitsorganisation sieht daher eine hohe Priorität beim Bedarf an epidemiologischen Studien zur Kindergesundheit unter Einbeziehung des Endpunktes Krebs (insbesondere Hirntumore) und in Hinblick auf allgemeinere gesundheitsrelevante Aspekte wie z. B. kognitive Wirkungen und Einfluss auf die Schlafqualität. Ebenfalls mit hoher Priorität eingestuft werden beispielsweise Tierstudien zu Effekten einer längeren Einwirkungszeit von Funkstrahlung auf die Entwicklung und Reifung des zentralen Nervensystems (37)<<.

Vorsicht WLAN

So lautet die Überschrift des Diagnose Funk e. V. Ratgebers (38), der für Eltern und Schulen bereits 2015 zum ersten Mal herausgegeben wurde. Was Sie in diesem 55 Seitigen Kompendium, in Bezug auf die Gefahren durch WLAN und Handy Strahlung zu lesen bekommen, zieht ihnen förmlich die Schuhe aus. Dutzende von wissenschaftlichen Arbeiten aus der ganzen Welt belegen die unglaublichen Gefahren für unsere nächsten Generationen. Vom Baby bis zum jugendlichen Erwachsenen wird jeder betroffen sein und wir haben nichts Besseres zu tun, insbesondere unsere

---

37 Zitatquelle S099 B5 / BUND / Link im Quellverzeichnis / Blatt 3 von 3
38 Quelle S103 A diagnose:funk / Ratgeber WLAN / Link im Verzeichnis.

Politik und Industrie, um jetzt auch noch den einzigen Freiraum, den unsere Kinder bis dato noch zur Verfügung hatten, Ihre Schule mit WLAN Strahlung zu belegen. Ja geht es noch dümmer? Ich denke nicht! Nur um Sie vorabkurz darüber zu informieren, was Sie alles an bereits bewiesenen Tatsachen in diesem kleinen Ratgeber finden können, gebe ich Ihnen nachfolgend einige Auszüge daraus. Halten Sie sich gut fest, am besten schnallen Sie sich gleich mal an. Denn es wird richtig hässlich für uns alle!

Zitat ab Seite 41: CHILDHOOD CANCER
>> Eine englische Organisation für den Schutz von Kindern teilt bereits 2012 mit: Zahlen von britischen Statistiken belegen bei Kindern eine Zunahme von Gehirntumoren um 50 Prozent zwischen 1999 und 2009, wie auf einer Konferenz in Großbritannien 2012 festgestellt wurde (39)<<.
Fazit: Die Zahlen passen exakt zur Einführung des flächendeckenden Handykonsums von Kindern. Und es vergingen weitere 10 Jahre, in denen de facto nichts Positives dazu passiert ist. Welches unendliche Leid sich die Verantwortlichen dazu aufgebürdet haben? Ich werde ihnen in keinem Falle weiter beim Tragen helfen. Sind derartige offensichtliche Tatsachen mit dem menschlichen Verstand überhaupt noch erklärbar?

Seite 43: Russland April 2008 :>> *Das russische Nationale Komitee zum Schutz vor Nicht-Ionisierender (Anm. Autor, Funkwellen aus Handys) Strahlung (RCNIRP) hat in einem zu wenig beachteten Appell im April 2008 sehr eindrücklich auf die hohen Risiken durch Mobilfunkstrahlung bei Kindern und Jugendlichen hingewiesen, die einige Regierungen aufgerüttelt und zu deutlichen Vorsorgemaßnahmen bewegt hat (siehe Kapitel 3.3). Eine zugehörige Studie des Russian Federation State Statistiks Service (ROSSTAT) und UNICEF, die aus dem Zeitraum 2000 -2009 statistische Daten von 15 – 17 jährigen Jugendlichen auswertet und 2011 veröffentlichte, zeigte eine erschreckend hohe Zunahme für folgende Störungen:* (Stand 2011)
Plus 85 % Störungen des zentralen Nervensystems
Plus 36 % Epilepsie oder epileptische Erkrankungen
Plus 11 % geistige Entwicklungsverzögerung
Plus 82 % Bluterkrankungen und Störungen des Immunsystems

---

39 Quelle S103 M1 diagnose:funk / Link im Quellverzeichnis / Blatt 1 von 2.

Plus 64 % bei Kindern unter 14 Jahren Stand 2011.

Plus 58 % Neurologische Störungen bei Kindern unter 14 Jahren

Seite 39 Schweden >> *Der schwedische Onkologe Lenhart Hardell stellte durch seine Forschungen bereits 2008 fest, dass bei Kindern und Jugendlichen, die vor dem 20. Lebensjahr beginnen, ein Mobiltelefon zu benutzen, ein bis zu 5-fach erhöhtes Risiko für die Entwicklung eines bösartigen Hirntumors in ihrem späteren Leben besteht<<.*

Seite 37 Studie zu ADHS >> *Eine Studie der WHO (Weltgesundheitsorganisation) „DIVIAN et al. 2008, 2010 untersuchte das Risiko für Verhaltensauffälligkeiten (ADHS) von Kindern, die Mobilfunkstrahlung ausgesetzt waren, gegenüber Kindern, die nicht exponiert (angestrahlt) waren. Insgesamt wurden Daten von 29 000 Kindern ausgewertet. Dabei ergab sich:(40) Wenn Mütter während der Schwangerschaft digital schnurlos telefonieren, ist das Risiko, dass die Kinder hyperaktiv werden und Verhaltensauffälligkeiten oder Beziehungsstörungen …zeigen, um 54 % erhöht. Wenn diese Kinder vor dem 7 Lebensjahr auch noch selbst mit dem Handy telefonieren, steigt das Risiko um 80%.<<.*

Anmerkung: Wie bereits erwähnt, finden sich bis heute hunderte von Studien und wissenschaftlichen Arbeiten, die für unsere Kinder und Babys nichts Gutes bedeuten. Sich jetzt darüber aufregen und dem Kind sein Spielzeug aus der Hand reißen, bringt unendlichen Stress und Ärger. Gehen Sie mit Bedacht und Raffinesse an die Sache heran. Schläft das Kind, fällt der Akku raus und ist defekt! Plötzlich funktioniert der Lader nicht mehr! *„Muss man alles zur Reparatur bringen".* Ablenken durch echte Spiele, wo es nur geht. Innerhalb kürzester Zeit haben Sie das Problem gelöst. Sollten Sie aber gerade schwanger sein, dann gibt es dazu nur noch eine einzige Entscheidung. Handy aus, WLAN aus und das für die nächsten neun Monate. Handy erst wieder anfassen, wenn es zur Geburt geht.

Ich hoffe Sie beherzigen meinen Rat, denn die nächsten 18 Jahre sollten möglichst ohne Stress für Sie und ihre Familie verlaufen.

---

40 Quelle S103 M1 / diagnose:funk / Link im Quellverzeichnis / Blatt 2 von 2.

Italienisches Gericht verfügt die sofortige Entfernung von WLAN an einer Schule!

>> Zitat: Familie erstreitet den Schutz ihrer Tochter.

Die Familie einer Grundschülerin mit EHS (Elektrohypersensibiliät) konnte aufgrund ärztlicher Bescheinigungen erreichen, dass der Gerichtshof Florenz im Zuge eines Dringlichkeitsverfahrens die einstweilige, umgehende Entfernung der WLAN-Netze in der Schule verfügte. Diese hindere die Schülerin - die empfindlich auf die elektromagnetische Strahlung eines WLAN-Routers reagiert, sonst am Schulbesuch. Controradio.it. Die Familie einer Grundschülerin mit EHS-Syndrom (Elektrohypersensibiliät), vertreten durch Rechtsanwältin Agata Tandoi, konnte aufgrund ärztlicher Bescheinigungen erreichen, dass der Gerichtshof Florenz im Zuge eines Dringlichkeitsverfahrens die vorübergehende, umgehende Entfernung der WLAN-Netze in der Schule verfügte. Diese hindere nämlich den Schulbesuch der elektrohypersensiblen Schülerin. Der eigentliche Gerichtshauptverfahren wurde im Monat März 2019 angesetzt.

Dort wird entschieden, ob die Ausschaltung dauerhaften Charakter haben wird. Aufgrund der Dringlichkeit hat die Richterin auf die Vernehmung der Gegenseite (Schulführungskraft) verzichtet. Diese wird im Hauptverfahren vorgeladen und vernommen werden.

Die Richterin Dr. Zanda führt im Text der Verfügung aus, dass im Institut "Botticelli" in Florenz eine sehr gute Kabelanbindung für die Computer besteht, somit Internet weiterhin von Lehrpersonen, Schulpersonal und Schülern benutzt werden kann (41) <<.

>>Quelle S 106 M2 DF<<

Vom Versagen der Gesetze!

Seine Gesundheit in die Hand von Fremden legen, indem man auf deren Wissen und Kompetenz vertraut, ist im Bereich von Elektro-Smog einer der größten Trugschlüsse für uns.

Vor allem, wenn es um die derzeitige Gesetzeslage und insbesondere um unseren deutschen Gesetzgeber geht. Die Beweislage dazu ist erdrückend, wenn nicht sogar erniedrigend für uns Menschen in „DEUTSCHLAND".

Da allein dieses Versagen unserer Staatsdiener ein Buch vollständig füllen könnte, zeige ich nur die allerwichtigsten Nachweise dazu.

Beginnen werde ich, mit unseren viel zitierten Elektro-Smog Grenzwerten in der EU, ganz speziell für Deutschland und weltweit.

Damit Sie die Unterschiede daraus erkennen können, müssen sie auch kein Physiker oder Elektroingenieur sein. Warum?

Weil ein Grenzwert immer mit einer Zahl und einer Einheit verbunden ist. Da aber ein jeder von uns, die Zahl als Solches lesen kann und die Zahl 1, 2 oder 3, die Menge von etwas bestimmten angibt, ist es auch völlig klar, welche der angegebenen Zahlen im Grenzwert den höheren Wert ausmacht. Somit ist 0,01 bedeutend niedriger als 4000. Wird die sogenannten „Grenzwertzahl", mit ein- und derselben Benennung, wie zum Beispiel „Volt" angegeben, so ist es für uns vollkommen klar, welche Volt Zahl im Ergebnis die Höhere und vor allem für uns gefährlichere ist.

Ein Beispiel: Die 12 Volt Gleichspannung der Autobatterie ist für uns bedeutend ungefährlicher als die 50 000 Volt Spannung der Zündspule im Auto. Um einen Grenzwert für Elektro - Smog auch als Laie richtig einordnen zu können, obliegt es einfach an uns, nur einmal die Zahlenhöhe zu vergleichen. Aber immer davon ausgehend, dass die angegebenen Elektro-Smog Grenzwerte, auch ein und dieselbe Messgröße und somit die

---

41 Quelle S106 M2 DF diagnose:funk / Link im Verzeichnis / Blatt 1 von 1.

richtige Bezeichnung, sprich Benennung für die gemessenen Einheit haben.

Tabelle zum internationalen Grenzwertevergleich

Grenzwerte	mW/qm	Bedingung
Deutschland	4.650	930 MHz
(26. BImSchV)	9.000	1.800 MHz
Italien (1999)	1.000	Kurzzeitwert
	100	Daueraufenthalt
	1	Qualitätsziel je Anlage
Schweiz	42	900 MHz
(2000, Anlagen-	95	1.800 MHz
grenzwert)		
Rußland (1999)	100	
China	400	Kurzzeitwert
(1999, Gesund-	100	Daueraufenthalt
heitsminister)		
China (1999, Umweltminister)	400	
Salzburger	0,01	Summe GSM außen
Richtwert (2002)		
	0,001	Summe GSM innen

S 108 / Bildquelle: Verbraucherschutzorganisation Deutschland

(Beachte: mW/qm = milli = tausendstel Watt pro Quadratmeter)
Was die Einheit an sich betrifft und um Ihnen die zu erklären, müsste ich Sie jetzt zum Elektro-Fachmann ausbilden!
Ist aber in keinem Falle notwendig, weil uns Menschen einzig und allein, bereits die HÖHE des angegebenen Grenzwertes als Zahl vollkommen ausreicht. Um erkennen zu können, wie wir besonders in Deutschland, und in einigen weiteren „und völlig unbedeutenden" Ländern, getäuscht werden. Die oben dargestellte Form für die Grenzwertsituation in „D", zeigt uns doch auf Anhieb, wie fürsorglich mit uns umgegangen wird.
Wir befinden uns zweifelsohne in der negativen Spitzenposition.
Dies ist doch unglaublich!
Dass dabei mit unserer Gesundheit regelrecht Mikado gespielt wird, nach

dem Motto: „Wer sich zuerst bewegt, ist aus dem Spiel", ist den dafür Verantwortlichen, gelinde gesagt „vollkommen egal". Was zählt, ist der Profit und deren unermessliche Gier danach! Wir haben nur als Zahler zu fungieren. Ob vorab mit unserem Geld oder später mit unserer Gesundheit. Ausschließlich diese Rolle ist für uns bestimmt. Wer meckert, fliegt raus.

EU Grundlagen 2008, ein Kommissionsbericht.

Dieser EU Bericht bezieht sich zunächst einmal nur auf die „Exposition", das bedeutet „dem ausgesetzsein" der Menschen gegenüber elektromagnetischen Feldern, abgekürzt EMF genannt.

Kurze Erklärung:

EMF Felder sind in ihrer Art und Größe, wie das Feld eines Bauern, begrenzt. Wir sind momentan noch bei den EMF Feldern, bitte beachten. Aber bereits dazu gibt es respektable Aussagen von Seiten der EU. Hinsichtlich unseres Schutzes vor diesen, uns krankmachenden Feldern.

COM_2008_0532_FIN_DE_TXT.pdf

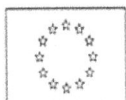

KOMMISSION DER EUROPÄISCHEN GEMEINSCHAFTEN

Brüssel, den 1.9.2008
KOM(2008) 532 endgültig

BERICHT DER KOMMISSION ÜBER DIE ANWENDUNG DER EMPFEHLUNG DES RATES VOM 12. JULI 1999 (1999/519/EG) ZUR BEGRENZUNG DER EXPOSITION DER BEVÖLKERUNG GEGENÜBER ELEKTROMAGNETISCHEN FELDERN (0 Hz - 300 GHz)

Zweiter Durchführungsbericht 2002-2007

Endgültiger EU Kommissionsbericht von 2008!

Was uns noch viel gefährlicher werden kann, sind die elektromagnetischen Strahlen oder Funkwellen. Diese sind unbegrenzt und werden zur mobilen Datenübertragung beim Telefonieren oder Ähnlichem eingesetzt. Schaut man sich diesen EU-Bericht etwas genauer an, so erkennt man sehr schnell, dass es den dafür verantwortlichen völlig klar war, dass es sich beim Elektro Smog, und zwar auf allen Frequenzen und Ebenen, keinesfalls eine „kaum zu beachtende Umweltvergiftung" handelt. So wie es manche

COM_2008_0532_FIN_DE_TXT.pdf

Die Empfehlung stützt sich auf Artikel 152 Absatz 1 EG-Vertrag und soll die Strategien der Mitgliedstaaten zur Verbesserung der Gesundheit der Bevölkerung, zur Verhütung von Humankrankheiten und zur Beseitigung von Ursachen für die Gefährdung der menschlichen Gesundheit ergänzen. Darüber hinaus wird laut Artikel 152 Absatz 1 bei „der Festlegung und Durchführung aller Gemeinschaftspolitiken und -maßnahmen ... ein hohes Gesundheits-schutzniveau sichergestellt ".

Das große Ziel der Empfehlung des Rates (1999/519/EG) ist die Schaffung eines Gemeinschaftsrahmens zur Begrenzung der Exposition der Bevölkerung gegenüber elektromagnetischen Feldern auf der Grundlage der besten verfügbaren wissenschaftlichen Erkenntnisse und die Bereitstellung einer Basis für die Überwachung der Situation. Außerdem bietet sie einen Bezugsrahmen für EU-Rechtsvorschriften über EMF erzeugende Produkte und Geräte[3].

Für den Schutz der Bevölkerung vor der möglichen Gefährdung durch EMF-Exposition sind die Mitgliedstaaten zuständig, die strengere Grenzwerte anwenden können, als in der Empfehlung vorgesehen.

Man beachte einmal den letzten Absatz. Zitat: ..sind die Mitgliedstaaten zuständig, die strengere Grenzwerte anwenden können...
Netzbetreiber immer wieder gerne in den Medien verbreiten.

In diesem Kommissionsbericht wird nicht nur vor der Strahlung als solches gewarnt, es wird auch ganz klar Stellung zu den gesundheitlichen Risiken genommen und ausdrücklich davor gewarnt.
Wenn dies eine EU Kommission, bereits 2008 so niederschreibt, dann kann es doch ab da keinerlei Zweifel zur schädigenden Wirkung von Handys, WLAN, DECT Telefonen und so weiter, mehr geben. EU – Empfehlungen nicht angenommen in „DEUTSCHLAND"
In weiser Voraussicht gibt die EU (Europäische Union) Empfehlungen für die Basisgrenzwerte von Elektro-magnetischen Feldern, hervorgerufen

durch E-Smog heraus. Diese können einzelne Länder übernehmen oder auch nicht. Damit ist die EU fein raus. Sie haben es uns so empfohlen. Wenn wir nur zu dumm sind, es anzunehmen, selbst schuld! Es gibt tatsächlich EU Länder, wie Griechenland oder Belgien, die weit strengere Basis – Grenzwerte, als die der EU Empfehlung eingeführt haben. Auch das ist den Ländern jederzeit erlaubt, dass die weit über die Vorgaben der EU hinaus gehen und bei weitem strengere E-Smog Grenzwerte festlegen.

Zitat aus der EU Rats Empfehlung.
(Anm. Autor: Das Gefahrenpotential Elektro-Smog sehr deutlich von der EU erkannt!)
>> *Das Problem der Elektromagnetischen Felder.*
Durch die rasche Zunahme der mobilen Telekommunikation und die immer größer werdende Palette persönlicher, häuslicher, gewerblicher und medizinischer Geräte ist die Zahl der Quellen von EMF-Exposition (42) beträchtlich gestiegen, und so verändern sich Ausmaß, Art und Muster der täglichen Exposition der Bevölkerung erheblich.
Statische Felder in der Medizin (MRT), mit Gleichstrom betriebene Schweiß- und Transportsysteme;
Niedrigfrequenzen (ELF) (0 bis 300 Hz) in Haushaltsgeräten; Mittelfrequenzen (IF) (300 Hz bis 100 kHz) in Bildanzeigegeräten, Diebstahlschutzvorrichtungen, Kartenlesegeräten, Metalldetektoren, bei der Elektrochirurgie; Funkfrequenzen (RF) (100 kHz bis 300 GHz) in der Drahtloskommunikation, etwa GSM, UMTS, Wireless LAN und RFID, sowohl für mobile Endgeräte wie auch für Basisstationen, Krankenhausanwendungen, Radio- und TV-Sendestationen.(43) <<
Sind Politiker aus manchen EU Ländern weit vorausschauender? Es scheint nicht nur so zu sein, denn die Beweise dazu haben Sie gerade eben gesehen. Oder beschreiten diese Politiker vorab einen Weg, der die Bewohner dieser Länder besser schützt! Die Antwort dazu, überlasse ich ganz Ihnen und ihrer zukünftigen Einstellung zum Handy, der mobilen Datennutzung und dem daraus resultierenden Elektro-Smog.
Gab es einen Grund für die Empfehlungen der EU zu E-SMOG Grenzwerten?
Liest man die detaillierten Erklärungen von Seiten der EU, wird einem wohl

---

42 Dem elektromagnetischen (EMF) Feld „ausgesetzt" sein.
43 Quelle S111 / EU Gesetzblatt / Link im Verzeichnis.

sehr schnell klar, dass es bereits 2008 ohne Frage war, wie gefährlich E-Smog von Handysendern und Stromleitungen tatsächlich ist und dass WIR uns ernsthaft darüber Sorgen machen sollten, dies nicht ohne Grund. Somit war es für die EU bereits 2008 klar, hier Stellung zu beziehen. Beiliegend hat man sich dann auch in keinem Falle etwas vorzuwerfen.

Obendrein gab man EU-weit auch noch zusätzliche Forschungsaufträge heraus, wobei diese mit erheblichen Forschungsgeldern gekoppelt wurden. Die konnten von den einzelnen Ländern beantragt und abgearbeitet werden. Deren Ergebnisse flossen sogar noch in die nationalen Grenzwerte mit ein und wurden ohne jegliches Schamgefühl auch der Öffentlichkeit präsentiert. Was dabei herausgekommen ist, sehen sie an den nationalen Grenzwerten zum jeweiligen Elektro-Smog bei den dazugehörigen Frequenzen. Da spielt Deutschland eine der herausragendsten Negativ – Rollen der letzten Jahrzehnte.

Fast ganz allein haben wir es tatsächlich gewagt und kundgetan, dass wir als Deutsche wohl sehr hart im Nehmen sind. Denn die BRD setzt uns Bewohnern Grenzwert – Maßstäbe, die so kein anderer in der EU, außer Österreich, auszuhalten vermag. Dafür gibt es auch ein wohl alles überragendes Beispiel: *„Der Grenzwertevergleich China – Deutschland"*.

Wir in „D" setzen uns einem bis zu 90-fach höheren Wert von Elektro-Smog aus, als es die chinesische Regierung ihren Bewohnern zumutet.

Was müssen wir in Deutschland für eine Härte gegenüber dieser Strahlung besitzen. 90-fach! Bitte auf der Zunge zergehen lassen.

Nimmt man dann noch Italien, mit Ihrem angestrebten Qualitätsziel von 1 hinzu, so liegen wir in Deutschland bei einem 9000-fach höheren Wert, den wir sowie auch Dänemark noch aushalten dürfen.

Sind wir wirklich so hart im Nehmen?

Von den ermittelten Salzburger Richtwerten will ich gar nicht erst schreiben, denn das wäre ein Traumziel. Wobei aber das Land Österreich selber, keinen einen einzigen E-Smog Grenzwert besitzt.

Was aber, hat die Stadt Salzburg dazu bewogen, diese besonders niederen Grenzwerte einzuführen. Meine Vermutung ist dahingehend, dass sich deren beauftragten Forscher intensiv mit uns Menschen beschäftigt haben und zu dem Schluss gekommen sind: Wenn wir selber mit unserer Eigenschwingung und unserem eigenen Elektromagentischen Feld von etwa 0,00005 mW/qm ausgestattet sind, so sollte keine fremde und extrem zerstörerische Elektro-Smog-Strahlung mit einem weit höheren Wert auf uns einwirken können. Mit solch enorm hohen Grenzwerten, wie in Deutschland, ist es doch offensichtlich, dass wir in diesem Bereich keine Chance für ein gesundes Weiterleben haben. Von unseren Babys und Kleinkindern, will ich nicht im Ansatz dazu Stellung nehmen. Deren Chancen, für ein wirklich gesundes Wachstum, sind bereits jetzt schon gegen Null zu rechnen. Weil es bei der momentanen E-Smog Strahlung, kein Ausweichen und damit auch kein Entrinnen mehr gibt.

Mit dem Einsatz von 5G wird es (dann) nur noch kriminell. Aber wir telefonieren und surfen munter weiter. Dass es möglicherweise keine weitere gesunde Generation mehr geben wird, haben wir als die dafür Verantwortlichen nichts mehr zu befürchten, wenn es einmal um unsere Verantwortung (dazu) geht. Wieder ist es ausschließlich der deutsche Gesetzgeber, der hier in der Verantwortung stünde. Aber wann werden die das endlich einmal lernen, dass man mit seinen Bewohnern und Mitmenschen etwas sorgfältiger umgehen sollte.

Wann?

UND Bitte, sagen Sie mir jetzt nicht wieder, wir hätten es nicht besser gewusst? *„Weil wir doch kein Geld für solche Forschungen haben".*

Dazu einige Beispiele wie sich andere Länder der EU für die Forschung zum Elektro-Smog einsetzen.

Noch dazu wurde dies alles von der EU sehr großzügig mitfinanziert.

Wer aber sind die Nutznießer?

Alle anderen Länder!

Deutschland macht wiederum eine völlig unverständliche Ausnahme.

Wieso und Warum?

Könnte mir dies jemand vernünftig erklären?

Andere Länder forschen permanent seit über 25 Jahren!

Und wir?

Rumänien und Slowenien als die führenden Forschungsländer!

Es folgen die Original Abbildungen des EU Blattes zur Erforschung der Exposition (ausgesetzt) sein der Bevölkerung gegenüber Elektro-Smog und die dabei durchgeführten und noch durchzuführenden Untersuchungen der einzelnen Nationen.

Zitat (44) >> *Tabelle 3: Nationale Untersuchungen der EMF-Exposition und der möglichen gesundheitlichen Auswirkungen*

Land	Finanzmittel wurden für folgende Bereiche bzw. Studien zur Bewertung der EMF-Exposition im Frequenzbereich 0-3 GHz an öffentlichen Plätzen und im Transportwesen von der EU bereitgestellt.
Belgien	Bewertung der RF- Exposition im Zusammenhang mit WIFI in Stadtgebieten. Dosimetrie in Innenräumen im Hinblick auf die Exposition von Kindern gegenüber ELF-, VLF- und RF-Feldern, die von allen VTU, drahtlosen und nicht drahtlosen Quellen in Innenräumen und im Freien erzeugt werden.
Belgien	Modelle und GIS-Anwendungen zur Abschätzung der Risikokonturen für 0,4 µT und des zusätzlichen Risikos von Leukämie bei Kindern durch unterirdischen und Freileitungen. Bewertung der Exposition von Kindern gegenüber magnetischen Feldern (0,4 µT) und biologische Auswirkungen des ELF-Magnetfelds.
Bulgarien	Hochspannungsleitungen, Radio- und Fernsehsendestationen, Mobilfunkbasisstationen
Zypern	Hochspannungsleitungen; Radio- und Fernsehsendestationen; Mobilfunk; Leitungen im Haus
Tschechische Republik	Leukämie bei Kindern in der Nähe von Hochspannungsleitungen
Dänemark	Mobilfunk
Estland	Mechanismen der biologischen Wechselwirkung von EMF; Auswirkungen von Mikrowellen auf kognitive Funktionen; EM Empfindlichkeit biologischer Systeme
Deutschland	Radio- und Fernsehsendestationen; Mobilfunk; Haushaltsgeräte: www.emf-forschungsprogramm.de

---

44 Tabelle S114 / 3 / EU Forschungsprojekte / Link im Verzeichnis. Blatt 1 von 3.

Frankreich	*Radio- und Fernsehsendestationen; Mobiltelefone und Mobilfunkbasisstationen; kombinierte Exposition: http://www.santeradiofrequences.org.*
Griechenland	*Hochspannungsleitungen/ epidemiologische Untersuchungen, Bewertung der Exposition der Öffentlichkeit und der berufsbedingten Exposition, Laborstudien; Radio- und Fernsehsendestationen/ Untersuchungen an Tieren, Bewertung der Exposition der Öffentlichkeit und der berufsbedingten Exposition; Mobilfunkbasisstationen/ Bewertung der Exposition der Öffentlichkeit und der berufsbedingten Exposition; Mobiltelefone/ theoretische Studien, Modelle, Laborstudien, klinische Studien*
Italien	*Projekt über den Schutz von Mensch Umwelt vor EMF*
Litauen	*Gesundheitliche Auswirkungen für Benutzer von Mobiltelefonen 2002-2003*
Niederlande	*Hochspannungsleitungen; Radio- und Fernsehsendestationen; Transportsysteme, die statische Felder nutzen; Mobilfunkbasisstationen; Mobiltelefone; kommerzielle Geräte, medizinische Geräte; Leitungen im Haus; Haushaltsgeräte; kombinierte Exposition;*
Portugal	*Radio- und Fernsehsendestationen; Transportsysteme, die statische Felder nutzen; Mobilfunkbasisstationen; Mobiltelefone*
Rumänien	*Hochspannungsleitungen; Radio- und Fernsehsendestationen; Transportsysteme, die statische Felder nutzen; Mobilfunkbasisstationen; Leitungen im Haus; kombinierte Exposition; Studien zu (45) bioelektromagnetischen Wechselwirkungen und biologischen Auswirkungen der Exposition des Menschen gegenüber RF und Mikrowellen-EMF; Elektromagnetische Ökologie – Charakterisierung der Quellen, Auswirkungen, Prävention und Kontrolle*

---

45 Tabelle S114 / 3 / EU Forschungsprojekte / Link im Verzeichnis. Blatt 2 von 3.

Slowenien	Exposition gegenüber dem elektromagnetischen Feld von Hochspannungsleitungen im Lebensumfeld; Messung der EMF Exposition im Lebensumfeld mit Datenbasis aller Mobilfunkbasisstationen, Radio- und Fernsehsendestationen; biologische Auswirkungen von TETRA-Systemen
Spanien	Radio- und Fernsehsendestationen; Mobilfunk
Schweden	Internationale prospektive Kohortenstudie; Fallkontrollstudie **zu Hirntumoren bei Kindern und RF-Feldern**
Schweiz	NFP57: Hochspannungsleitungen; Mobilfunk; kombinierte Exposition.
Vereinigtes Königreich	Hochspannungsleitungen/ ELF-Gesundheitsforschung; das gemeinsam von Regierung und Wirtschaft finanzierte und unter unabhängiger Leitung stehende Programm „Mobile Telecommunications and Heathh Research " (MTHR) (46)

Erste Phase der Finanzierung: 6 Jahre lang, 13 Mio. EUR Gesamt.
23 abgeschlossene Studien im September 2007.
Zweite Phase der Finanzierung hat ab 2008 begonnen (www.mthr.org.uk); **Spezielle Studie zu den Quellen magnetischer Felder im Haushalt unter Einbeziehung der Daten aus einer früheren Studie zu Krebs bei Kindern** (47) <<.

Anmerkung:

Da es für ein ungeborenes Wesen, in erster Linie um die ihn umgebenden Schwingungen geht, sollte man annehmen, dass hier von Seiten aller, auch für einen ausreichenden Schutz vor solch gefährlichen Frequenzen und Strahlungen gesorgt wird. Nur die erdrückende Beweislage für „D" als Nation der Verdränger, Verhinderer und Nichtstuer, wird einem richtig bewusst, wenn man sich die Zitate von den damaligen Machern aus der Politik anschaut

---

46 Tabelle S114 / 3 / EU Forschungsprojekte / Link im Verzeichnis. Blatt 3 von 3.
47 Parallel Kinderkrebsstudie Russland / Quelle im Kapitel „Unsere Kinder".

Knackige Zitate von Politikern und Beamten!

Erwin Huber (CSU) 15.10. 2002 damals Staatsminister:
Zitat: >> *„Wir werden alles tun was GOTT uns erlaubt und auch manches, was „er" verbietet, um diese Innovation (Mobilfunk) voranzubringen"!* <<.

Umweltminister Schnappauf:
(Nach der Vorlage der Bayrisch – Hessischen- Rinderstudie):
Zitat >> *„Im Ergebnis haben Forscher keinen Zusammenhang zwischen Strahlung und dem vermehrten Auftreten von Tot- und Missgeburten bei Rindern festgestellt".* <<.

Anmerkung: Obwohl diese Studie, eindeutig DAS absolute Gegenteil bewiesen hat, und vom Steuerzahler, bezahlt wurde.

Umweltreferent Lorenz (Grüne) *beim Mobilfunk Hearing 2002.*
Dabei wurden Elektro-Smog Studien vorgelegt, die ein absolut erschreckendes Ergebnis zeigten.
Seine Gegendarstellung vor der Presse:
Zitat: >> *„Elektrische Feldstärken unterhalb der Grenzwerte „WÄREN" nach dem derzeitigen Kenntnisstand völlig unbedenklich"*<<.

Umweltminister Sinner 2003
Zitat: >> *„Elektrosmog stellt keine akute Gefahr dar"* <<.

Bundeskanzler Schröder
Zitat: >> *„Wir werden die derzeitig zulässigen Grenzwerte für die Mobilfunkfrequenzen keinesfalls nach unten korrigieren"*<<.

Solche „Qualifizierten" Antworten beschreiben alles was wir wissen müssen. Was regen wir uns noch darüber auf?
Da die Politik und vor allem die Wirtschaft, keinesfalls auf dieses Milliarden – Geschäft allein in Deutschland verzichten will, machen „die" immer wieder kräftig weiter. Betrachtet man es weltweit, so geht es bereits um **Billiarden**, wenn man die Laufzeit aller derzeitigen Handyverträge, der bereits eingesetzten mobilen Endgeräte usw. miteinbezieht. 5G wurde dazu noch nicht einmal berücksichtigt. So darf es einen dann auch nicht verwundern,

wenn diese besagten Herren, Damen spielen in diesem Spiel so gut wie keine Rolle, auch mal zu ganz unkonventionellen Mitteln, wie einer „angeblichen Datenfälschung" von Forschern oder Wissenschaftlern greifen. Obwohl schon vor Jahren, die wahren gesundheitlichen Problematiken von Elektro-Smog ans Licht gebracht wurden.

So etwas kann einem als Politiker und oder Beamter so gar nicht in den Kram passen, wenn plötzlich die nicht unter „Ihrer" Kontrolle stehende Wissenschaft, zu fatalen Elektro-Smog Resultaten kommt, die einem regelrecht das „Ohr am Handy" schmelzen lassen. Noch dazu, wenn deren Ergebnisse, zu den industriell verantwortlichen Aussagen, völlig konträr verläuft. So dass die sich plötzlich enttarnt sehen und deren Lügen zur angeblichen Verträglichkeit von E-Smog aufgedeckt wurden.

Wie schaut die Realität heutiger Politiker dazu aus!
Presse Mitteilung der Landesregierung vom 19.06.2018.
Zitat >> Landesregierung Brandenburg will Mobilfunkstandard 5G testen.

Die Brandenburger Regierungskoalition möchte, dass sich das Land als Testregion für den neuen Mobilfunkstandard 5G bewirbt. Ein entsprechendes Konzept solle die Landesregierung beim Bund einreichen, heißt es in einem am Dienstag vorgelegten Landtagsantrag der Fraktionen von SPD und Linke. Die Regierungsfraktionen erhoffen sich zusätzliche Mittel für die Forschung und einen beschleunigten Aufbau der 5G-Infrastruktur. Der neue Standard verspricht unter anderem eine viel höhere Geschwindigkeit als heutige LTE-Netze. Weiße Flecken auf der Mobilfunkkarte sollen verschwinden.

Der wirtschaftspolitische Sprecher der SPD-Fraktion, Helmut Barthel, sagte, 5G werde wirtschaftliches Wachstum befördern, weil sich neue Unternehmen ansiedeln könnten.

Mit der anstehenden Versteigerung der 5G-Lizenzen an die Netzbetreiber sollte ein flächendeckender Ausbau ohne weiße Flecken verbunden werden, forderte der Abgeordnete. Zudem müsse auch auf nationaler Ebene so genanntes Roaming - also die Nutzung des Netzes eines fremden Anbieters - eingeführt werden, um Lücken in der Versorgung zu schließen. Wenn es für einen zügigen Ausbau des Netzes notwendig sei, könnte auf Landesebene eventuell Bau- und Planungsrecht angepasst werden, erklärte Bathel. <<

Anmerkung: „Ach so, da schmeißen wir auch gleich mal alle Baustandards und rechtlichen Grundlagen komplett über den Haufen. Aber wehe du hast keinen Bauantrag für deinen Hasenstall gestellt. Da kommen aber die Bußgelder angeflattert. Was nicht alles geht bei uns, Bau und Planungsrecht anpassen! Einfach so, ohne uns zu fragen? Man fast es kaum"!

Und gleich noch ein sehr passender Kommentar von einem Mobilfunkfanatiker!

Da schreibt „CHRIS" in die Kommentar Spalte!

Zitat >>Chris Sonntag, 01.07.2018 / 18:59 Uhr

Es wäre wirklich zu schön, um wahr zu sein, wenn das funktioniert und die Funklöcher, auch in den ländlichen Regionen verschwinden. Die Netzabdeckung lässt sich zum Beispiel auch gut unter https://www.allnet-flatrate.net/lte-abdeckung-brandenburg.html nachlesen, wie ich finde. Mir wirft sich nur die Frage auf, wie zeitnah die geplanten Lösungen durchgesetzt werden können und ob sich die Netzanbindung auch wirklich in der Praxis verbessert, statt nur in der Theorie, wie es ja schon oft der Fall war.<<

Anmerkung: Sogar noch mit einer Internetadresse, wo sich alle einmal erkundigen können, ob Sie nicht auch in einem FUNKLOCH sitzen. Ja wie praktisch und sauber eingefädelt. So geht das Land auf, Land ab!

Bis alle nur noch nach dem 5G schreien. Und es nicht mehr erwarten können, um sich das Wasser aus dem Gehirn zu blasen.

Alles eine Frage der Werbung. Und dass die Netzbetreiber sich das auch leisten können, dafür haben wir mit unseren monatlichen Zahlung schon gesorgt.

Aber es geht noch schlimmer oder dümmer?

Bauernverband Mecklenburg

Pressemitteilung 13.01. 2019

Zitat (48): >> Thema: Flächendeckendes schnelles Internet

Bauernverband fordert 5G bis "an jeden Milchtank".

Präziser Einsatz von Düngemitteln, Überwachung von Gesundheitsdaten

---

48 *Quelle S120 / rbb 24 / Veröffentlichung 13.01.19 / Load: 18.03.2019 dpa/Norz*

einzelner Tiere: Die Digitalisierung eröffnet landwirtschaftlichen Betrieben viele Chancen - falls flächendeckend schnelles Internet verfügbar ist. Gerade in Brandenburg hapert es dabei.
Der Bauernverband dringt auf einen flächendeckenden Ausbau des schnellen Internets bis in die Dörfer. "Wir brauchen 5G an jedem Milchtank", sagte Bauernpräsident Joachim Rukwied der Nachrichtenagentur dpa mit Blick auf den künftigen Mobilfunkstandard. "Dadurch können wir noch nachhaltiger auf dem Feld wirtschaften, präziser Düngemittel und Pflanzenschutzmittel ausbringen." Auch in Ställen sei mehr Tierwohl möglich, wenn Herden elektronisch gemanagt werden und man Informationen zum Befinden einzelner Kühe bekomme.
Die stärkere Digitalisierung ist auch ein großes Thema der Agrarmesse Grüne Woche, die am kommenden Freitag (18. Januar) in Berlin beginnt. Im Frühjahr sollen Frequenzen für den deutlich schnelleren neuen Standard 5G versteigert werden. Die Vergaberegeln sehen vor, dass 98 Prozent aller Haushalte bis Ende 2022 damit versorgt werden sollen. Kritiker warnen aber, dass dies für eine vollständige Flächendeckung vor allem im ländlichen Raum nicht ausreiche. Gerade in Brandenburg gibt es Dutzende Orte, in denen nicht einmal Handyempfang möglich ist, wie rbb 24 vor Kurzem berichtete <<.

Weitere politische Fakten!
Newsletter Meldung des Diagnose Funk e. V.
Zitat >> Stuttgarter Stadträt/e/innen. *Sie stimmen der LTE-Aufrüstungen als Vorgriff auf 5G der Telekom ohne Auflagen zu und konterkarieren damit ihre zuvor gefassten, aber nie umgesetzten Beschlüsse zur Vorsorge und Minimierung <<.*

Die Ärzteschaft

Es gäbe hunderte von seriösen ärztlichen Studien und Praxisberichten zur Gefahr von Elektro-Smog. Da diese den Rahmen des Buches gewaltig sprengen würden, habe ich stellvertretend dazu, nur die zwei offenen Briefe, einer praktizierenden Ärztin und der Ärztekammer in Wien, mit hereingenommen. Beide sagen mehr als tausende andere Berichte zusammen.

Zitat (49) >> Offener Brief an den Präsidenten der Bundesnetzagentur
Freiburg, 17.3.2019
Überschrift: **5G-Versteigerung / das Leiden betroffener Menschen**
Die Umweltärztin Barbara Dohmen aus Murg (Baden-Württemberg) schrieb anlässlich der 5G-Frequenzversteigerung einen Offenen Brief an den Präsidenten der Bundesnetzagentur. Aus ärztlicher Sicht schildert sie beeindruckend, welche dramatische Folgen die lückenlose Verstrahlung für elektrohypersensible Menschen haben wird.
Sehr geehrter Herr Homann,
da Sie am kommenden Dienstag, den 19.3.2019 als Präsident der Bundesnetzagentur den Vorsitz bei der Versteigerung der
5. Mobilfunkgeneration, 5G, innehaben, wende ich mich an Sie mit der eindringlichen Bitte, sich mit nachfolgender Schilderung zu den Ihnen wahrscheinlich unbekannten Auswirkungen der Mobilfunktechnologie im Gesundheitswesen Kenntnis zu verschaffen. Es handelt sich um eine beunruhigende Morbiditätszunahme, die wir umweltmedizinisch ausgebildeten Ärzte in unserem beruflichen Alltag seit Beginn des Ausbaus der drahtlosen Kommunikationstechnologie mit 2G, 3G, 4G beobachten:
In meiner Funktion als seit 1993 niedergelassene Allgemeinärztin mit Schwerpunkt Umweltmedizin sehe ich eine immer stärker zunehmende neue Patientengruppe in meine Praxis drängen. Es sind dies Menschen, die unter dem sogenannten Mikrowellensyndrom, - auch Elektrohypersensibilität genannt - leiden, d.h. sie reagieren sofort oder verzögert auf Hochfrequenz emittierende Anlagen mit >> >>dauerhaften gesundheitsbeeinträchtigenden Funktionsstörungen - je nach individueller Organanfälligkeit: Schlafstörungen, allgemeine Erschöpftheit, Kopfschmerzen oder Schmerzzustände in anderen Körperbereichen, Sehstörungen, Schwindel, Brechreiz, Benommenheit, Denk-, Konzentrations-, Lern- und Gedächtnisstörungen, Ohrenschmerzen und Ohrgeräusche, Bluthochdruck, plötzliche Beschleunigung der Darmperistaltik, Herzrhythmusstörungen, Verspannung, Nervosität, Gereiztheit oder depressive Verstimmung und Angst bis hin zu Panikattacken, um nur die am häufigsten auftretenden Leiden zu nennen. Mit der weiterhin zunehmenden, ubiquitären Strahlungsintensität zeigen die Beeinträchtigungen meiner Patienten eine immer ausgeprägtere Tendenz,

---

49 Quelle S120 / diagnose:funk / Download am 26.03.2019 / Blatt 1 von 5.

>> (50) *für Schwerst-Betroffenen wird es mittlerweile lebensbedrohlich. Die Liste der durch Hochfrequenz mitverursachten ernsthaften Erkrankungen ist zudem erschreckend lang: In unserer umweltmedizinischen Betreuung beobachten wir vermehrt neurodegenerative Erkrankungen und Epilepsien, und in unseren Fachorganen häufen sich Artikel zu Burn out, vorzeitiger Demenz, Schlaganfällen bei immer jüngeren Patienten und zu einem erheblichen Anstieg von Krebserkrankungen.*

Die Funksensiblen unterscheiden sich im Vergleich zu den anderen, mich aufsuchenden Umweltkranken darin, dass bei diesen bisher gesunden und meist jungen Patienten –(viele im Alter zwischen 20 und 40 Jahren)- durch Funkeinwirkungen ganz plötzlich oder langsam zunehmend oben genannte Krankheitsbilder auftraten, die sie schließlich wegen der Schwere der Symptome dazu zwangen, ihren Beruf aufzugeben, in dem sie gern und gut gearbeitet hatten.

Viele leben mittlerweile von Hartz IV und haben in der Regel große Mühe, Behörden und den medizinischen Dienst davon zu überzeugen, dass sie nicht arbeitsscheu, sondern krank sind.

Sie versuchen mit dem Mut des Verzweifelten sich mit diesem bisher nicht gekannten Leben am Existenzminimum zu arrangieren und in ländlichen, strahlenarmen Bereichen einen funkarmen Platz zu finden, wo sich ihre Beschwerden noch auf ein halbwegs erträgliches Maß reduzieren lassen.

Fast überall in der Gesellschaft stoßen Funkkranke auf Ungläubigkeit, Unverständnis und Ablehnung,>> >>besonders dann, wenn sie sich in ihrer Not anderen zumuten müssen und wegen ihrer einsetzenden Beschwerden z.B. darum bitten, doch das Handy auf Flugmodus bzw. ganz auszuschalten oder weiter entfernt zu benutzen oder wenn sie ihren<<.

Wohnungsnachbarn darum bitten, gemeinsam eine funkfreie Lösung für dessen Smartphone, Schnurlostelefon, W-LAN- Router, Bluetooth oder Babyphone zu finden oder wenn sie eine Krankenhauseinweisung verweigern müssen, da alle stationären Einrichtungen inzwischen mit W-LAN ausgerüstet sind oder zusätzlich auf dem Krankenhausdach ein Funkmast steht.

Oft sind diese funksensiblen Patienten, die zu mir kommen, sehr tief gefallen: So mussten sie einschneidende Veränderungen in ihrem<<.

---

50 Quelle S120 / diagnose:funk / Download am 26.03.2019 / Blatt 2 von 5.

>> (51) Lebensbereich in Kauf nehmen, um ihre Beschwerden abzumildern: Der Schlafbereich wird vom letzten Geld abgeschirmt oder an einem funkärmeren Ort, oftmals in den Keller verlegt, der Schlaf ist nur noch im Gartenhaus, im Auto oder Wohnwagen an einer funkarmen Stelle im Wald möglich, viele meiner Patienten sind unzählige Male umgezogen, weil sie die Funkbelastung immer wieder einholte. Diejenigen, welche die häusliche Funkbelastung nicht verringern können, halten sich die meiste Zeit - auch tagsüber – unter ihrem funkabschirmenden Baldachin auf (wohlgemerkt innerhalb ca. 2 Quadratmetern!)

Oder sie flüchten in die meist noch weniger belastete Natur, fernab von jeder Zivilisation, um sich dort für kurze Zeit so zu spüren, wie es für sie einmal selbstverständlich war. Diese Strahlensensiblen leben isoliert und ausgegrenzt vom üblichen gesellschaftlichen Leben. Eine Teilhabe am gesellschaftlichen Leben und jeder Gang für alltägliche Besorgungen muss von den Funksensiblen genau geplant werden, um die Krankheitsauswirkungen durch den unvermeidlichen Kontakt mit Handystrahlen durch Mitmenschen, mit W-LAN TO GO oder durch Funkmasten so gering wie möglich zu halten. Dies ist ein unhaltbarer Zustand, denn in unserer Verfassung stehen Grundrechte jedem Bundesbürger zu: Artikel 2: Das Recht auf Leben und körperliche Unversehrtheit, Artikel 3: Niemand darf wegen seiner Behinderung benachteiligt werden, Artikel 13: Unverletzlichkeit der Wohnung!

Viele meiner Patienten äußern sich daher sehr verzweifelt, sie sind nicht nur arbeitslos und verarmt, viel bedrohlicher noch wirkt auf sie, dass sie weiterhin von Politik und einer Mobilfunk gesteuerten Gesellschaft nicht ernst genommen werden. Zusätzlich verlässt sie angesichts der wachsenden Hochfrequenzbelastung und der ministerialen Ankündigung, alle Funklöcher zu schließen bei zunehmenden Krankheitssymptomen aller Mut und jede Zuversicht, jemals wieder ein qualitativ gutes Leben führen zu können. Etliche geben zu, schon daran gedacht zu haben, ihr armseliges Leben zu beenden. Zwei meiner verzweifelten Patienten haben den Suizid bereits vollzogen, eine Patientin übergoss sich mit Benzin, eine weitere vergiftete sich mit Kohlenmonoxid, eine dritte konnte in letzter Minute noch gerettet werden. Es ist nicht leicht, als begleitende Ärztin all dieses Leid ohne Möglichkeit einer therapeutischen Hilfestellung seit über 20 Jahren >>

---

51 Quelle S120 / diagnose:funk / Download am 26.03.2019 / Blatt 3 von 5.

>> (52) auszuhalten. *Bei einer in gesundheitlicher Hinsicht bereits absolut an der Obergrenze belasteten Bevölkerung bedeutet die geplante ubiquitäre Einführung von 5G mit Millionen von neuen Sendeeinrichtungen und tausenden von Satelliten - zudem mit den völlig unerforschten neuen Millimeterwellen- eine ungeheure Ausweitung der bereits jetzt enormen Hochfrequenzbelastung. Diese aggressive Strahlung durchdringt nicht nur Häuserwände, sondern ebenso alle lebenden Organismen! All den Elektrohypersensiblen, die mittlerweile zahlenmäßig die Größenordnung aller an Diabetes Erkrankten in Deutschland erreicht haben und deren Anzahl stetig im Steigen begriffen ist, nehmen Sie mit diesen bevorstehenden Auktionen die letzte mögliche Zuflucht, womit ihre Überlebenschancen noch weiter gemindert werden!*

Sehr geehrter Herr Homann,

sind Sie sich Ihrer Verantwortung bewusst? Haben Sie gründlich darüber nachgedacht, was Sie morgen mit dem Beginn einer ganzen Reihe von Frequenz-Versteigerungen an die vier bietenden Mobilfunkbetreiber zur Installation der 5 G Technologie lostreten?

Damit werden nicht nur wir Menschen, sondern alle Lebewesen, ja die ganze Natur als unsere Lebensgrundlage, -ganz zuvorderst die Bäume - ,unsere Ressourcen, unsere Atmosphäre, unser Wetter

mit dem bereits kränkelnden Klima, unsere schon jetzt im Sinkflug befindliche Demokratie und nicht zuletzt unser verbrieftes Recht auf Privatsphäre einer in der Menschheitsgeschichte in diesem Ausmaß noch nie dagewesenen lebensverachtenden Zerstörungskraft ausgesetzt Damit wird die Mobilfunktechnologie und ihr jetziger blindlings abgesegneter weiterer Ausbau zur größten je von Menschen erzeugten Gefährdung für alles Leben auf diesem Planeten!

Als Ärztin ist es mir vollkommen unbegreiflich, dass die oberste Priorität einer Bundesbehörde nicht der Gesunderhaltung aller Bürger, insbesondere der nächsten Generation gilt, sondern auf Prestige und Profit ausgerichtet ist. Ich bitte Sie daher sehr eindringlich, eine andere Sichtweise anzunehmen, die Leben und Gesundheit der Ihnen anvertrauten Menschen und Umwelt als das absolut Wertvollste hochhält!

Wenn Sie hingegen den verhängnisvollen Auswirkungen dieser<<.

---

52 Quelle S120 / diagnose:funk / Download am 26.03.2019 / Blatt 4 von 5.

>> *(53) krankmachenden Kommunikationstechnologie morgen Tor und Tür öffnen, indem Sie unseren Äther an eine alles durchdringende Technologie verscherbeln, wird das Leiden von Mensch und Natur zukünftig gewaltige Ausmaße annehmen und sich auf unsere gesamte Mitwelt und auf alle nachfolgenden Generationen dramatisch auswirken! In der Hoffnung, dass Sie sich der hohen Verantwortung Ihres Handelns bewusst werden angesichts der nicht nur von mir, sondern ebenso von hunderten von Wissenschaftlern weltweit angemahnten immensen Gefahren grüßt Sie mit großer Besorgnis Barbara Dohmen<<*

(Original Link zum Brief: https://www.5gspaceappeal.org/the-appeal)

Forderungen der Ärztekammer!

(Bereits am 15.01.2013 wurden diese Warnungen ausgesprochen)
Zitat (54) >> „Menschen müssen zu einem bewussten Umgang mit der Mobilfunktechnologie gebracht werden".

Recyclingmaßnahmen gefordert Wien (OTS)
Die Wiener Ärztekammer fordert die Etablierung von handyfreien Zonen, ähnlich den rauchfreien Zonen in öffentlichen Gebäuden.

Dies sei notwendig, um einerseits die Strahlenbelastung zu minimieren und andererseits die Menschen zu einem bewussten Umgang mit der Mobilfunktechnologie zu bringen, betont der Referent für Umweltmedizin der Ärztekammer für Wien, Piero Lercher.<<

(Anmerkung: Bitte nicht mit einem Herrn Lerchl verwechseln)
*>> Gerade das **(erneute)** Urteil des italienischen Höchstgerichts, wonach exzessives Telefonieren mit Handy- und Schnurlostelefonen zu einer 80-prozentigen Invalidität führen kann, zeige deutlich die diesbezügliche Gesundheitsgefährdung. Aus seiner Sicht sei es „äußerst bedenklich", wenn in Gesundheitsfragen ärztliche Ratschläge und Empfehlungen ignoriert würden und Handlungsbedarf erst durch Gerichtsurteile geweckt werden müsse. Es stehe außer Streit, dass sich Mobiltelefone als praktikables Tool zur Bewältigung vieler Alltagssituationen sowie als Alarmierungssystem in Notfallsituationen etabliert hätten. „Das Handy aber zum ständigen Begleiter, selbst im Bett, zu machen, schießt weit über das Ziel hinaus", meint Lercher, der in Alltagssituationen schon eine gewisse „Entzugssymptomatik" bei vielen Menschen erkennen kann, wenn das*

---

53 Quelle S120 / diagnose:funk / Download am 26.03.2019 / Blatt 4 von 5.
54 Quelle S125 Ä1 / diagnose:funk / Download am 22.03.2019 / Blatt 1 von 3.

Handy einmal plötzlich nicht mehr dabei ist. Weiters fordert Lercher die Intensivierung von Recyclingmaßnahmen. Er verweist darauf, dass bei der Produktion von Mobiltelefonen sogenannte „Metalle der seltenen Erden" sowie teure Rohstoffe verwendet würden. Deren Gewinnung sei jedoch äußerst umweltbedenklich:

„Seltene Erden sind zum Teil selbst giftig beziehungsweise wird der Lebensraum vieler Menschen vergiftet, da der Abbau mit Säuren erfolgt, die die Metalle aus den Bohrlöchern waschen. Zurück bleibt dann der vergiftete Schlamm." Lercher schlägt die Implementierung eines Handypfandsystems vor, um so zu verhindern, dass Handys zu Hause gehortet würden.

„Sympathisch" ist aus seiner Sicht auch die Idee der Ö3 - Wundertüte, wo das Einsammeln von alten Handys und Netzgeräten zur Lukrierung (Gewinnung) von Geldern für wohltätige Zwecke verwendet wird. Zwischenzeitlich verwenden 4,6 Milliarden Menschen Mobilfunk. (**2013 Bitte beachten**) Die Gefährlichkeit einer intensiven Mobilfunk- und Schnurlostelefonie mit Studien zu untermauern, sei insofern problematisch, als die Beobachtungsdauer seit Etablierung dieses globalen Massenphänomens noch zu kurz sei.

Lercher verweist in diesem Zusammenhang darauf, dass weltweit geschätzte 4,6 Milliarden Menschen als Anwender eines Mobilfunkgeräts registriert sind – mit steigender Tendenz.

„Die Dimension dieses Massenphänomens zeigt, wie wichtig es ist, Regeln für einen maßvollen und sicheren Umgang mit dieser Technologie zu entwickeln", so Lercher. Seit Herausgabe der „10 medizinischen Handy-Regeln" vor sechs Jahren hätten diese nichts an ihrer Aktualität verloren.

>> In diesem Sinn appelliert Lercher an einen sorgsamen Umgang mit der Mobilfunktechnologie. Er fordert gleichzeitig aber auch von der Industrie, verstärkt auf strahlungsarme Schnurlostelefone zu setzen: „Die hat es bereits gegeben, sie wurden aber mittlerweile vom Markt verdrängt" (55)<<.

Anmerkung: Wie in den Beamtenstuben, zurück zum Schnurtelefon. Was sollte dem entgegensprechen? Nur unsere Bequemlichkeit und Eigenverantwortung, sonst nichts.

---

55 Quelle S125 Ä1 / diagnose:funk / Download am 22.03.2019 / Blatt 2 von 2.

Jede Funk- und Strahlungswelle berührt uns.

Die Funkwelle, die Ihren Radio speist und der Musik macht. Die Strahlung eines Satelliten, der uns Bilder und Töne bringt. Die Röntgenstrahlung, die alles in uns sichtbar macht. Die Strahlungstherapie, die kaputte Krebszellen vernichtet. Oder Ihre WLAN- oder Handystrahlung, die leider nicht nur Töne und Musik, sondern auch unser aller Verderben in sich trägt. Weil wir noch

Wir allein haben es in der Hand!
Ob wir selbst denn Stecker ziehen, oder nicht!

immer und mit zunehmender Sorglosigkeit völlig verantwortungslos damit umgehen. Jede Funkwelle dringt in den Körper ein und zerstört mehr oder weniger etwas in uns. Was aber die Gefährlichkeit angeht, so besitzen der Röntgenstrahl, die atomare Strahlungstherapie und das hochfrequenten WLAN- und Handysignal, die absolute Spitzenposition.

Es gab bereits vor 80 Jahren Menschen, die auf ein Radiosignal aus dem Bereich eines Radiosenders, über die Maßen reagiert haben. Schon im Zweiten Weltkrieg gab es Schwerstgeschädigte Radarsoldaten, die jämmerlich daran zu Grunde gegangen sind und diese Radar-Krankheit existiert übrigens heute noch. Deshalb gibt es heute Arbeitsschutzvorschriften, um dieses belastetes Personal, das in der Flugsicherung, den Röntgen, CT oder MRT Bereich arbeitet auch ausreichend zu schützen. Ich könnte jetzt noch dutzende solcher Beispiele anführen, was aber unserem Ziel zur Vermeidung von privaten Elektro-Smog kaum dienlich ist. Sämtliche Personen, ob im Beruf oder als Privatperson haben aber eines gemeinsam, wenn sie sich Umkreis einer Funkwelle befinden: Sie erkennen die Gefahr nicht, weil man sie nicht sehen, riechen, hören, schmecken oder ertasten kann. Exakt aus diesem Grund sind wir immer wieder dieser elektronischen Strahlungswelle gnadenlos ausgeliefert. So wie beispielsweise ihr Baby, wenn Sie es ungewollt einer elektronischen WLAN - Strahlung aussetzen, weil auch Sie dieses Unheil für sich und das Baby einfach nicht erkennen oder nur im Geringsten wahrnehmen können. Was aber Sie als Privatperson von einem Beschäftigten der E-Smog – Arbeitswelt gravierend unterscheidet, ist der Umstand, dass Sie als Privatperson jederzeit den Ausschaltknopf drücken könnten, wenn Sie es denn so wollten.

Glauben Sie jetzt immer noch, weil Sie diese Gefahr nicht unmittelbar spüren können, dass diese nicht vorhanden ist. Und darum sollte ausgerechnet Ihnen Elektro-Smog nichts anhaben können!

Sollten Sie diesem Irrglauben weiterhin treu bleiben, dann könnte es leicht sein, dass Sie diese unsichtbare Gefahr, viel zu spät erkennen. So wie ich es selbst schon einmal erleben durfte. Indem man innerhalb von wenigen Stunden, durch vollständige Lähmungen ganzer Körperregionen, durch wahnsinnigen Kopfschmerz und so weiter, erst einmal so richtig wachgerüttelt wird. Ab diesem Moment hoffe ich für Sie, dass Ihnen auch ein grandioser Arzt zur Verfügung steht. Der Sie innerhalb kürzester Zeit aus diesem Dilemma herausholt. Und der Ihnen, so wie ich gerade eben, den Kopf sauber wäscht und Sie dazu auffordert: (Original Zitat des damaligen Arztes) „UND JETZT SCHMEISSEN SIE IHR HANDY WEG"!

Nur wir können es beenden oder verhindern

Die gesamte Elektro-Smog Problematik kann nur beendet werden, wenn wir kein Handy und kein WLAN mehr einschalten. Zusätzlich sollten wir auf alles was mit Funkwellen zu tun hat verzichten, oder **auf ein sehr kleines Minimum beschränken**. Dabei ist wirklich jeder von uns persönlich gefordert. Nicht die Netzbetreiber, nicht die Handyverkäufer und auch nicht der Staat! Wir ganz allein sind dazu aufgerufen. Oder kennen Sie jemanden aus ihrem Umfeld, der ausgerechnet Ihr eigenes Handy, Ihr privates WLAN immer wieder einschaltet und damit in Betrieb nimmt, ohne dass Sie davon wüssten. Damit sollten alle Zweifel zur eigenen Verantwortung eindeutig geklärt sein und wer von uns letztendlich Flagge zeigen muss. Sie lieber Leser sind es, Sie ganz allein!

Vor allem müssen wir damit aufhören, dass wir für die krankmachenden Funkwellen auch noch bis zu 50 Euro im Monat bezahlen, nur damit wir uns gegenseitig bestrahlen können. Ziehen wir alle schnellstmöglich an einem gemeinsamen Strang, und erkennen für uns und unsere Familien das große Ganze, dann dürfen wir uns ab einem gewissen Zeitpunkt sehr sicher sein, dass es bald keine neuen Sendemasten mehr gibt, zumal die Nutzer dieser Technologie dann ausgestorben wären.

Alle jenen aber, die momentan beim Verbreiten von Elektro-Smog noch kräftig mitmischen, sollten sich baldigst auf den Weg zu neuen, vollkommen unschädlichen Technologien machen. Ansonsten werden sie aufgrund ihrer zukünftigen finanziellen Pleiten den Kürzeren ziehen. Weil sie sich weder die Unterhaltskosten, die anfallenden Stromkosten und alles was dazugehört, noch leisten können.

So einfach wäre das und wir könnten wieder deutlich gesünder schlafen und das im wahrsten Sinne des Wortes, „gesünder"!

Andernfalls sind wir es ganz allein, die diesen wunderbaren Blauen Planeten und uns gleich mit dazu, in den Untergang führen. Nur weil wir in keinem Falle auf die Vorzüge eines mobilen Telefonats verzichten können. Ein jeder von uns, der das billigend in Kauf nimmt, muss sich letztendlich selbst fragen, ob er oder sie, das so gewollt hat.

Es darf sich keiner dazu auserkoren fühlen, nur weil man das billigste oder kleinste Mobiltelefon besitzt, man könnte niemals dafür verantwortlich sein! Keiner kann sich jemals mehr davon freisprechen. Wir haben von Anfang an immer brav mitgemacht.

Die anderen aber, die uns diese mobile Technologie zur Verfügung gestellt haben, wollten damit nur Geld verdienen. Und momentan verdienen die mit unserer eigenen Dummheit, Monat für Monat richtig „viel" Geld.

Beispielrechnung:

Pro deutschen Mobilfunkvertrag (56) (135 Mio.) mit gerade mal 20 Euro im Monat, macht das in der Summe 2 700 000 000 Euro Umsatz aus.

Das sind 2,7 Milliarden Euro pro Monat, die diese Mobilfunk – Jungs mit unserer Beschränktheit einnehmen. Was müssen sie an Unkosten

---

56 Quelle Bundesnetzagentur / 2017 waren es weltweit 7,8 Milliarden Verträge.

einrechnen, ein bisschen Strom und die Einmalzahlung an den Staat für die Lizenz zum Gelddrucken.

Nur dies „bisschen Strom", der hat es aber in sich. Und wehe, wenn er einmal losgelassen wird und uns mit seiner mörderischen Frequenz und tödlichen Schwingung erreicht. Da bleibt auch keine einzige Zelle verschont und die Krankheits-Industrie frohlockt, bei diesen kommenden Umsätzen. Wie unwissend muss man nur sein? Dass man dieses Spiel nicht durchschaut und immer wieder noch zum Handy greift.

Insbesondere hat das Ganze auch noch einen sehr gewaltigen Hacken für uns Nutzer. Wer laut Gesetz für das Ausbringen von Umweltgiften und dergleichen verantwortlich ist, haftet dafür! Damit sind in erster Linie wir gemeint, die Endverbraucher, die den Knopf am Handy drücken. Wer das jetzt so nicht glauben will, nur ein einziges Beispiel dazu: Sie kaufen eine Plastiktüte. Wird dann der Hersteller für den aus der Plastiktüte entstandenen Müll verantwortlich gemacht oder Sie? Wenn Sie diese Plastiktüte einfach so im Wald entsorgen.

Dem tatsächlichen „Bereitsteller" passiert zunächst überhaupt nichts! Sie haben die Tüte an der Kasse angefordert und in Umlauf gebracht. Sie zahlten sogar dafür und wenn Sie sie nicht richtig entsorgen und jetzt die Umwelt oder ein Tier darunter leidet oder zu Schaden kommt, haften Sie mit allem, was Sie besitzen.

Vor allem sollten Sie dazu bitte erst einmal Ihre Mobilfunkverträge und die Gefahrenhinweis in der Gebrauchsanleitung zu ihrem WLAN oder HANDY durchlesen. Da werden Sie bei einigen Netzanbietern staunen, was Ihnen die zu den Bereitstellungen ihres Netzes bereits schon aufs Auge gedrückt haben. Gleichermaßen gilt dies auch für allen anderen mobilen Geräte.

Beispiel WLAN.

Es ist offiziell bekannt, dass es enorm schädlich für die Gesundheit ist.

Wer schaltet das WLAN ein? – Sie, ganz allein! -

Wer nutzt das Signal? – Sie! -

Wer ist dadurch betroffen? - Sie und Ihr gesamtes Umfeld! -.

Insbesondere die Nachbarn, Nachbarskinder, Ihre Kinder und viele weitere. Nun stellt sich doch tatsächlich heraus, Ihr WLAN hat beim Nachbarskind Krebs verursacht. Dann hoffe ich für Sie, dass Sie über genügend finanzielle Mittel verfügen, um das wieder ausgleichen zu können. Möglicherweise könnte das für Sie bitterböse enden. Warum?

Weil es bereits heute EU - Gerichtsurteile gibt, die Betreiber von WLAN-Netzen dazu verpflichtet haben, diese sofort abzuschalten (57).

Eigentlich ist dieser Vorgang auch vollkommen logisch:

Ursache und Auswirkung. Der Hersteller stellt Ihnen mit dem Router die Möglichkeit zur Nutzung eines WLAN-Signals zur Verfügung.

Er drückt aber nicht „Ein" Taste!

Wie sind im Netz immer sichtbar!

Sie ganz allein, haben den Knopf gedrückt, .

Da gibt es im Gesetz bereits richtig gute Beispiele für die Eigenverantwortung und der daraus resultierenden Haftung.

Eine weitere Variante als reales Beispiel, was die Haftung betrifft und damit Sie auch einen Beweis dazu haben: Sie dürfen sich jederzeit einen Radarwarner für das Auto kaufen. Sie dürfen Ihn auch einbauen.

Da wird kein einziger Hersteller in die Mangel genommen.

Aber wehe, Sie persönlich nehmen Ihn in Betrieb und lassen sich somit vor Blitzern und Radarkontrollen warnen.

Erst ab diesem Moment haben Sie gegen das Gesetz verstoßen und werden mit Bußgeld und dergleichen belegt.

Exakt so machen es die Betreiber von Funknetzen.

Der Mast schaltet nur ein, wenn Sie dies wünschen und sich Ihr Handy beim Funkmast anmeldet. Die Betonung ist auf „anmelden" gelegt. Da gibt es

---

57 Siehe im Buchkapitel „Unsere Kinder" Auszug vom Gerichtsurteil.

kein Dauersignal, ähnlich wie das eines Satelliten das man nutzt, um Fern zu sehen.

Nur wenn Sie zum Handy greifen, sich dieses unmittelbar danach mobil anmeldet, ab da werden die Funksignale allein für Sie freigeschaltet. Erst ab dem Zeitpunkt entstehen elektromagnetische Funksignale, mit einem daraus resultierenden Elektro-Smog, die nur für Ihr Smartphon bereitgestellt wurde.

Allein ab diesem Moment sind Sie ein E-Smog Verursacher. Ansonsten wäre es auch „kein" Leichtes, damit man Ihr Handy orten kann. Die haben da schon mitgedacht! Exakt so läuft es auch beim WLAN Signal ab. Sie drücken den Knopf! Somit sind nur Sie allein dafür haftbar zu machen, wenn mit dem Signal was schiefläuft.

Wie kann ich nun feststellen, dass gerade Ihr WLAN schuld daran ist. Schalten Sie dazu einfach Ihr Handy ein. Gehen Sie auf die WLAN Suche und dabei scannen Sie ihre Umgebung. Schwupps, zeigt es Ihnen alle verfügbaren WLAN´s mit Namen an. Somit hat jeder von uns den unmittelbaren Beweis, welches WLAN gerade aktiv geschaltet ist. Eine Liste dazu erstellen, Screenshot oder Bild davon machen und es ist sauber dokumentiert. Schon sind sie in der Haftung.

Darum prüfe ständig, wer sich ewig findet im Netz, und deswegen auch die eigenen Telekommunikations-Verträge prüfen! In denen ist ganz klar geregelt wer da haftet und wer der Verursacher ist.

Die programmierte Zerstörung unseres Wassers

Ohne Wasser sind WIR nichts mehr,
Aber das Wasser ohne uns, sehr viel!
Heinrich Schmid

Was hat das jetzt mit ELEKTRO – SMOG zu tun?
Dieses Rätsel gilt es aufzulösen!

Das heiligste Gut auf Erden, macht sich scheinbar heimlich, still und leise aus dem Staub!

Unser **WASSER** ist das Bindeglied :
- in allen Nervenregionen des Gehirns.
- aller Organe.
- aller elektrischen Signale im Körper.
- alle Samenzellen.
- zwischen uns und unseren Speisen.
- und Medium, um im Körper Stoffe transportieren zu können.
- zwischen uns und unserer NATUR.
- zwischen Geist und Körper.
- zwischen unserem Geist und der universellen Macht im Kosmos!

Physikalische Grundlagen zum Wasser.

Nehmen wir ein Glas Wasser zur Hand und betrachten es nur aus der Sicht seiner physikalischen Eigenschaften. Ein Physiker oder Chemiker würde es fachlich H 2 O nennen! Und diese Kombination aus Buchstaben und einer Zahl „H 2 O" ist auch gleich die Formelbezeichnung für unser allseits bekanntes Wasser. Der Buchstabe H steht für den Wasserstoff.

Ab da gibt es bereits die erste Ungereimtheit, weil Wasserstoff bei Raumtemperatur eigentlich nur als GAS vorkommen sollte. (Raumtemperatur 3 bis 40 Grad +). Da stimmt doch was nicht?

Gleiches gilt für den Buchstaben „O".

Dieser steht für den Sauerstoff und es befinden sich 2 Teile davon im Molekül und wiederum existiert der Sauerstoff eigentlich nur als GAS.

Warum habe ich jetzt eine Flüssigkeit im Glas, obwohl es eigentlich nicht sein kann, wenn die Basis - und die Ausgangsstoffe doch zwei Gase sind. Das ist doch PARADOX und darum heißt es auch: „Das WASSERPARADOXON".

Wie macht unser Wasser das?

Indem es für uns als Flüssigkeit vorhanden ist.

Wodurch hält es sich über einen so unglaublich langen Zeitraum in einem flüssigen Zustand?

Dazu gibt es nur eine Antwort:

Die Wasserstoffbrückenbindung macht es möglich!

Darum schauen wir uns die einmal etwas genauer an!

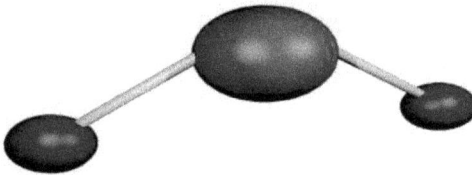

H2O Das Wassermolekül mit der
integrierten Bindung!

Diese unscheinbare, kleine Brücke ist ein DIPOL. Dies bedeutet: Der hat einen Plus - und Minus – POL und dadurch wäre er eigentlich sehr stabil. Bis heute galt dies auch so und wurde in Millionen von Jahren nicht in Frage gestellt. Bis wir mit unseren Handys und WLANs kamen. Die von ihnen erzeugte und sehr scharfe Strahlung, auch als digitale Funkwelle bekannt, schlägt mit der für das Wasser geeigneten Resonanz - Schwingung, sprich Strahlung, regelrecht auf die „Wasserstoffbrücke" ein. Dieses „darauf einschlagen" hält solange an, wie die elektronische Welle in Betrieb ist oder unsere Wasserstoffbrücke auseinanderbricht. Ist es dann tatsächlich passiert, können sich die beiden Atome (Wasserstoff und Sauerstoff) regelrecht aus dem Staub machen. Und dies für alle Zeiten.

Ein erneutes „Zusammentreffen" wird es in keinem Falle mehr geben, was im Endergebnis wiederum der Totalverlust eines Wassermoleküls bedeutet.

In der Realität bedeutet dieses „Auseinanderbrechen", dass es für alle Zeiten zerstört ist und sich vollkommen in Luft aufgelöst hat. In der Folge gibt es somit wieder einen „Wassertropfen" weniger auf diesem Planeten.

Außerhalb eines herkömmlichen Wassertropfens findet man die wohl wichtigste Errungenschaft der Natur, die Wasserstoffbrückenbindung, auch noch in unseren Körperzellen, in der DNA, im Nervenstrang als Bindeglied für die elektronische Steuerung aus und zum Gehirn, in der Gehirnflüssigkeit, in den Muskelsträngen, Sinneszellen und unserem Blut.

Die Wasserstoffbrücke ist somit der direkte Schlüssel für alle menschlichen Zellen: „Unserem Baustoff des Lebens"!

Was also passiert mit uns, wenn diese Wasserstoffbrücke permanent zerstört und aufgerieben wird. Was wohl, frage ich nun Sie direkt!

Und fällt Ihnen zur Funktion dieser Wasserstoffbrücke etwas auf? Sie befindet sich ausgerechnet in unseren allerwichtigsten Elementen und Zentren, die für einen funktionsfähigen und gesunden Körper enorm wichtig sind. Und ausgerechnet an diesem, für uns so wichtigen Elementen, spielen wir mit unserer Funk-Technologie einfach mal so herum.

Wenn das schiefläuft, ist nicht nur unser wichtigstes Element, das Wasser, mit seinen unvorstellbar wichtigen Funktionen auf ewige Zeiten zerstört, sondern auch wir mit dazu. Sowie alles andere, was irgendwie Leben in sich trägt. „ Ohne es jemals wieder heilen zu können und für alle Zeiten da es als unwiederbringlich gilt"!

Dies betrifft mich, Sie, Ihre Familie, ihr persönliches Umfeld und unsere gesamte Natur. Und nennen Sie mir nur ein lebendes Element auf dieser Erde, das nicht vom Wasser abhängig ist. *„Sind wir alle komplett von der Rolle, wenn nicht sogar vollkommen durchgedreht, um uns auf solche gefährliche Spielchen auch nur ansatzweise einzulassen".*

Heute muss ich dies leider noch bejahen. Aber vielleicht schaut es ja morgen schon ganz anders aus. Wer weiß? Gleichwohl könnte man zukünftig wieder einmal mit dem Nuklearen Feuer spielen. Würde keinen Unterschied zu unserem derzeitigen russischen Roulette mit dem geplanten 5G - und der derzeitige Funk – Technologie machen.

Wobei ich denke, dass wir das nukleare Feuer mittlerweile schon besser im Griff hätten! Da wir dessen Gefahrenpotential, in den letzten hundert Jahren, bereits des Öfteren erleben durften und uns darauf eingestellt haben

Wer gegenwärtig diese existenzbedrohende Gefahrenlage, bedingt durch unsere momentane elektronische Mobilität, nicht erkennt, der könnte sein und unser aller Leben, auf immer und ewig verwirkt haben!

In diesem Sinne hoffe ich auf IHR Verständnis, ihren Weitblick und auf eine gemeinsame Zukunft!

Das Licht am Horizont, bringt entweder den Tag oder die Nacht!

Gedanken zu den kommenden Fachbegriffen!

Lassen Sie sich bitte von den medizinischen und wissenschaftlichen Ausdrücken nicht irritieren! Es geht um den Textinhalt und der hat es mehr als in sich. Um aber der Wissenschaft tatsächlich Genüge zu tun, braucht es diese Fachausdrücke. Denn Seriosität zeichnet sich nun einmal durch Fachwissen und den dazugehörigen Wortlaut aus.

Da wir im Zuge der Abschaffung, dieser hochgefährlichen Strahlungen, auf die Hilfe von Entscheidungsträger und Wissenschaftler angewiesen sind, müssen alle unsere Ausführungen und Darstellungen zum Contra des Elektro-Smogs, einen deutlich wissenschaftlichen Hintergrund besitzen. Ansonsten werden wir gar nicht ernst genommen.

Sollten sich dann unsere Entscheidungsträger immer noch gegen unsere Gesundheit entscheiden, besitzen wir bereits sehr handfeste wissenschaftliche Erkenntnisse, die weder von den Gerichten noch von den Betreibern dieser Funknetze, unterdrückt werden können. Dadurch bleibt auch denen kein Spielraum mehr, für etwaige und vor allem scheinheilige Kompromisse.

Zwei Artikel, die es in sich haben!

Mikrowellen: vom Verschwinden des Wassers

Zitat (58) >> *Der uferlos wachsende Mobilfunk zerstört die innere Struktur des Wassers und führt zu dessen Auflösung. Dürren und Klimawandel werden begünstigt. Und auch das Wasser in unserem Körper ist von dieser technischen Strahlung betroffen. Im Gehirn setzen Zerfallsprozesse ein, während die Zellen ihre Fähigkeit verlieren, Informationen zu verarbeiten. Dieser völlig neue Blick auf die Entstehung von Krankheit lässt uns verstehen, weshalb wir uns buchstäblich mobil zu Tode „surfen".*

Wasser: Grundlage für unser Überleben

Seit der Einführung des flächendeckenden Mobilfunks Anfang der 90er Jahre und dem mittlerweile milliardenfachen Einsatz von Handys wird unsere Gesellschaft rasant kränker. Noch nie gab es so viele Krebspatienten, Herzinfarkte, hyperaktive Kinder und Jugendliche, Schlafstörungen und Immunschwächen jeder Art. Tausende von unabhängigen wissenschaftlichen Arbeiten sowie Hunderte von Studien belegen den schädigenden Einfluss der mobilen Telekommunikation <<.

---

58 MVW S140 / Quelle ZeitenSchrift Verlag / Link im Verzeichnis / Blatt 1 von 9.

>> (59) *Trotzdem gilt der Mobilfunk offiziell als sicher, weil er die einzige Technologie ist, die man bis heute nicht auf Sicherheit geprüft hat und trotzdem ohne Rücksicht auf unsere Gesundheit einsetzt. Dabei offenbart sich ihre Widernatürlichkeit bereits in unserem kostbarsten Gut, dem Wasser<<.*

Die Wirkung der technischen Mikrowellenstrahlung auf unser Wasser wird von der etablierten Wissenschaft fast vollständig verkannt, ignoriert oder bewusst verschwiegen. Drei Viertel der Erdoberfläche sowie aller lebenden Organismen, insbesondere des menschlichen Körpers, bestehen aus Wasser. Jede Information, Energie oder Strahlung hat eine Wirkung auf das Wasser und somit auch auf unseren Körper, entweder aufbauend und wachstumsfördernd oder abbauend und zerstörerisch

Durch die technisch erzeugte hochfrequente und gepulste Mikrowellenstrahlung wird das natürliche elektromagnetische Feld der Erde, welches unseren Planeten vollständig umgibt und durchdringt, massiv gestört. Alles Leben ist über dieses elektromagnetische Feld miteinander verbunden, wobei das Wasser in einem reinen und natürlichen Zustand die Grundlage für die volle Funktionsfähigkeit dieses Verbundnetzes darstellt. Deshalb gehören die sogenannten Wasserstoffbrückenbindungen zu den wichtigsten Komponenten für das Leben auf der Erde.

Diese elektromagnetischen Verbindungen geben dem Wasser sowohl eine stabile und funktionsfähige Molekülstruktur als auch die Möglichkeit, Informationen zu speichern und weiterzuleiten. Die Wasserstoffbrücken verbinden auch die beiden DNA-Stränge, welche den Bauplan für jede Zelle enthalten.

Somit spielen diese „Brücken" eine wichtige Rolle bei jeder Zellteilung und der damit einhergehenden Informationsübertragung. Technische Strahlung destabilisiert nun solch lebensnotwendige Wasserstoffbrückenbindungen – mehr noch: sie werden zerstört. Dadurch wird die Molekülstruktur des Wassers instabil, was wiederum jegliche Informationsübertragung in unserem Körper beeinträchtigt, die im und durch das Wasser stattfindet.

Zudem können die DNA-Stränge auseinanderbrechen. Mit verheerenden Folgen für die hochempfindliche Informationsübertragung unseres Erbgutes während der Zellteilung sowie einer grundsätzlich gestörten Zellkommunikation.

---

59 MVW S140 / Quelle ZeitenSchrift Verlag / Link im Verzeichnis / Blatt 2 von 9.

>> (60) *Betrachten wir die grundlegenden Aufgaben des Wassers genauer, wird schnell klar, weshalb das köstliche Nass tatsächlich das Lebenselixier schlechthin ist!*

Die Aufgaben des Wassers

1. Wasser dient der Informationsübertragung: Die Sonne ist Quelle aller Lebensimpulse für die Natur. Sie repräsentiert das Element Feuer und versorgt uns permanent mit Licht. Das Licht besteht aus Lichtwellen und Elektronen, die das kosmische Informationsspektrum für alles Leben auf unserem Planeten Erde mit sich tragen und bereitstellen. Wasser und Luft stehen in der Atmosphäre in ständigem Austausch mit dem Sonnenlicht und sind die Speicherelemente für diese Informationen. Das Element Erde, also die materielle Substanz, bringt dann in Verbindung mit den drei anderen Elementen die unendliche Vielfalt der Schöpfung hervor. Dazu braucht es ein hochkomplexes und auf der Grundlage der vier Elemente perfekt organisiertes Informations- und Kommunikationssystem.

Das Informationssystem der Natur arbeitet auf der Grundlage der beiden Kräfte: Magnetismus (Yang [+], männlich) und Elektrizität (Yin [-], weiblich). Beide Kräfte zusammen ergeben ein harmonisches elektromagnetisches Feld, welches alles Leben durchdringt und verbindet. Wasser spielt dabei eine entscheidende Rolle, insbesondere im Körper von lebenden Organismen. Der Informations- und Energieaustausch zwischen Zellen wird auch Biophotonische Kommunikation genannt. Diese beinhaltet vor allem die Aufnahme und Übertragung von Licht. Die Lichtleiter einer Zelle sind die Mikrotubuli im Zellinneren, die winzige „Röhrchen" als Verbindung zu allen anderen Zellkomponenten aufweisen. Mikrotubuli stehen in direkter Verbindung mit den uns umgebenden elektromagnetischen Feldern.

Durch die Verbindung zweier Mikrotubuli, zum Beispiel während der Zellteilung, werden in jeder Sekunde unzählige Botschaften mit Hilfe von Biophotonen (Lichtteilchen) von Zelle zu Zelle übertragen. Das Wasser ist hierbei das Trägerelement. Mikrotubuli sind nicht nur für die präzise Zellteilung und die Zellkommunikation verantwortlich, sondern auch für die Organisation des Zellskeletts, die Stoffwechselvorgänge in der Zelle, die Formgebung und Bewegung der Zelle und für die Zusammenarbeit der einzelnen Zellkomponenten, beispielsweise die Glycoproteine und Glycolipide auf der Zelloberfläche und die Mitochondrien im Zellinneren<<.

---

60 MVW S140 / Quelle ZeitenSchrift Verlag / Link im Verzeichnis / Blatt 3 von 9.

>>(61) *Der Salzgehalt in unserem Körperwasser ermöglicht zudem eine hohe elektromagnetische Leitfähigkeit und somit einen noch besseren Informationsfluss. Wasser ist also das Trägerelement von Informationen. Ein einzelnes Wassermolekül besteht aus einem negativ (-) geladenen Sauerstoffatom (O) und zwei positiv (+) geladenen Wasserstoffatomen (H). Dieses winzige Molekül müsste eigentlich bei Zimmertemperatur gasförmig sein. Nur die netzartige Verbindung der Moleküle zu langen Ketten und sogenannten Clusterstrukturen halten das Wasser flüssig. Denn das einzelne Wassermolekül ist ein elektrischer Dipol mit einem positiv und einem negativ geladenen Ende, weshalb sich die kleinen Moleküle wie Magnete gegenseitig anziehen. Über diese lebenswichtige elektromagnetische Bindung zwischen den Wassermolekülen sagte der Chemiker und Nobelpreisträger Linus Pauling einmal: „Ohne die Wasserstoffbrückenbindung wäre Wasser gasförmig und wir hätten kein Leben auf der Erde."*

Dank dieser Wasserstoffbrücken ist Wasser in der Lage, in den sich räumlich ausbildenden Clusterstrukturen Informationen zu speichern. Die Bindungskraft und -fähigkeit der Wasserstoffbrücke (welche auf dem natürlichen elektromagnetischen Potential von Sauerstoff und Wasserstoff beruht) bildet die Basis für die Menge an Informationen, die das Wasser aufnimmt, speichert und weiterleitet. Die Clusterstrukturen sind jedoch keine starren Verbindungen; sie sind in einem lebendigen, sich ständig wandelnden Zustand, abhängig von den aus der Umwelt aufgenommenen Informationen und Energien. Unter dem Einfluss des gesunden und natürlichen elektromagnetischen Feldes der Erde arbeiten die einzelnen Wassermoleküle in perfekt organisierter Teamarbeit, um diese Einspeicherung von Informationen zu gewährleisten.
Es gibt noch eine weitere, bisher wenig beachtete Tatsache:
In jedem gesunden Wasser existiert eine gesunde Mikrobiologie mit intelligenten Mikroorganismen. Diese sind ebenfalls abhängig von elektromagnetisch stabilen Strukturen durch die Wasserstoffbrückenbindungen, weil sie das für die Mikroorganismen lebensnotwendige Milieu bilden<<.

---

61 MWW S140 / Quelle ZeitenSchrift Verlag / Link im Verzeichnis / Blatt 4 von 9.

>>(62) *Wird die Bindungsfähigkeit der einzelnen Wassermoleküle geschwächt oder gar zerstört, wie das durch die technische Mikrowellenstrahlung geschieht, gerät die Mikrobiologie aus dem Gleichgewicht und das Wasser wird schal, träge und beginnt zu faulen. Es verliert Kraft und Energie, sowie die Fähigkeit, Informationen präzise und schnell zu übertragen.*

Der berühmte Wasserforscher Viktor Schauberger (1885-1956)2 hatte diese Erkenntnis am Ende seines Lebens in die Worte gekleidet: „Sterilisiertes und physikalisch zerstörtes Wasser führt nicht nur gesetzmäßig einen körperlichen Verfall herbei, sondern verursacht auch geistige Verfallserscheinungen und damit eine systematische Degeneration der Menschen und der übrigen Lebewesen."

2. Der Wasserhaushalt stellt Energie bereit: Das Wasser, das wir täglich trinken, versorgt uns unter anderem mit Lebensenergie in Form von Prana („der Odem Gottes"), dessen Träger das Sauerstoffatom ist. Sämtliche Stoffwechselprozesse benötigen diese Energie für alle chemischen Reaktionen.

80 Prozent unseres täglichen Energiebedarfs werden durch diesen Wasser-Stoffwechsel (Hydrolyse) bereitgestellt. Zudem erzeugt der Durchfluss des Wassers an der Zellmembran eine hydroelektrische Spannung, die umgewandelt und in ATP (Adenosintriphosphat) und GTP (Guanidintriphosphat) gespeichert wird. Das sind zwei Energiequellen unseres Körpers, die unser Nervensystem mit Energie versorgen und alle chemischen Reaktionen aufrechterhalten.

3. Wasser erhält alle Stoffwechselprozesse:
Unser Körper verfügt über die Fähigkeit, Informationen mit höchster Präzision und Geschwindigkeit aufzunehmen, zu speichern, zu transportieren und weiterzugeben. Als Trägermedium jeder Informationsübertragung in allen Stoffwechselprozessen dient das Wasser, welches sich innerhalb und außerhalb unserer Körperzellen befindet (intra- und extrazelluläres Wasser)<<.

---

62 MVW S140 / Quelle ZeitenSchrift Verlag / Link im Verzeichnis / Blatt 5 von 9.

>>(63) 4. *Wasser ist das verbindende Element für Zellstrukturen: Der Mensch braucht täglich drei bis vier Liter sauberes, gesundes Trinkwasser, um ein starkes Immunsystem, ein straffes Bindegewebe und eine schöne strahlende Haut aufrechtzuerhalten. Eine Austrocknung des Körpers aufgrund von Wassermangel führt zum Zerfall der Zellstrukturen, welcher beispielsweise durch Faltenbildung sichtbar wird.*

5. Wasser reinigt den Organismus:
Wasser nimmt Substanzen in sich auf, absorbiert Energien und Informationen und reinigt unseren Organismus rund um die Uhr, weil es permanent dafür sorgt, dass Abfallstoffe und Toxine abtransportiert werden können.

Alles Leben ist miteinander verbunden – auch durch Wasser!
Unser vegetatives Nervensystem und die damit verbundenen sieben Körperdrüsen stehen im direkten Energie- und Informationsaustausch mit dem uns umgebenden Sonnenlicht, mit Luft und Wasser als energetische Speicherelemente sowie mit allem, was die Erde hervorbringt. Natürliche elektromagnetische Wellen mit einem umfangreichen Frequenzspektrum versorgen uns permanent mit Informationen.

Jegliche Veränderung des Bewusstseins, sei dies individuell oder kollektiv, d.h. jeder Gedanke in Verbindung mit entsprechenden Gefühlen, verändert diese natürlichen elektromagnetischen Wellen. Der Mensch hat tatsächlich Schöpferkraft, wie die Quantenphysik heute eindrücklich beweist. Der Geist beeinflusst die Materie. Jedes Lebewesen ist von einem individuellen elektromagnetischen Feld (Aura) umgeben.

Die sieben endokrinen Drüsen des menschlichen Körpers und unser Sinnessystem sind die Schleusen, welche die elektromagnetischen Wellen mit den Informationen aufnehmen. In Verbindung mit den Körperflüssigkeiten (Blut, intra- und extrazelluläres Wasser, Gehirnflüssigkeit, Spermaflüssigkeit, Fruchtwasser) kommunizieren sie mit der Umwelt. Auch das Gehirn ist eine dieser Schleusen, wobei wir Menschen derzeit nur einen Bruchteil unseres wahren (Gehirn-)Potentials nutzen<<.

---

63 MVW S140 / Quelle ZeitenSchrift Verlag / Link im Verzeichnis / Blatt 6 von 9.

>> (64) Am Institute of Technology in Kalifornien hat man unter der Leitung von Joseph Kirschvink im Jahre 2003 winzig kleine magnetische Kristalle (Magnetit = Magneteisenstein) im menschlichen Gehirn entdeckt, ähnlich derer, welche die Wale, Delphine, Zugvögel und Bienen für ihre Orientierung und Kommunikation in Verbindung mit dem elektromagnetischen Feld der Erde benutzen. Diese Erkenntnis beweist, dass technische Strahlung auch unser Gehirn auf subtile „nicht-thermische" Art beeinflussen muss, genauso wie dies ja bereits bei Zugvögeln und Bienen eindeutig nachgewiesen wurde. Denn diese magnetischen Kristalle gehen in Resonanz mit den schädigenden Einflüssen der Mobilfunkstrahlung<<....

....>>Wasser speichert Informationen. Was wird mit uns geschehen, wenn es immer mehr entschwindet?<< ....

....>>Die Körperflüssigkeiten aller Lebewesen stehen in Resonanz mit dem elektromagnetischen Feld der Erde und sind untrennbar miteinander verbunden. Auch unser Heimatplanet selbst verfügt über „Körperflüssigkeiten": das Grundwasser, die Fließgewässer (vom Bach bis zum Ozean), das Erdöl in den tieferen Erdschichten und – nicht zu vergessen – die wasserhaltige Atmosphäre. Sie stellen ein genial funktionierendes Verbundnetz dar, über das alles Leben miteinander kommunizieren kann.

Dank dieses Netzes sind Menschen, Tiere und Pflanzen in der Lage, Beziehungen mit der Natur aufzubauen und zu erhalten. Meeresbewohner, wie zum Beispiel Wale und Delphine, nutzen das Medium Wasser sogar zur direkten Kommunikation per Schallwellen. Bäume halten das Gleichgewicht zwischen dem inneren Wasserkreislauf (Grundwasser) und dem äußeren atmosphärischen Kreislauf aufrecht.

6 Sie kommunizieren zudem ebenfalls über das Wasser mit ihrer Umgebung. Deshalb ist die weltweite Abholzung ein weiterer schwerwiegender Eingriff in die natürliche Ordnung mit dramatischen Auswirkungen auf den Wasserhaushalt des Planeten<<.

---

64 MVW S140 / Quelle ZeitenSchrift Verlag / Link im Verzeichnis / Blatt 7 von 9.

>> (65) Technische Mikrowellen und ihre Wirkung auf das Wasser

Bereits lange vor der Entwicklung der modernen digitalen Kommunikation haben bedeutende Menschen vor den Auswirkungen von elektromagnetischer Belastung gewarnt. Einer von ihnen war Rudolf Steiner, der 1923 klagte: „In der Zeit, als es keine elektrischen Ströme gab, nicht die Luft durchschwirrt war von Elektrizität, da war es leichter, Mensch zu sein. Da war es auch nicht nötig, dass sich Leute so anstrengten, um zum Geist zu kommen. Da gab es ringsum keine Telegraphendrähte, da gab es keine Telefonleitungen und so weiter. Der Mensch hat aber heute lauter solche Apparate vor sich und um sich. Das induziert fortwährend Strömungen in uns. Das alles macht den physischen Leib so, dass die Seele gar nicht hereinkommt. Daher ist es nötig, heute viel stärkere Kapazität aufzuwenden, um überhaupt Mensch zu sein."

In jüngerer Zeit gelang es dem japanischen Forscher Dr. Masaru Emoto, mit Wasserkristallbildern den Einfluss von Informationen auf die Struktur des Wassers darzustellen.

Besonders beeindruckend – erschreckend trifft es besser – ist sein Versuch, Wasser dem Einfluss von Handy-Strahlung auszusetzen.
Weltweit existieren bereits mehr als 40'000 wissenschaftliche Arbeiten, welche den Einfluss von hochfrequenter technischer Strahlung auf lebendige Organismen untersuchen. Gemäß Dr. Christoph Scheiner.... (13.06.2012 Verstorben).....zeigen mehr als die Hälfte davon schädliche Wirkungen. Dazu gehören viele körperliche Symptome wie Rast- und Schlaflosigkeit, Hektik, Hyperaktivität, Lärmempfindlichkeit, Zwanghaftigkeit, Unfruchtbarkeit (besonders bei Männern), zunehmende Aggressionen, Mangel an Konzentrationsfähigkeit in Verbindung mit leichter Ablenkbarkeit, Mangel an Lebensenergie, Tumorbildung und Krebs, Angst und Panikattacken, Schwierigkeiten richtig zu denken oder Gedanken zu ordnen und ein hohes Maß an sozialer Isolation. Zudem haben gerade junge Menschen durch den häufigen Gebrauch ihres Handys vergessen oder nie gelernt, wie man richtig kommuniziert<<.

---

65 MWV S140 / Quelle ZeitenSchrift Verlag / Link im Verzeichnis / Blatt 8 von 9.

137

>>(66) *Diese schädlichen Mikrowellen zerstören allmählich das zarte Gewebe ihres Gehirns, bis sie nicht mehr sauber denken können, geschweige denn die stille, leise Stimme der Intuition im Innern hören. In der militärischen Forschung weiß man um die zerstörerische Wirkung der Mikrowellentechnologie. Man macht sich dabei ihren Strahlungseinfluss auf das Körperwasser des Gegners zunutze, welches durch einen gebündelten Strahl aus einer Mikrowellenkanone kurzfristig auf 55° C oder mehr erhitzt wird. Der Feind hat dadurch das Gefühl, er würde innerlich verbrennen. Bekannt ist diesbezüglich auch die bewusste Manipulation der Gehirnfunktionen durch Mikrowellen.*

Dieser wissenschaftliche Forschungsbereich nennt sich Psychotronik und hat die Aufgabe, die gezielte Beeinflussung des Verhaltens und der Gesundheit von Menschen durch hochfrequente Strahlung zu erforschen. Man weiß, dass die Amerikaner schon im Golfkrieg psychotronische Waffen eingesetzt hatten<<.

Ohne Worte, nach diesem Artikel!

---

66 MVW S140 / Quelle ZeitenSchrift Verlag / Link im Verzeichnis / Blatt 9 von 9.

Lassen technische Mikrowellen das Wasser verdunsten?

>> (67) *Uns geht langsam, aber sicher das Wasser aus. Eine Ursache dafür wurde bislang vollkommen übersehen. Wenn sich das nicht bald ändert, gehen wir schweren Zeiten entgegen. Lesen Sie hier faszinierende Erkenntnisse über unser vielleicht kostbarstes Gut.*

Bildbeschreibung: *Sommer 2006: Spielende Kinder im rissigen Flussbett des Jialings (im Hintergrund die chinesische Millionenstadt Chongqing). Zwei Drittel aller Flüsse der Volksrepublik China sind ausgetrocknet.*

...>>Was tun Sie ohne Wasser? Wie werden Sie reagieren, wenn der nächste Sturm, das nächste Hochwasser, Ihr Haus, Ihren geliebten Wald oder Ihr kostbares Auto zerstört? Was werden Sie tun, wenn es keine Fische, Delphine oder Wale mehr gibt, keine Früchte, keine gesunden Lebensmittel, kein Bier beim Fernsehen?

Die Menschen nehmen die vier Elemente Feuer, Wasser, Luft und Erde für selbstverständlich. So nutzen sie täglich das Wasser und wissen nicht, welch ein Geschenk und welch ein Privileg es ist, Wasser zu gebrauchen, Wasser trinken zu dürfen, zu duschen, zu baden, zu kochen, zu reinigen. Wir Menschen sind dabei, in einem noch nie da gewesenen Ausmaß unser Wasser und die damit verbundenen Kreisläufe in allen biologischen Systemen der Erde durcheinanderzubringen und zu zerstören. Jeder einzelne ist jetzt aufgefordert, Verantwortung zu übernehmen. Das bedeutet, daß wir als erstes damit beginnen, die Natur und all ihre Geschenke zu lieben, das Leben zu lieben, die Erde zu lieben und ihr zu helfen. Auf dieser Grundlage können wir uns die Ursachen für den Zustand unseres Planeten anschauen. Die Medien sind voll von Nachrichten über globale Erwärmung und Klimaveränderungen, wissenschaftlichen Erklärungsmodellen, theoretischen Prognosen, Angst machenden Vermutungen, was in 13,15 oder 20 Jahren mit der Erde geschehen wird. Die folgenden Erkenntnisse und Informationen über den schädlichen Einfluß der technischen Mikrowellen auf das Wasser dienen dazu, Ihnen eine andere Sichtweise über die Auswirkungen einer widernatürlichen Technologie in ihrer vielfältigen Nutzung zu vermitteln. Lassen Sie sich anregen, ermutigen und ermuntern, selbst zu forschen und nicht mehr zu warten, bis die Wissenschaftler es für Sie tun. Gesunder Menschenverstand

---

67 LMW Quelle ZeitenSchrift Verlag / Link im Quellverzeichnis / Blatt 1 von 6.

139

>> (68) und Herzintelligenz sind gefragt! Um ein Verständnis über die Auswirkungen technischer Mikrowellen auf das Leben und unsere Gesundheit zu bekommen, müssen wir die Grundlagen, Funktionen und Gesetze des Wassers in der Erde, für die Natur und in unserem Körper erkennen und verstehen. Dieser Artikel kann hierbei nur die wesentlichsten Erkenntnisse weitergeben.

Die wichtigsten Aufgaben des Wassers

Warum besteht die Erde aus etwa achtzig Prozent Wasser? Warum brauchen wir täglich drei bis vier Liter gesundes, klares Trinkwasser? Wie entsteht neues Leben auf der Erde? Warum wachsen Babys im Fruchtwasser auf? Warum regnet es? – Was antworten Sie den Kindern, wenn sie solche oder ähnliche Fragen stellen?

1. Wasser dient dem Informationsfluß und der Kommunikation in und zwischen allen lebendigen Organismen auf und in der Erde. Jede der ungefähr 70 Billionen intelligenten Zellen in Ihrem Körper badet im Wasser. Unzählige Botschaften werden in jeder Sekunde von Zelle zu Zelle gesendet, und Wasser ist der Mittler, zusammen mit den Glykoproteinen auf der Zelloberfläche. Unser Blut besteht zu 92 Prozent aus Wasser, unser Gehirn zu 90 Prozent mit der logischen Schlussfolgerung, je mehr lebendiges, gesundes und reines Wasser Sie trinken, desto klarer können Sie denken, fühlen und handeln. Wie funktioniert nun die Informationsübertragung in der Natur? In der Sonne ist das gesamte kosmische Wissen für alles Leben enthalten. Sie repräsentiert das Feuerelement, den Geist des Lebens, den Göttlichen Willen, die Liebe und die Weisheit. Die Luft und das Wasser nehmen diese Informationen auf und speichern sie, um sie der Natur bereitzustellen, wann und wo immer sie gebraucht werden, alles in Lichtgeschwindigkeit.

Das Element Erde mit all den Elementarwesen bringt dieses Wissen in die unzähligen Formen, die uns Menschen als Geschenke und zum Nutzen bereitstehen. Das brachte Viktor Schauberger zu der Aussage: „Nur aus den Äußerungen bewegten Wassers können einige Schlüsse gezogen werden. Die tieferen Gesetzmäßigkeiten sind aber im Inneren des Organismus Erde und in gebundener Form im Inneren der Formen verborgen"<<.

---

68 LMW Quelle ZeitenSchrift Verlag / Link im Quellverzeichnis Blatt 2 von 6.

>> (69) 1. Das Informationssystem der Erde arbeitet auf der Grundlage der beiden Kräfte Magnetismus (+), der männlichen und Elektrizität (–), der weiblichen Energie. Daraus ergibt sich ein elektromagnetisches Potential, das mit allem Leben in Resonanz steht. Die Natur arbeitet mit unterschiedlichsten Frequenzen, um die Fülle an Informationen weiterzutragen, und der Informationsfluß erfolgt immer durch Gleichstrom. Ein einzelnes Wassermolekül besteht aus einem negativ geladenen Sauerstoffatom (O) und zwei positiv geladenen Wasserstoffatomen (H) und wäre alleine aufgrund der geringen Größe bei Zimmertemperatur gasförmig. Erst die Verbindung mehrerer Moleküle zu der sogenannten Clusterstruktur macht das Wasser flüssig. Diese Tatsache beruht auf der Wasserstoffbrückenbindung, die lebenswichtige, elektromagnetische Verbindung (Liebe) zweier Wassermoleküle. Also im Klartext: „Ohne die Wasserstoffbrückenbindung wäre Wasser gasförmig und wir hätten kein Leben auf der Erde" hatte schon der Chemiker und Nobelpreisträger Linus Pauling erkannt.

Der Dipolcharakter des Wassers, in Verbindung mit dem lebenswichtigen Salz in unserem Organismus, ermöglicht dem Wasser eine hervorragende Antennenfunktion und eine vorzügliche elektromagnetische Leitfähigkeit. In den sich räumlich ausbildenden Clusterstrukturen (Molekülhaufen) ist Wasser in der Lage, Informationen zu speichern.

Die Clusterstrukturen sind keine starren Verbindungen, sie sind in einem lebendigen, sich ständig wandelndem Zustand, abhängig von den Informationen. Wasser steht mit allem in Resonanz, was der Mensch tut. Jede Information wird vom Wasser aufgenommen. Darauf beruht das unumstößliche Naturgesetz, daß alles mit allem verbunden ist und alles, was ich tue, einen Welleneffekt hat. Wasser hat ein Gedächtnis, wie der Naturforscher Johann Grander, einer der bedeutendsten Wasserforscher der Gegenwart, durch seine wertvolle Arbeit belegt. Eine weitere absolut lebenswichtige Tatsache ist, daß in jedem gesunden Wasser eine gesunde Mikrobiologie mit unzähligen intelligenten Mikroorganismen lebt, und diese sind abhängig von einer elektromagnetisch stabilen Wasserstoffbrückenbindung. Das macht Wasser zum Herzstück des Immunsystems aller lebenden Organismen, einschließlich unserer Mutter Erde!<<.

---

69 LMW Quelle ZeitenSchrift Verlag / Link im Quellverzeichnis Blatt 3 von 6.

>> *(70) Wird die Bindung instabil oder gar zerstört, gerät die Mikrobiologie aus dem Gleichgewicht und das Wasser wird schal, träge und beginnt zu faulen. Es verliert an Kraft und Energie und mehr und mehr die Fähigkeit der präzisen und schnellen Informationsübertragung. Das hat enorme Konsequenzen für die Immunfunktionen und die weiteren Aufgaben des Wassers in Ihrem Körper und im Körper von Mutter Erde:*

2. Die Bereitstellung der Energie. 80 Prozent unserer täglichen Lebensenergie wird durch den Wasserstoffwechsel (Hydrolyse) an der Zellmembran bereitgestellt. Das funktioniert nur perfekt mit einer intakten Wasserstruktur.

3. Die Aufrechterhaltung aller Stoffwechselprozesse verlangt die Fähigkeit, Informationen aufzunehmen, zu speichern, zu transportieren und weiterzugeben. Das erfordert höchste Intelligenz, Unterscheidungsvermögen und Perfektion.

4. Bindemittel für jede Zellstruktur. Wir trocknen aus, wenn wir kein Wasser trinken. Faltenbildung ist ein anschauliches Beispiel für einen Strukturverfall bei Wassermangel.

Die Wasserstoffbrücke ist ebenfalls eine elektromagnetische Verbindung der Basenpaare in der DNA. Unser ganzer genetischer Bauplan in unseren Zellen ist abhängig von der Wasserstoffbrückenbindung.

Hochfrequente technische Strahlung zerstört sie und löst Doppelstrangbrüche der DNA aus (was mit der Reflex-Studie erkannt und bewiesen wurde). Aus diesem Grund werden Mikrowellen in der Gentechnik zur Manipulation der genetischen Informationen eingesetzt.

5. Der Abtransport von Abfallstoffen und Giften. Die meisten Krankheiten beginnen mit der Unfähigkeit, den täglich anfallenden Zellabfall und die aufgenommenen Gifte auszuscheiden mit einer daraus entstehenden Übersäuerung des Körpers.

6. Wärmespeicher und Kühlmittel. Der Wasserhaushalt, zusammen mit Ihrer in der linken Herzkammer brennenden Herzflamme regelt Ihre Körpertemperatur. Gleiches gilt auch für den Organismus Erde. Eine Überhitzung des Körpers durch einen gestörten Kühlmechanismus führt zu akuten Entzündungen und eines Tages zu chronischer Krankheit<<.

---

70 LMW Quelle ZeitenSchrift Verlag / Link im Quellverzeichnis Blatt 4 von 6.

>> (71) 7. Wasser ist der Sitz der Gefühle. Die moderne Wissenschaft hat nicht die geringste Vorstellung, welche Auswirkungen eine zerstörte Wasserstoffbrückenbindung auf unsere Welt der Gefühle hat. Mitgefühl ist eine Qualität des Lebens, die uns mit der Welt der Tiere und Pflanzen und der für die meisten Menschen unsichtbaren Gegenwart der Elementarwesen und Engel verbindet. Wird die Struktur des Wassers zerstört, verlieren wir die Fähigkeit zu fühlen, mit all den sichtbaren Folgen menschlichen Handelns und Denkens in der heutigen Welt. Wir trennen uns an genau dieser Stelle von Gott ab, denn Gott und seine Boten muß man in erster Linie fühlen.

Wasser – Verbundnetz der Kommunikation

Unser vegetatives Nervensystem und alle damit verbundenen sieben Drüsen stehen direkt in engem Energie- und Informationsaustausch mit dem uns umgebenden Wasser. Sie sind die Schleusen, über welche die Körperflüssigkeiten Blut, intra- und extrazelluläres Wasser, Gehirnflüssigkeit, Spermaflüssigkeit und Fruchtwasser mit der Umwelt kommunizieren.

Die ausgesendeten Samen des Mannes brauchen eine stabile Struktur in der Samenflüssigkeit, um ihr Ziel zu erreichen, das menschliche Fortbestehen zu sichern. Das gesamte Grundwasser in der einzigartigen Zusammenarbeit mit den Bäumen und Pflanzen der Erde, die Flüsse, die Ozeane, das Erdöl in den tieferen Erdschichten und auch die wasserhaltige Atmosphäre sind die Körperflüssigkeiten unseres Planeten und stellen ein genial funktionierendes Verbundnetz dar, über das alles Leben miteinander kommuniziert.

Dank dieses Netzes ist der Mensch in der Lage, Beziehungen mit der Natur aufzubauen und zu erhalten. Die Körperflüssigkeiten aller Lebewesen stehen in Resonanz mit dem elektromagnetischen Feld der Erde. Der Bauplan für unsere Körper beruht auf einem vom Schöpfer perfekt organisierten elektromagnetischen System, und eine der wichtigsten Elemente zur Erhaltung dieses Planes ist das Wasser, lebendiges Wasser mit einer stabilen Struktur und einer gesunden Mikrobiologie. Elefanten nutzen durch Aussenden tiefer Töne das Grundwasser als Kommunikationsmittel über mehrere Kilometer. Wale, Delphine und viele Meeresbewohner kommunizieren über das Medium Wasser über Tausende

---

71 LMW Quelle ZeitenSchrift Verlag / Link im Quellverzeichnis Blatt 5 von 6.

von Kilometern.

Bäume sind Mittler zwischen Himmel und Erde. Sie halten das Gleichgewicht zwischen dem inneren Wasserkreislauf (Grundwasser) und dem äußeren atmosphärischen Kreislauf aufrecht<<.

>> (72) Bäume kommunizieren über das Wasser mit ihrer Umgebung. Es gibt endlos viele Beispiele in der Natur zu entdecken. Der Mensch könnte das Wasser ebenso nutzen, durch Telepathie und den Ferntastsinn. Stattdessen sind wir Menschen dabei, durch technische, hochfrequente Mikrowellen das lebensnotwendige Verbundnetz des Wassers zu zerstören<<.

Wasser in seiner schönsten Form

Wissenswerte Grundlagen von dritter Seite!
Diverse Artikel von dritter Seite waren mit ausschlaggebend für dieses Buch und die möchte ich Ihnen nicht vorenthalten. Warum sollte man auch das Rad noch einmal neu erfinden, wenn alles dazu schon vorhanden und auch so geschrieben steht. Dies gilt insbesondere für die im Buch abgebildeten

---

72 LMW Quelle ZeitenSchrift Verlag / Link im Quellverzeichnis Blatt 6 von 6.

und hervorragenden Berichte zur Problematik des Elektro-Smogs. Ich danke dem Team des **ZeitenSchrift-Verlages** und allen Menschen, die hinter **diagnose:funk** stehen, sowie allen anderen, die mir diese Vorlagen geliefert haben, von ganzem Herzen! PS: Sämtliche Quellen mit den entsprechenden Links finden Sie im Quellenverzeichnis.

Glorreiche Idee zum Verschwinden des Wassers?

Da könnte man doch glatt auf die glorreiche Idee kommen, dass wir dadurch überhaupt kein Problem mehr mit der Klimakatastrophe und dem dazugehörigen Anstieg des Meerwasserspiegels haben. Nur das glaubt auch nur der, der absolut kein Wissen dazu besitzt. Würde man doch dabei tatsächlich übersehen, dass als erstes unser Süßwasser verdampft, indem der E-Smog zunächst nur diese Wasserstoffbrückenbindungen angeht. Und schon haben wir das nächste Problem geschaffen. Weil die Erde gerade mal wenige Prozent des gesamten Wasservorrates als Süßwasser besitzt. Und genau dies würde sich zu aller erst auflösen, durch unsere permanente Nutzung der vorhandenen Funkwellentechnologie. Wie bereits angesprochen, bestehen die zwei Hauptbestandteile des Wassers aus Wasserstoff und Sauerstoff. Diese beiden Gase werden aber nicht mehr als Regen zurückkommen, weil dies physikalisch nicht mehr möglich ist. Kommt es erst einmal zur Auflösung der Wasserstoffbrücken im Süßwasser, dann ist das endgültige Endprodukt nur noch Gas! Dem Anstieg des Salzwasser -

Wird das Internet, samt Meinungsbildung, bald zur Verschlusssache?

Meeresspiegel wird dies in keinem Fall berühren, da der von völlig anderen

Faktoren abhängig ist. Nur unseren unbändigen Durst, nach Süßwasser, werden wir dann wohl etwas einschränken müssen. Somit wären wir wieder einmal bei meinem alten Spruch gelandet. „Wissen ist Macht, und nicht Wissen macht in diesem Falle wirklich alles aus".

Die 5G Apokalypse droht!

Die europaweiten Gesetzgeber planen für alle Kommunen, Straßen und Autobahnen ein sogenanntes 5G-Netz. Dieses wird mit tausenden WLAN – Hotspots lückenlos vernetzt sein. Die schier unglaublichen Folgen daraus: Eine Strahlenbelastung, wie wir sie noch nicht erlebt haben und die digitale Überwachung für alle. Dieses elektronische Machwerk gefährdet nicht nur unsere Gesundheit, sondern auch die „offizielle" Demokratie und das Klima. Unüberschaubare Risiken für Leib und Leben sind somit vorprogrammiert.

Wobei diese geplante Überwachung zunächst ganz unscheinbar und in mehreren kleinen Stufen aufgebaut und danach ausgebaut wird.

Im Vorlauf dazu werden alle erdenklichen Vorzüge für uns Menschen, höchst werbeträchtig präsentiert. Dies ist wahrlich keine Hellseherei, das ist logisches Denkvermögen. Die Matrix lässt schön grüßen.

Anmerkung: Das selbstfahrende Auto, wird von uns allen angeblich gewollt. Mich hat bis heute keiner gefragt. Sollte ich aber tatsächlich einmal auf den Spaß des eigenen Fahrens verzichten, hätte ich mein Leben wohl nicht mehr im Griff und dann brauch ich auch kein Auto mehr.

Oh Orwell, das konntest sogar Du Dir nicht einmal mehr vorstellen, und dass keine hundert Jahre nach Dir!

Überwachung für jeden von uns!

Zitat (73): >> *Die Machbarkeit ist bereits gegeben!*

Diese Experimente werden für uns alle unabsehbar sein. Da gerade eben „nicht" der Gesetzgeber überwacht, sondern seine SUB-Unternehmer, die Netzbetreiber. Da kommen sowohl ausländische wie inländische Investorengruppen in Betracht. Und ausgerechnet die Chinesen, die für ihre hohen Demokratieansprüche bereits sehr bekannt sind, haben sich für dieses Abenteuer mit uns bereits beworben. Da sie im Bereich der Überwachung und dem Ausspionieren von ganz normalem Menschen, über sehr viel Erfahrung verfügen. Sollten die den Zuschlag bekommen, so

---

73 Quelle S158 A / diagnose:funk / Link im Verzeichnis / Download 24.02.2019.

müssen wir uns dahingehend auf einiges gefasst machen, was die Auslegung der „Neuen" Demokratie für uns zu bedeuten hat. Derartige SUB-Unternehmer steuern dann, denn für sie wichtigen Informationsfluss. Sowohl über Dich, mich und alle erdenklichen Firmen in unserem Kulturkreis. Da solche Unternehmen bereits über die Hardware und darüber hinaus über die notwendige Software verfügen, haben die eine sehr große Erfolgschance. Hier, unmittelbar vor Ihrer und meiner Haustür, mit ihrer Bewerbung als Planer, Ausrüster und Betreiber solcher 5G Funknetze zum Zug zu kommen <<.

Ist das SMART?

Zitat (74) >> Smart City, Smart Country, Smart Mobility, Smart Home, Smart School - alle Vorgänge der Gesellschaft sollen über Daten und Algorithmen gesteuert werden.

*Das Ziel: In Echtzeit von jedem zu wissen, was er tut und wo er sich befindet. Dafür wird mit **Reality Mining** (Reales schürfen/suchen nach personenbezogenen Daten) und Big Data von allen Bürgerinnen ein digitales Profil erstellt. Überwachungskameras mit Gesichtserkennung, Mikrofonen und Software zur Erkennung des Verhaltens aller BürgerInnen werden unter dem Deckmantel der Sicherheit installiert. Diese Digitalisierung ist der Umbau der Kommunen um von Orten der Demokratie zu überwachten Zonen.*

__Für diese komplette Überwachung werden sowohl der Datenschutz, die Grundrechte und die Privatsphäre aller Menschen Stück für Stück ausgehebelt und aufgehoben.__

5G, Smart City und die Digitalisierung daraus, ist ein unmittelbarer Angriff auf unsere Grundrechte!

Um die Daten aller Kommunikations- und Lebensvorgänge zu erfassen, werden rund 240 Neue Satelliten benötigt, des Weiteren sollen in Deutschland mehrere hunderttausend (100 000) neue Mobilfunk - Sendeanlagen gebaut werden.

*In den Städten könnte alle 100 Meter ein **5G - Sender** installiert werden - für die Pläne der Autokonzerne zum autonomen Fahren, für die Erfassung Millionen neuer Haushaltsgeräte des Internets der Dinge. Dadurch wird die*

---

74 Quelle S158 B / diagnose:funk / Link im Verzeichnis / Download 25.03.2019.

Umwelt in einem Meer künstlicher, gesundheitsschädlicher elektromagnetischer Felder ertränkt. Die dabei entstehenden Gesundheitsschäden sind für uns und unsere Umwelt vorprogrammiert<<.

Smart City ist ein zusätzlicher Klimakiller.

>> *(75)* **Zitat** >> *Mehr Konsum, mehr Klimaschäden, mehr Kriege um Rohstoffe! Ständig neue Smartphone-Modelle überschwemmen die Märkte. Millionen neue funkende Haushaltsgeräte im smarten Zuhause (Smart Home) und autonome Autos sollen über 5G und WLAN vernetzt werden. Dadurch explodiert nicht nur der Datenverkehr, sondern auch der Energie- und Ressourcenverbrauch. Effizienzsteigerungen neuer Produkte werden durch den Rebound Effekt (Wegwerfeffekt) zunichtegemacht. Es geht um Wachstum und Milliarden Profite. Die Rohstoffausbeutung und Klimakatastrophe werden beschleunigt* <<.

Wissenschaftliche Erkenntnisse und Grundlagen

Im Folgenden wird die offizielle Pressemitteilung von Diagnose-Funk e.V. vom **20.07.2011 zu der Doktorarbeit von** Khubnazar, Leila Violette vorgelegt.

Zitat >> *THEMA der Doktorarbeit:* **DNA-Strangbrüche in humanen** *(menschlichen)* **HL-60 Promyelozytenleukämiezellen zur Einschätzung biologischer Wirkung nach Exposition** *(ausgesetzsein)* **mit hochfrequenten elektromagnetischen Feldern** *(Funkwellen mit einer Handy- oder WLAN - Frequenz) (2450 MHz), Charité Berlin 15.12.2006)*<<.

Anmerkung von mir: 2006 steht es bereits fest, dass es zu DNA - Brüchen kommen kann. Unglaublich, unvorstellbar, und mit nichts was es gibt, zu rechtfertigen. Wie viel Leid hätte man seitdem verhindern können?

Zu den Fachausdrücken bitte nicht erschrecken. Es ist alles immer noch im lesbaren Bereich und es geht nicht nur um die Fachausdrücke, sondern um den Inhalt an sich. Bereits dieser lässt sehr weit blicken. Um aber die Artikel nicht aus dem Kontext zu nehmen, wurden sie in ihrer vollen Länge abgebildet. Die Fachleute der Mobilfunkindustrie dürften hier nicht sehr begeistert sein, wenn Sie ihn erst einmal gelesen haben!

---

75 Quelle S158 B / diagnose:funk / Link im Verzeichnis / Download 25.03.2019.

Angebliche Fälschung einer Doktorarbeit?

Zitat (76): >> *SPIEGEL und Süddeutsche Zeitung reden vorschnell von Fälschung und fallen auf eine Rechtfertigungskampagne des industrienahen Forschers Prof. Alexander Lerchl herein.*

>> *(77) Der Berliner Tagesspiegel, Spiegel und die Süddeutsche Zeitung berichteten letzte Woche im Tenor „Manipulationsvorwürfe gegen Handystudie" über einen angeblichen Fälschungsskandal an der Berliner Charité. Ihre Informationen gehen auf Prof. A. Lerchl zurück, der eine 2006 abgeschlossene Doktorarbeit am Institut von Prof. Tauber an der Charité analysierte. In ihr sollen experimentelle Daten gefälscht sein, behauptet Prof. Lerchl, Mitglied in der Deutschen Strahlenschutzkommission.*

Ungeprüft werden diese Behauptungen Prof. Lerchls in diesen Zeitungen übernommen. In der angegriffenen Doktorarbeit wurde nachgewiesen, dass elektromagnetische Wellen unterhalb der geltenden Sicherheitsgrenzen fähig sind, in bestimmten Zellen DNA-Strangbrüche zu erzeugen. Somit sei anzunehmen, dass sie auf verschiedene Zellsysteme eine krebserregende Wirkung ausüben können.

Diese Doktorarbeit spielte in der wissenschaftlichen Diskussion bisher keine Rolle, weder als Beleg für die Schädlichkeit von Handystrahlung noch wurde sie in Fachzeitschriften veröffentlicht oder zitiert. Ob die Daten dieser Doktorarbeit stimmen, wurde bisher von keinem unabhängigen Gutachter überprüft. Es steht lediglich die Behauptung von Prof. Lerchl im Raum.

Ob die Anschuldigungen gegenüber der Verfasserin der Doktorarbeit zutreffen, muss eine unabhängige Kommission entscheiden. Statt in wissenschaftlicher Korrespondenz offene Fragen zu klären, inszeniert Prof. Lerchl einen medialen Skandal offensichtlich mit dem Ziel, die REFLEX – Studien, mit denen das gentoxische Potential der Mobilfunkstrahlung nachgewiesen wurde, weiterhin anzugreifen.

Dafür dient ihm der Hinweis, am Institut von Prof. Tauber, an dem die Doktorarbeit verfasst wurde, seien auch Teile der REFLEX - Studie durchgeführt worden. Über die Medien lässt er die Parallele zur REFLEX - Studie ziehen. Die Ergebnisse der REFLEX - Studie sind der Industrie ein Dorn im Auge und Prof. Lerchl versuchte über Jahre vergebens, die Ergebnisse der REFLEX - Studie durch Fälschungsvorwürfe zu neutralisieren. Die nun neu angegriffene Doktorarbeit hat mit dem REFLEX

---

76 Quelle S160 A3 / diagnose:funk / Link im Verzeichnis / Blatt 1 von 3.
77 Quelle S160 A3 / diagnose:funk / Link im Verzeichnis / Blatt 2 von 3.

– Projekt nichts zu tun. Die Versuche wurden sowohl an einer anderen Befeldungsanlage als auch mit anderen Frequenzen durchgeführt. Von dieser Doktorarbeit auf das REFLEX - Projekt zu schließen, ist ein weiterer Versuch zur Täuschung der Öffentlichkeit<<.

>> (78) Dass das Institut Tauber nun Prof. Lerchl als Gutachter bestellte, bedeutet den Bock zum Gärtner machen. Der ganze Vorgang scheint eine wiederum vergebliche Reaktion Prof. Lerchls auf den Niedergang seiner wissenschaftlichen und politischen Reputation.

Mit seinem Versuch, die in Wien durchgeführten Teile der REFLEX - Studie als gefälscht darzustellen, scheiterte er schon einmal. Seine Vorwürfe wurden von der österreichischen Agentur für Wissenschaftliche Integrität (OEWI) und von COPE (Commitee On Publication Ethics) zurückgewiesen, ebenso weigerten sich die int. Fachzeitschriften, die Studien zurückzuziehen. Prof. Lerchl stand als Verleumder da, der mit rigiden Methoden Rufmord an Fachkollegen beging. Dies wurde ausreichend dokumentiert.

Unter anderem wird dies in einer neuen Broschüre der Kompetenzinitiative e.V. detailliert aufgedeckt:

„Strahlenschutz im Widerspruch zur Wissenschaft".

Des Weiteren wurde Prof. Lerchl die Aufnahme in die IARC - Kommission der WHO, die das krebserregende Potential EMF beurteilen sollte, verweigert.

Begründung: seine Lobbyistischen Tätigkeiten.

Dieser Ausschluss ist ein Super-GAU für den deutschen Strahlenschutz: Die WHO lehnt den höchsten deutschen Re-präsentanten im Bereich Mobilfunk wegen Befangenheit ab. Somit ist Prof. Lerchl in der Wissenschaftscommunity inzwischen isoliert und als Lobbyist klassifiziert.

Es stellt sich die Frage an die Bundesregierung, wie lange sie es dem Steuerzahler noch zumutet, dass der Strahlenschutz in den Händen eines Lobbyisten liegt, der seine Aufgabe nicht im Schutz der Bevölkerung vor der wachsenden Strahlenbelastung sieht, sondern in einem Kreuzzeug gegen alle Studien, die gesundheits-gefährdende Effekte finden und der zielstrebig die Unbedenklichkeit der Mobilfunkstandards propagiert<<.

>>Quelle S160 A3<<

---

78 Quelle S160 A3 / diagnose:funk / Link im Verzeichnis / Blatt 3 von 3.

Ein Interview , dass es in sich hat!

Das Strahlungskartell
von Jens Wernicke (79)

Zitat (80) >> anerkannte wissenschaftliche Studien aus der ganzen Welt bestätigen, was viele Betroffene längst vermuten: Mobilfunkstrahlung macht krank. Die Sendeanlagen für Mobilfunk und W-LAN können Krebs, Herz-Kreislauf-Erkrankungen, Erbgutschäden, degenerative Erkrankungen, neurologische und psychische Veränderungen verursachen. Die Mobilfunkindustrie behauptet jedoch das glatte Gegenteil: die aktuellen „Grenzwerte" wären Sicherheit genug. Ein neuer Film rekonstruiert nun im Detail, wie diese „Grenzwerte" zustande kamen und in wessen Interesse bestimmte Studien bis heute gezielt attackiert und unterschlagen werden. Zahlreiche Wissenschaftler kommen zu Wort, ebenso Insider aus WHO, EU und nationalen Regierungen. Ihr Resümee ist einhellig: Mobilfunkstrahlung macht krank – diese Wahrheit wird jedoch vom „Strahlungskartell" unterdrückt.

Jens Wernicke sprach mit dem Mediziner, Hochschullehrer und Mobilfunkkritiker Franz Adlkofer zu Thema und Film.

JENS WERNICKE: *Herr Adlkofer, Sie sind einer der renommiertesten Kritiker der inzwischen gigantischen Mobilfunkindustrie, die, schenkt man den Darstellungen des Films „Das Strahlungskartell" glauben, alles dafür tut, um „geschäftsschädigende Kritik" an ihrem Wirken zu unterdrücken und mundtot zu machen. Worüber sprechen wir hier? Was ist das Problem an Mobilfunk sowie am „Strahlungskartell"?*

FRANZ ADLKOFER: *Auch wenn ich in diesem vorkomme, habe ich ihn, da er gerade erst auf DVD erschienen ist, selbst leider noch nicht sehen können. Der Überschrift „Das Strahlungskartell" und den Einführungssätzen entnehme ich, dass über die Netzbetreiber nicht viel Gutes berichtet wird. Dafür habe ich großes Verständnis. Wie sie ihre Interessen durchsetzen, ist mit dem Begriff „institutionelle Korruption", die sich im Grenzbereich zwischen legal und illegal bewegt, höchst unzureichend beschrieben<<.*

---

79 QUELLE S 163 / Autor Herrn Jens Wernicke selbst auf kenfm.de publiziert am 28.11.2016, Lizenz: KenFM / Download am 03.03.2019 / Blatt 1 von 12.
80 Quelle S 163 / A3 diagnose:funk / Link im Verzeichnis /

>> *(81) Im Umgang mit mir scheute man jedenfalls auch vor kriminellen Methoden nicht zurück, um mir meine Glaubwürdigkeit zu nehmen, was so ziemlich das Schlimmste ist, was einem Wissenschaftler geschehen kann.*

Zur Sache: Der Schutz der Menschen vor der Hochfrequenzstrahlung, wie er seit den fünfziger Jahren des letzten Jahrhunderts zunächst vom US-Militär und nach Beendigung des Kalten Krieges von der Strahlenindustrie jeweils im Einverständnis mit der Politik propagiert wird, beruht auf einer großen Lüge. Die damals entstandenen und heute noch geltenden Grenzwerte sind nämlich nicht mehr und nicht weniger als ein Phantasieprodukt, mit dem das Militär seine technischen und die Strahlungsindustrie ihre wirtschaftlichen Interessen zu schützen verstand.

Menschen, die dieser Strahlung ausgesetzt sind, schützen diese Grenzwerte lediglich vor Verbrennungen, wovor sich jeder Betroffene allerdings auch von sich aus schützen würde, weil Verbrennungen schmerzhaft sind. Beim Schutz vor strahlungsbedingten Erkrankungen, die bereits weit unterhalb der Grenzwerte auftreten können und sich in aller Regel langsam entwickeln, sind diese Grenzwerte ohne jede Wirkung.

Seit Jahrzehnten wird der profitable Status quo aufrechterhalten, indem wie im Deutschen Mobilfunk-Forschungsprogramm Pseudoforschung gefördert und echte Forschung behindert wird. Forschungsmittel werden bevorzugt an willfährige Wissenschaftler mit der richtigen Meinung unter Kontrolle der Mobilfunkindustrie vergeben, unabhängige Forscher erhalten nur Fördermittel, wenn die von ihnen zu erwartenden Ergebnisse mehr oder weniger bedeutungslos sind. Schlimmer noch: Diese Wissenschaftler werden dann benutzt, um zu zeigen, dass bei der Vergabe der Forschungsmittel alles mit rechten Dingen zuging. Und die Politik – sei es, dass sie nichts davon bemerkt oder mit allem einverstanden ist – hüllt sich in Schweigen. Wer dies alles öffentlich zu sagen bereit ist, braucht sich – wie ich als Betroffener versichern kann – über den Umgang, den er hiernach von der Mobilfunkindustrie, ihren Söldnern aus der Wissenschaft und darüber hinaus auch von der Politik erfährt, nicht zu wundern<<.

---

81 QUELLE S163 / Autor Herrn Jens Wernicke selbst auf kenfm.de publiziert am 28.11.2016, Lizenz: KenFM / Download am 03.03.2019 / Blatt 2 von 12.

>>(82) *JENS WERNICKE: Das scheint im Moment ein weit verbreitetes Phänomen zu sein, das ebenso und Wissenschaft betrifft und beispielsweise beim Thema Pestizide bereits verheerende Folgen gezeitigt hat. Was genau ist bezüglich der Mobilfunkstrahlung denn der Aktuelle Forschungs- und Wissensstand?*

FRANZ ADLKOFER: Gegenwärtig steht für mich mit an Sicherheit grenzender Wahrscheinlichkeit fest, dass die Mobilfunkstrahlung bei Langzeit- und Häufig-Nutzern des Mobiltelefons Hirntumore verursachen kann.

Weniger überzeugend erscheint mir aktuell die Beweislage für die vielen anderen Erkrankungen, auf die im Film „Das Strahlenkartell" hingewiesen wird. Doch die Chancen, dass eines Tages auch dafür die erforderlichen Belege erbracht werden, stehen durchaus gut.

Dass es unter den Menschen, die sich als elektrosensibel bezeichnen und die bereits auf niedrigste Strahlenbelastungen mit Krankheitssymptomen reagieren, viele gibt, die tatsächlich elektrosensitiv sind, erscheint mir ebenfalls als weitgehend gesichert.

JENS WERNICKE: Und das ist alles seriös abgesichert und mit Studien hinterlegt?

FRANZ ADLKOFER: Ja. Dass wir wohl in absehbarer Zeit wohl mit einem nicht mehr übersehbaren Anstieg von Hirntumoren rechnen müssen, habe ich in meinem Artikel „Neues von der NTP-Studie" begründet.

Was den unbefriedigenden Stand des Wissens über Erkrankungen auch anderer Organe oder Systeme des Menschlichen angeht, worauf zahlreichen Publikationen hinweisen, ist dies vor allem der einseitigen Forschungsförderung und damit der Forschungsbehinderung durch Industrie und Politik geschuldet.

JENS WERNICKE: In den Medien wird ja in aller Regel das genaue Gegenteil dargestellt: alles sei sicher, die Kritiker wären nicht recht bei Verstand etc.

---

82 QUELLE S163 / Autor Herrn Jens Wernicke selbst auf kenfm.de publiziert am 28.11.2016, Lizenz: KenFM / Download am 03.03.2019 / Blatt 3 von 12.

>> *(83) FRANZ ADLKOFER: Der Einfluss der Mobilfunkbetreiber auf die Medien, selbst auf die besonders elitären, die voller Stolz auf den eigenen hohen moralisch-ethischen Standard verweisen, ist überwältigend.*

Sie drucken alles ab, was ihnen von Wissenschaftlern vorgetragen wird, die offen oder verdeckt mit der Mobilfunkindustrie zusammenarbeiten. Diese Wissenschaftler stellen sich bei ihnen in der Regel als Mitglieder wichtiger nationaler und internationaler Beratungs- und Entscheidungsgremien vor, in denen sie aufgrund ihrer richtigen Meinung von der Politik auf Wunsch der Mobilfunkindustrie untergebracht wurden.

Im Gegensatz zu den zwecks Erhöhung ihres Marktwertes mit Amt und Würden ausgestatteten Söldnern des Strahlungskartells werden Erkenntnisse unabhängiger Wissenschaftler, die sich nur dem eigenen Gewissen verpflichtet fühlen, völlig ignoriert. Sie selbst werden als Außenseiter angesehen oder schlichtweg als Verrückte diffamiert.

JENS WERNICKE: Warum wissen wir als Verbraucher so wenig über die Auswirkungen der steigenden Strahlenbelastung?

FRANZ ADLKOFER: Jeder Mensch, der wirklich wissen möchte, was da geschieht, hätte hinreichend Gelegenheit, sich über die möglichen gesundheitlichen Risiken der Hochfrequenzstrahlung zu informieren.

Nur wenige machen jedoch davon Gebrauch, zum einen, weil sie sich nicht mit Wissen belasten möchten, das ihren Umgang mit dieser sehr hilfreichen und deshalb zu Recht geschätzten Technologie beeinträchtigen könnte. Zum andern tun sie es auch deshalb nicht, weil ihnen von der Mobilfunkindustrie und ihren Interessensvertretern aus der Wissenschaft, aber auch von der Politik seit Jahren vorgegaukelt wird, dass die Technologie bei Einhaltung der Grenzwerte absolut harmlos sei.

Die Medien tragen zu dieser Fehlinformation der Bevölkerung zu einem erheblichen Teil bei. Offensichtlich erwarten sie für ihre Zurückhaltung bei der Darstellung der Risiken der Hochfrequenzstrahlung von der Mobilfunkindustrie Gegenleistungen<<.

---

83 QUELLE S163 / Autor Herrn Jens Wernicke selbst auf kenfm.de publiziert am 28.11.2016, Lizenz: KenFM / Download am 03.03.2019 / Blatt 4 von 12.

>>(84) *Das Werbebudget der Mobilfunkindustrie, dass das der Zigarettenindustrie von einst bei Weitem übertrifft, ist scheinbar für sie so verführerisch, dass sie sich bei ihrer Berichterstattung weniger der Wahrheit als den Interessen der Mobilfunkindustrie verpflichtet fühlen.*

JENS WERNICKE: *Im Film wird nun ja auch klargestellt, dass zusätzlich zu allem anderen im Hintergrund oft auch riesige PR-Agenturen agieren, die Geld dafür erhalten, kritische Forschung zu verunmöglichen und Menschen wie Ihnen mit allen Tricks und Kniffen die Glaubwürdigkeit zu entziehen...*

FRANZ ADLKOFER: *In den USA ist das ganz sicher der Fall. Das Strahlungskartell hat von der Zigarettenindustrie all die Tricks übernommen, mit denen diese die Risiken des Rauchens über Jahrzehnte hinweg so verschleierte, dass sie den Menschen weitgehend verborgen blieben.*

Teil dieser Strategie ist die Gründung angeblich unabhängiger Forschungs- und Informationszentren, die Industrieinteressen in wichtigen gesellschaftlich relevanten Bereichen möglichst unauffällig, aber wirksam vertreten. In Deutschland schuf sich die Mobilfunkindustrie für diesen Zweck zunächst die Forschungsgemeinschaft Funk, kurz FGF, die sich von 1992 bis 2009 innerhalb der wissenschaftlichen Gemeinschaft sehr erfolgreich für die Verharmlosung der Mobilfunkstrahlung einsetzte. Von 2001 bis 2015 kam das Informationszentrum Mobilfunk, kurz IZMF, hinzu, dass sich schwerpunktmäßig um die Fortbildung von Lehrern und Ärzten in Sachen Mobilfunk im Sinne der Mobilfunkindustrie bemühte.

Beide Organisationen, besonders aber letztgenannte, die über viele Jahre hinweg eng mit dem Deutschen Ärzteblatt zusammenarbeitete, waren mit ihrer Tätigkeit ausgesprochen erfolgreich, so erfolgreich, dass sie schließlich von den Netzbetreibern sang- und klanglos abgeschafft werden konnten, weil inzwischen staatliche Organisationen wie das Bundesamt für Strahlenschutz und die Strahlenschutzkommission wie von selbst ihre Aufgaben übernommen hatten<<.

---

84 QUELLE S163 / Autor Herrn Jens Wernicke selbst auf kenfm.de publiziert am
    28.11.2016, Lizenz: KenFM / Download am 03.03.2019 / Blatt 5 von 12.

>>(85) *Diese beiden staatlichen Organisationen wiederum arbeiten eng mit der WHO und der Internationalen Kommission zum Schutze vor der nicht-ionisierenden Strahlung, kurz ICNIRP, zusammen, in denen die Vertrauensleute des internationalen Strahlungskartells seit Jahren das Sagen haben.*

In Deutschland gibt es noch eine weitere Einrichtung, das sogenannte Informationszentrum gegen Mobilfunk, kurz IZgMF, dass im Widerspruch zu seinem Namen die Interessen der Mobilfunkindustrie auf ganz besondere Weise vertritt. Es ist ganztägig damit beschäftigt, Kritiker des Mobilfunks, seien es Laien oder Wissenschaftler, mit Schmutz zu bewerfen. Dies ist auch mit mir geschehen. Der Verleumdungsprozess vor dem Landgericht Berlin im Jahre 2010 lieferte dann auch die Bestätigung für die moralische Verkommenheit der Forum Betreiber. Nur die dümmsten der Dummen zweifeln noch daran, dass das IZgMF für seine Treu und Glauben vernichtende Tätigkeit von der Mobilfunkindustrie ausgehalten wird.

*Eine weitere Einrichtung, die ebenfalls auf dem Niveau des IZgMF arbeitet, ist **PSIRAM,** dessen sich die Wirtschaft insgesamt bedient, um alles, was ihren Interessen schaden könnte, als Quacksalberei, Scharlatanerie und Täuschung aus dem Wege räumen zu lassen. Psiram, das international tätig ist und sich fürsorglich im rechtsfreien Raum angesiedelt hat, sieht sich nach eigenem Bekunden dem kritischen Verbraucherschutz verpflichtet. Eine solche Möglichkeit lässt sich natürlich auch das Strahlungskartell nicht entgehen, um mit denen abzurechnen, die ihren Interessen im Wege stehen. Dies ist auch mit den Autoren der REFLEX-Studie geschehen, auf die wir gleich noch zu sprechen kommen müssen.*

Für das IZgMF und Psiram fällt mir nur noch ein: „Zeig mir deine Freunde, und ich sag dir, wer du bist."

JENS WERNICKE: *Was hat es in diesem Zusammenhang mit einem sogenannten „War Game Memo" auf sich, dass die gigantische PR-Firma Burson - Marsteller im Auftrag des „Strahlungskartelles" erstellt haben soll?*<<.

---

85 QUELLE S163 Autor Herrn Jens Wernicke selbst auf kenfm.de publiziert am 28.11.2016, Lizenz: KenFM / Download am 03.03.2019 / Blatt 6 von 12.

>> (86) FRANZ ADLKOFER: *Der Begriff War Gaming wurde meines Wissens 1994 von der amerikanischen Mobilfunkfirma Motorola geprägt, um ihrem Vorgehen gegen die Wissenschaftler Lai und Singh an der University of Washington in den USA, die gentoxische Veränderungen in Hirnzellen strahlenexponierter Ratten festgestellt hatten, einen bildhaften Namen zu geben.*

Mit dem „Kriegsspielen" gegen diese beiden Forscher sollte erreicht werden, dass sie vom Präsidenten der Universität gefeuert werden, was dieser ablehnte, und dass ihre Forschungsförderung unverzüglich eingestellt wird, was tatsächlich geschah.

JENS WERNICKE: *Von was für Strategien der „Kriegsführung" sprechen wir hier konkret?*

FRANZ ADLKOFER: *Das Vorgehen des Strahlungskartells, von dem es heißt, es sei zu groß, um unterzugehen, beruht nicht auf Witz und Verstand, sondern einerseits auf wirtschaftlicher und politischer Macht und andererseits auf der charakterlichen Schwäche allzu vieler Vertreter aus Politik und Wissenschaft, die sich gegen Einwurf kleiner Münzen willig missbrauchen lassen.*

Mit Wissenschaftlern, deren Forschungsergebnisse der Mobilfunkindustrie missfallen, wird in der Regel wie folgt umgegangen: Ihre Forschungsergebnisse werden so lange wie möglich ignoriert. Wenn dies nicht mehr gelingt, setzt die Kritik ein, die sich nach Belieben steigern lässt. Der Übergang zur Diffamierung ist dann fließend. Dabei geht es nur noch am Rande um die Forschungsergebnisse, das eigentliche Ziel sind dann die Forscher selbst. Ihr beruflicher und wirtschaftlicher und menschlicher Ruin wird, wenn es denn sein muss, dabei billigend in Kauf genommen.

All dies habe ich aus Anlass der von mir von 2000 bis 2004 koordinierten und von der EU-Kommission finanzierten REFLEX-Studie, bei der in isolierten menschlichen Zellen nach der Exposition gegenüber der Mobilfunkstrahlung unterhalb des Grenzwertes massive Genschäden festgestellt wurden, auch selbst durchlebt.

JENS WERNICKE: *Was konkret haben Sie erlebt?*

---

86 QUELLE S163 / Autor Herrn Jens Wernicke selbst auf kenfm.de publiziert am 28.11.2016, Lizenz: KenFM / Download am 03.03.2019 / Blatt 7 von 12.

>> *(87) FRANZ ADLKOFER: Als in Bezug auf die REFLEX-Studie der Phase des Ignorierens und Kritisierens kein Erfolg beschieden war, erfand Alexander Lerchl, Professor an der Vodafone geförderten privaten Jakobs University in Bremen und Vorzeigewissenschaftler sowohl von IZMF als auch IZgMF, schließlich die Geschichte, dass die REFLEX-Ergebnisse gefälscht seien.*

Ganz offensichtlich geschah dies, um zu verhindern, dass die von mir in Brüssel eingereichte und von den EU-Gutachtern zur Förderung vorgeschlagene REFLEX-Nachfolgestudie ebenfalls finanziert wird. Zusätzlich sollte erreicht werden, dass die REFLEX-Ergebnisse, die von der Mobilfunkindustrie natürlich als geschäftsschädigend angesehen wurden, aus der wissenschaftlichen Literatur zurückgezogen würden.

Während Alexander Lerchl die Förderung der REFLEX-Nachfolgestudie auf diese Weise tatsächlich verhindern konnte, scheiterte er mit seiner Forderung auf Rücknahme der REFLEX-Publikationen.
Um seiner Fälschungsbehauptung das nötige Gewicht zu verleihen, bezichtigte er eine Technische Assistentin der Medizinischen Universität Wien namentlich, die REFLEX-Ergebnisse bewusst und absichtlich gefälscht zu haben. Nach meiner und ihres direkten Vorgesetzten Überzeugung war dieser Vorwurf in jeder Beziehung unberechtigt. Nach einem letzten besonders rüden Angriff in einer Fachzeitschrift im Jahre 2014 bot ich der Technischen Assistentin, die unter den Folgen dieser Verleumdung wirtschaftlichen und gesundheitlichen Schaden erlitten hatte, eine Kostenübernahme durch die Pandora-Stiftung für unabhängige Forschung an, wenn sie sich nun zur Wehr setzen möchte.
Am 13. März 2015 bestätigte das Landgericht Hamburg Alexander Lerchl in seinem Urteil zwar, dass er sich der Verletzung der Persönlichkeitsrechte und der Ehrabschneidung der Technischen Assistentin schuldig gemacht hat. Der jedoch blieb dennoch bei seiner Behauptung, die Studie sei gefälscht<<.

---

87 QUELLE S163 / Autor Herrn Jens Wernicke selbst auf kenfm.de publiziert am 28.11.2016, Lizenz: KenFM / Download am 03.03.2019 / Blatt 8 von 12.

>> (88) *Wenn die Technische Assistentin die REFLEX-Ergebnisse aber nicht gefälscht hat, was ihm zu behaupten verboten worden war, muss es eben jemand anders gewesen sein. Ob er mit dieser Erklärung das Gericht überzeugen kann, wird sich in Kürze zeigen.*

Wegen seiner Verdienste um die Interessen der Mobilfunkindustrie wurde Alexander Lerchl von der Bundesregierung 2009 in die staatliche Strahlenschutzkommission berufen. Die Verdienste bestanden im Wesentlichen darin, dass er durch verfehlte Planung, durch verfehlte Durchführung und durch verfehlte Auswertung der ihm im Rahmen des Deutschen Mobilfunk-Forschungsprogramms übertragenen Forschungsvorhaben auch das erwünschte Nullergebnisse erzielte. Seine Verleumdungskampagne gegen die REFLEX-Studie mag mit zu seiner Wertschätzung in diesen Kreisen beigetragen haben.

Die Ernennung Lerchls zum obersten Strahlenschützer Deutschlands kann eigentlich nur als Beweis dafür angesehen werden, dass die Bundesregierung ebenso wie er selbst dem Schutz der Mobilfunkstrahlung vor ihren Kritikern Vorrang vor dem Schutz der Bevölkerung vor den Strahlenrisiken einräumt.

JENS WERNICKE: *Und die Medien – welche Rolle spielen sie in diesem Spiel?*

FRANZ ADLKOFER: *Alexander Lerchls Lügengeschichte wurde, von der nationalen und internationalen Presse, umgehend aufgegriffen und weltweit als Tatsache verbreitet. In Deutschland taten sich dabei die Süddeutsche Zeitung, die Zeit, der Tagesspiegel, der Spiegel und das Deutsche Ärzteblatt besonders hervor. Dies geschah wohl kaum aufgrund der Wertschätzung für den Gefälligkeitsforscher der Mobilfunkindustrie Alexander Lerchl, als vielmehr aus der Hoffnung heraus, dass seine Auftraggeber ihre Erwartungshaltung nicht enttäuschen würden.*

JENS WERNICKE: *Und haben Sie nicht auch selbst bereits gegen die Süddeutsche prozessiert? Worum ging es dabei und wie ging das Verfahren aus?*<<

---

88 QUELLE S163 / Autor Herrn Jens Wernicke selbst auf kenfm.de publiziert am
    28.11.2016, Lizenz: KenFM / Download am 03.03.2019 / Blatt 9 von 12.

>> *(89) FRANZ ADLKOFER: Ja, dazu sah ich mich gezwungen, weil in der Süddeutschen Zeitung Mitte 2011 in einem offensichtlich von Alexander Lerchl initiiertem Artikel mit dem Titel „Daten der Handystrahlung gefälscht?", behauptet wurde, dass die Ergebnisse, der REFLEX-Studie so nie von andern Labors reproduziert werden konnten. Dies war für mich eine unwahre Tatsachenbehauptung, mittels derer unsere Studien-Ergebnisse diskreditiert werden sollten.*

Das Landgericht Hamburg sah dies ebenso und verurteilte die Süddeutsche Zeitung, diese wahrheitswidrige Behauptung in Zukunft zu unterlassen. Die Süddeutsche Zeitung legte gegen das Urteil Berufung ein, die nunmehr seit 4 Jahren anhängig ist. Wie es aussieht, möchte man sich die Mühe der Fortsetzung des Prozesses im Hinblick auf mein fortgeschrittenes Alter von bald 81 Jahren wohl ersparen und spielt, wie es so schön heißt, „auf Zeit"…

JENS WERNICKE: Nun gibt es inzwischen mehr Mobilfunkverträge als Menschen auf unserer Welt und die Strahlenbelastung nimmt also kontinuierlich zu. Wohin steuern Welt und Gesellschaft hier, wenn das so ungehindert weitergeht?

FRANZ ADLKOFER: Diese Frage kann heute kein Wissenschaftler auch nur einigermaßen zuverlässig beantworten. Selbst wenn das Hirntumorrisiko als gesichert erscheint und mit etlicher Wahrscheinlichkeit weitere gesundheitliche Risiken hinzukommen werden, ist die entscheidende Frage, wie hoch das jeweilige Krankheitsrisiko letztes Endes sein wird, völlig ungeklärt. Diese Frage hängt vorerst wie ein Damoklesschwert über der menschlichen Gesellschaft.

JENS WERNICKE: Was halten Sie von all dem Kinderspielzeug für inzwischen selbst Ein- bis Dreijährige, dass immer häufiger funkt und strahlt; und von der Tatsache, dass immer mehr Kindergärten und Schulen – auf Wunsch von Schülern und Eltern, wie es heißt – mit WLAN und anderem ausgerüstet werden?<<.

---

89 QUELLE S163 / Autor Herrn Jens Wernicke selbst auf kenfm.de publiziert am 28.11.2016, Lizenz: KenFM / Download am 03.03.2019 / Blatt 10 von 12.

>> *(90) **FRANZ ADLKOFER:** Es gibt inzwischen Techniken, die es ermöglichen, die von WLAN ausgehende Mobilfunkstrahlung und die Persistenz dieser Strahlung über die Zeitdauer der Strahlenexposition hinaus im menschlichen Organismus nachzuweisen. Das bedeutet, dass durchaus ein kausaler Zusammenhang zwischen diesen Veränderungen und den bei strahlenexponierten Kindern und Jugendlichen inzwischen beschriebenen Verhaltensstörungen bestehen kann, was gegenwärtig vehement abgestritten wird. Solche Befunde sollten eigentlich genügen, um die Politik zu überzeugen, dass WLAN aus den Kindergärten und Schulen so rasch wie möglich verschwinden muss. Jede andere Entscheidung wäre absolut verantwortungslos, weil sie dem Schutz von Kindern und Jugendlichen auf gröbste Weise missachtet.*

JENS WERNICKE: Und welche Chancen sehen Sie, dem Strahlungskartell und seinen Machenschaften entgegenzuwirken?

FRANZ ADLKOFER: Die Chancen, den Machenschaften des Strahlungskartells entgegenzuwirken, sehe ich
1) in der wahrheitsgemäßen Aufklärung der Bevölkerung über den gegenwärtigen Stand der Forschung,
2) in der Entfernung der vom Strahlungskartell kontrollierten Wissenschaftler aus den nationalen und internationalen Beratungs- und Entscheidungsgremien,
3) in der Bereitstellung von Forschungsmitteln für die seit Jahrzehnten kaum geförderte unabhängige Wissenschaft, und
4) in der Forderung an das Strahlenkartell, ihre Technologie endlich dem menschlichen Organismus anzupassen, da der umgekehrte Weg nicht möglich ist.
Ich befürchte jedoch, dass diese Forderungen erst durchgesetzt werden können, wenn der Anstieg der strahlenbedingten Todesfälle an Hirntumoren – der zweifellos massivsten Bedrohung – nicht mehr zu übersehen ist. Wahrscheinlich werden bis dahin noch viele Jahre vergehen.

JENS WERNICKE: Gibt es etwas, das wir als Zivilgesellschaft tun könnten; was jeder von uns im Alltag berücksichtigen kann?<<.

---

90 QUELLE S163 / Autor Herrn Jens Wernicke selbst auf kenfm.de publiziert am 28.11.2016, Lizenz: KenFM / Download am 03.03.2019 / Blatt 11 von 12.

>> (91) **FRANZ ADLKOFER:** *Wie es gegenwärtig aussieht, wird die Menschheit mit der Hochfrequenztechnologie trotz der inzwischen offensichtlichen gesundheitlichen Risiken leben müssen, weil die mit ihr verbundenen Vorteile sowohl für die Gesellschaft als auch für den Einzelnen so überwältigend sind, dass man auf sie wohl nicht mehr verzichten wird. Jeder Einzelne ist deshalb gut beraten, wenn er sich ernsthaft bemüht, seine Strahlenbelastung durch den richtigen Umgang mit den entsprechenden Geräten so gering wie möglich zu halten.*

JENS WERNICKE: *Noch ein letztes Wort?*

FRANZ ADLKOFER: *Karl Friedrich von Weizäcker sagte einmal, dass es kein Problem gäbe, das nicht durch gemeinsame Anstrengung der Vernunft lösbar wäre, dass unsere politische Ordnung, unser gesellschaftlicher Zustand und unsere seelische Verfassung diese gemeinsame Vernunft jedoch fast unmöglich machen würden. Schade, dass er recht hatte.*

JENS WERNICKE: *Ich bedanke mich für das Gespräch<<.*

QUELLE S164 / diagnose:funk sowie vom Autor Herrn Jens Wernicke selbst auf kenfm.de publiziert am 28.11.2016.

Zu diesem brisanten Interview noch diese Information für Sie:

---

91 QUELLE S163 / Autor Herrn Jens Wernicke selbst auf kenfm.de publiziert am 28.11.2016, Lizenz: KenFM / Download am 03.03.2019 / Blatt 12 von 12.

Die Umsatzzahlen von heute!

Rund 8 Milliarden Handybesitzer weltweit / zum Teil mehrfach Besitzer!

480 Millionen Europäer besitzen wenigsten einen Mobilfunkvertrag.
(Meist sind es 1,65 Verträge pro Einwohner)

Dieser wird im europäischen Schnitt mit monatlich 25 € vergütet.

Ergibt somit einen durchschnittlichen europäischen Umsatz von circa:
12 000 000 000 €.

Ist gleich **12 Milliarden € Umsatz pro Monat**!
Macht im **JAHR einen Umsatz von 144 Milliarden €** aus.

Allein diese gigantischen Umsätze, für ein bisschen Telefonieren.
Dazu ein bisschen Sendestrom, mit der entsprechenden Software!
Fertig sind die MILLIARDEN – Gewinne, die aber nur zu einem Bruchteil in Europa / Deutschland versteuert werden.
Von allen anderen mobilen Endgeräten, wie WLAN-Hotspots, mobilen Tablets, mobiler Kamera und Mikrofonüberwachung und so weiter, die auch eigenständige Funkverträge darstellen, deren UMSÄTZE sind noch nicht einmal mit aufgeführt!
Da bleiben eigentlich keine FRAGEN mehr, „eigentlich"!

Wenn das keine „schlagenden" Argumente für eine besonders aggressive Werbung zum Mobilfunkbetrieb sind, dann weiß ich auch nicht mehr weiter.

Wer aber dabei regelrecht draufgeht, steht wahrlich nicht in den Sternen.
Jeder von uns kann innerhalb von Sekunden seine Gesundheit verlieren.
Die Frage lautet dann nicht mehr, ob das so passieren wird, sondern nur noch wann!

Die Realität ist geradezu erdrückend.

Von Bernd Hartmann

Zitat:(92) >> Schaden elektromagnetische Wellen von Handys, Rundfunk, Fernsehen, Strom und Mikrowellen unserer Gesundheit? Können uns Funkwellen oder elektromagnetische Strahlungen krank machen? Alles was auf unsere Zellen im Organismus Einfluss nehmen kann führt zu abnormalen Veränderungen der Zellen!

Die schädigende Wirkung hängt somit von der Menge und der Zeit ab, in der dieser schädigende Einfluss besteht und in welcher Zeit unser Organismus diese Schäden beheben kann. Gehen mehr Zellen verloren als neu gebildet werden können entsteht ein Ungleichgewicht zu Lasten der Zellen und somit zu Lasten unserer Gesundheit. Insofern sind elektromagnetische Wellen nur ein zusätzlich belastender Faktor, der zu den chemischen Veränderungen, die ungünstig auf unsere Zellen einwirken, hinzuaddiert werden muss.

Alles was unsere Zellen beeinflusst hat somit einen Einfluss auf unsere Gesundheit, unser Leben! Kälte, Wärme, Radioaktivität, Druck, Reibung, Zug, Chemie, elektromagnetische Wellen und vieles andere mehr nehmen Einfluss auf unseren Molekularaufbau, der ja schließlich und letztlich aus Atomen besteht, die ja erst alle physikalischen, thermischen, elektrischen und chemischen Grundlagen haben entstehen lassen! Einen Teil dieser natürlichen Einflussfaktoren verdanken wir sogar unser Leben, das Licht, die Wärme und alles was wir als Menschen hier auf der Erde so erblicken.

Aber selbst die natürlichen Einflüsse hier auf der Erde können uns schädigen, wenn wir z.B. zu lange in der Sonne liegen, uns zu lange ungeschützt der Kälte oder Hitze aussetzen, von einem Berg fallen oder., oder...., oder! Demnach sind die natürlichen Rahmenbedingungen für unser Leben eng begrenzt, weil wir nur bestimmte Drücke, Temperaturen, Strahlungseinflüssen oder chemischen Veränderungen verkraften können. Seit die Menschheit den elektrischen Strom für sich entdeckte, der ja bekanntlich alle Annehmlichkeiten für uns mit sich brachte, <<.

---

92 *Quelle S176 BH1 / Bernd Hartmann / Diagnose Funk / Blatt 1 von 5.*

>> (93) die wir uns heute nicht mehr wegdenken können, sind auch durch uns erzeugte, nicht natürliche Einflüsse hinzugekommen, die auf unseren Organismus einwirken. Radio und Fernsehen, über Funk ausgestrahlte Wellen treffen auf unseren Organismus und versetzen diesen in unnatürliche Schwingungen. Handynetze, über Funkwellen betrieben, die sich über viele Netzbetreiber in ein sehr dichtes und leistungsstarkes Netz verwoben haben, bestrahlen uns mehr oder wenigen jede Sekunde unseres Lebens mit einer für uns unnatürlichen Strahlung!

Jedes elektrische Gerät, die Stromleitungen, die diese betreiben, senden für uns unnatürliche elektromagnetische Strahlungen aus, die auf die Zellen in unserem Organismus treffen. Elektrosmog wird dieses auch genannt und für die gesamten Funkwellen auf der Erde gibt es dann auch noch einen Funkwellensmog, falls es dieses Wort denn schon gibt!

Somit wird unser gesamtes Leben auf der Erde durch natürliche und künstlich durch uns erzeugte Mikrowellen bestimmt. Die natürliche Strahlung hat aber andere Schwingungen, wie z.B. durch die Bestrahlung der Sonne im Terra-Herz-Bereich. Diese ist für uns meist positiv (auch zu viel ist nicht gut) die auf jedes Leben einwirkt und auch an der Entstehung des Lebens erst einen wesentlichen Beitrag leistete. Wenn die Sonne heiß wäre und nicht kalt und wenn die Sonne elektromagnetische Wellen zu uns senden würde, gäbe es kein Leben aus der Erde.

Dann würden die Frequenzen des Lichtes wie eine Mikrowelle für die Erwärmung von Materie sorgen und diese von innen nach außen erwärmen und nicht umgekehrt! Erst durch den radioaktiven Beschuss der H-Atome, die von der Sonne abgeschossen werden und deren Auftreffen auf Materie im Takte des Beschusses, sorgt für die Erwärmung von außen nach innen! Für organische Materie ist es lebenswichtig, dass unsere Materie von außen nach innen erwärmt wird. Dieses hat alles mit den Resonanzfrequenzen zu tun, die jede Art von Materie in Abhängigkeit zur Temperatur besitzt<<.

---

93 Quelle S176 BH 1 Bernd Hartmann / Diagnose Funk / Blatt 2 von 5.

>> *(94) Wasserstoff H z.B. hat durch die Bindung mit Sauerstoff unter normalen Umständen eine andere Frequenz (Mischfrequenz) als für sich alleine, aber die ewige Sonnenbestrahlung (radioaktiver Wasserstoffbeschuss), bewirkt erst die Resonanz-Frequenzen jeglicher Materie in Abhängigkeit zur Temperatur. So hat jeder chemische Stoff seine eigene Resonanz bei z.B. 20 Grad Celsius.*

Feuer oder Hitzequellen erwärmen die sich in der Nähe befindlichen Atome und sorgen so für eine schnellere Rotation der Elektronen auf den Schalen. Diese Schalen-Rotation setzt sich infolge auch, wegen des Abhängigkeitsverhältnisses Kern/Elektronen, auf den Kern fort.

So schafft Wärme ~ Bewegung wie im Umkehrschluss: Bewegung ~ Wärme schafft, weil es in den Naturgesetzen immer Hin- und Rückwege gibt. Mikrowellen arbeiten umgekehrt wie Feuer oder Hitzequellen, was bedeutet, dass ihre Antennen Strahlungen mit Frequenzen ausstrahlen, die in gänzlich anderen, geringeren Bereichen als Terra-Herz verlaufen. Grundsätzlich versetzen diese Schwingungen Wasser oder andere organische Lebensmittel von innen her zum Schwingen und erzeugen so die Wärme im jeweiligen Element von innen nach außen.
Durch Erwärmen über Hitze werden, wie schon beschrieben, Wasser oder andere Nahrungsmittel von außen nach innen erhitzt. Das ist der grundlegende Unterschied dieser zwei Methoden.

Wenn die Erwärmung relativ langsam von außen nach innen geschieht, können sich die Atome langsam an die zunehmende Drehgeschwindigkeit gewöhnen und die schneller drehenden Elektronen auf den Schalen, beeinflussen wegen der Abhängigkeit zum Kern, alle Elektronen-Rotationen nacheinander und greifen von der äußeren Schale bis hin zum Kern durch, so dass alle Rotationen am Ende des Erwärmungsprozesses gesetzmäßig gleich schneller geworden sind und so die jeweiligen steigenden Temperaturbereiche verursachen! Bei der Erwärmung von Mikrowellen geschieht die Erwärmung von innen über den Kern nach außen, dieses bedeutet das der Kern als erstes anfängt schneller zu rotieren,<<

---

94 *Quelle S176 BH1 / Bernd Hartmann / Diagnose Funk / Blatt 3 von 5.*

>> (95) und alle Elektronen gleichzeitig wegen ihrer Kernabhängigkeit mitbewegt werden. Dieses macht auch die schnellere Geschwindigkeit der Erwärmung durch Mikrowellen gegenüber des Wasserkochers oder der Herdplatte aus, weil alle Elektronen über dir Kernrotation gleichzeitig schneller drehen und nicht der Reihe (Schale) nach!

Wasser, welches ja Hauptbestandteil all unsere Nahrung ist (in Fleisch, Brot, Gemüse etc. reichlich enthalten), besteht aus dem Molekül H_2O und dieses aus Atomen H und O_2, wie diese Atome auch aus Elementarteilchen bestehen.

Elementarteilchen sind die kleinsten un-komplexen Lebensformen (kleinster Einzeller) und erst die Vereinigung (Fusion) zwischen einem positiven und negativen Elementarteilchen ergibt ein Atom, welches dann schon ein kleinst mögliches komplexes Lebewesen darstellt. Wenn man dieses so verstanden hat und Wasser in Bezug zu unserer Lebensform stellt, die zu über 80% aus Wasser besteht, dann sollte man auch erkennen was geschehen würde wenn die Sonne wie wissenschaftlich falsch annimmt, heiß ist und gleichzeitig elektromagnetische Strahlung in Terra- Hertz zu uns senden würde, dann würde jedes Lebewesen von innen nach außen erhitzt werden und nicht von außen nach innen.

Das erst die Oberhaut warm wird und sich diese Wärme in die unteren Hautschichten ausdehnt kennen wir doch, zumindest die die sich auch mal in die Sonne legen!

Wenn die Sonnen-Energie eine elektromagnetische Energie wäre, dann würde es uns und anderes Leben nicht geben.

Das Wasser auf der Erde wäre so tot wie das Wasser, mit dem die Pflanzen in einem Versuch gegossen worden sind, bei dem das Gießwasser zuvor in der Mikrowelle erhitzt und abgekühlt wurde, und die Pflanzen schon nach 10 Tagen verstorben waren.

Dieses begründet sich darin, das Wasser ein lebender Energiespeicher ist, mit Eigenfrequenz, der jedoch alle Schwingungen aufnimmt, die auf diesen Speicher treffen<<.

---

95 Quelle S176 BH 1 Bernd Hartmann / Diagnose Funk / Blatt 4 von 5.

>> *(96) Die Sonnenenergie in Form von H-Beschuss und das Auftreffen der Teilchen auf Materie bringen die Materie Wasser im Takt des Auftreffens der H-Atome in Schwingungen und erwärmen diese Materie dann von außen nach innen. Wir kennen dieses vom Sonnenbrand her, bei dem zu spüren ist das auch nicht erst die Muskeln in der Tiefe verbrennen, sondern die Hautschichten in Richtung von außen nach innen in die Tiefe!*

Wenn man dieses verstanden hat, dass nur direkte von außen eintreffende Taktfrequenz (H-Atombeschuss) die dann immer weiter von außen nach innen wirkt im gewissen Umfang gut für uns ist und im Übermaß auch schädlich ist, und dass von innen her wirkende elektromagnetische Wellen immer schädlich sind und zwar in Abhängigkeit ihrer Energie und Frequenz um ein vielfaches des von außen wirkenden Einflusses, dann weiß man auch wie schädigend Strom und alle mit Strom betriebenen Geräte, Funkwellen und somit auch Handys für unsere Gesundheit und unser Leben sind.

Wir sind als Menschheit nur Irrwege gelaufen, erfinden Dinge, die wir nicht verstehen und die uns schon bald in den Abgrund führen. Die, die am lautesten schreien, z.B. wegen der schädigenden Mikrowellengeräte, verzichten eventuell noch auf diese aber nicht auf Handy, Radio, Fernseher, Herd, Heizung, Computer, Bankkonto usw. usw. usw.!

Wir unwissenden Menschen machen uns unser Leben so wie es uns gefällt, gar so wie Pippi Langstrumpf, doch leider geht so ein Leben nur im Film gut aus! Leider gefällt vielen Menschen nicht was ich hier, auf meiner Homepage veröffentliche. Dafür habe ich ja vollstes Verständnis, aber ich bin es nicht der die Fehler beging oder für diese verantwortlich ist, sondern ich bin nur jemand dem die Fehler auffallen und der der sie benennt! Es gibt aber nicht nur die von Menschen erzeugten Wellen, sondern die Erde verfügt ebenfalls über Magnetfelder die nichts weiter als magnetische Flussfelder (Wellen) darstellen!
Diese schützen die Erde und ihr besiedelndes Leben auch mit Hilfe der Atmosphäre vor einer zu starken und lebensfeindlichen Strahlung!<<.

---

96 *Quelle S176 BH 1 / Bernd Hartmann / Diagnose Funk / Blatt 5 von 5.*

Bienensterben!

Rotten Handystrahlen unsere Bienen aus?

Zitat (97) >> Gemäß einer deutschen Studie könnte der Mobilfunk verantwortlich sein für das rätselhafte Verschwinden ganzer Bienenvölker.
„So etwas habe ich noch nie gesehen", sagte der kalifornische Bienenzüchter David Bradshaw schockiert einer amerikanischen Zeitung. „Ein Stock nach dem anderen war einfach leer. Es sind keine Bienen mehr daheim." Das spurlose Verschwinden ganzer Bienenvölker, das in vielen Ländern schon seit einigen Jahren anhält, rüttelt viele Menschen wach. Ganz besonders in den USA. In diesem Frühjahr haben dort die Bienenvolkverluste neue Rekordzahlen erreicht: Zeitungsberichten zufolge meldeten 25 bis 50 Prozent der US-amerikanischen Imker Verluste von 50 bis 90 Prozent ihrer Bienenvölker innerhalb der letzten sechs Monate. Und die verbliebenen Bienenvölker seien so schwach, dass sie kaum noch Honig produzierten.

Mikrowellen sind verantwortlich, dass Bienen die Orientierung verlieren.
Die Situation in Europa präsentiert sich nicht wesentlich besser: Auch hier gab es im Frühjahr aus zahlreichen Ländern Berichte über ungewöhnliche Verluste, insbesondere aus der Schweiz, Deutschland, Österreich, dem Südtirol, Spanien und Polen. In der Schweiz bezifferte Daniel Charrière, wissenschaftlicher Mitarbeiter im Zentrum für Bienenforschung an der Forschungsanstalt Agroscope Liebefeld-Posieux (ALP) den landesweiten Verlust im Jahr 2003 auf etwa ein Viertel des Bestandes.

2004 bis 2006 gab es wieder ähnlich überdurchschnittliche Verluste, wobei diese je nach Region unterschiedlich stark ausfielen. „Ganze Bienenvölker verschwinden spurlos, das gab es früher nie", äußerte etwa auch Ruedi Wermelinger, Imker und Steuerberater aus dem luzernischen Hasle gegenüber der neuen Luzerner Zeitung.
Wohin seine rund zehntausend Bienen geflogen sind, weiß er nicht<<.

---

97 *Quelle S181 B2 ZeitenSchrift Verlag / Link im Verzeichnis / Blatt 1 von 5.*

>> *(98) Für das Phänomen hat die Wissenschaft inzwischen einen Namen: Colony Collapse Disorder (CCD). Arbeiter-Bienen kehren nicht mehr in ihren Bienenstock zurück, worauf die Königin mitsamt der Brut zugrunde geht – ein für Bienen völlig untypisches Verhalten. CCD ist somit eine bisher unerklärte Störung im Verhalten der Bienen und hat nichts mit einem Befall von Milben (etwa der von Imkern gefürchteten Varroa-Milbe) und anderen Parasiten zu tun. Auffallend dabei sei – gemäß Wissenschaftlern – dass sich auch andere Bienen von den Stöcken fernhalten würden, denn normalerweise werden verlassene Bienenstöcke geplündert.*

Wo liegen die Ursachen?
Die britische Tageszeitung The Independent berichtete im April dieses Jahres über eine Studie der deutschen Universität Koblenz-Landau, welche besagt, daß die Strahlung von Mobiltelefonen am plötzlichen Verschwinden der Bienen in den USA und Europa schuld sein könnte. Die Wissenschaftler warnen, dass Mobiltelefone das hoch entwickelte Navigationssystem von Bienen massiv stören, was der Grund dafür sein könnte, dass Millionen von Bienen den Weg zurück in ihre Stöcke nicht mehr finden. Die verschwundenen Bienen werden nicht mehr gefunden. Es wird davon ausgegangen, dass sie alleine, weit von ihrem Stock entfernt, sterben.

Bereits im Jahr 1974 fanden die russischen Forscher Eskov und Sapozhnikov heraus, dass Bienen bei ihren Kommunikations-Tänzen elektromagnetische Signale mit einer Modulationsfrequenz zwischen 180 und 250 Hertz erzeugen. In diesem Frequenzbereich bewegt sich auch der GSM Mobilfunk, welcher mit 217 Hertz moduliert ist. Hungrige Bienen reagieren auf diese Frequenzen mit der Aufrichtung ihrer Fühler.

Ebenfalls in den Siebziger Jahren stellte der Biophysiker Ulrich Warnke fest, dass Bienen unter dem Einfluss niederfrequenter Felder Stressreaktionen zeigten, insbesondere eine erhöhte Aggressivität und ein stark reduziertes Rückfinde - Verhalten bei Signalen im Bereich von 10 bis 20 kHz<<.

---

98 Quelle S181 B2 / ZeitenSchrift Verlag / Link im Verzeichnis / Blatt 2 von 5.

>>(99) Das österreichische Bundesministerium für Land- und Forstwirtschaft, Umwelt und Wasserwirtschaft hat die Gefahr des Elektrosmogs für die Bienen offenbar erkannt. In einem Brief an Nationalrat Andreas Khol schrieb es im April 2006: „Wissenschaftliche Untersuchungen haben nachgewiesen, dass sich niederfrequente elektromagnetische Felder negativ auf Bienen auswirken können." (...) Studien ergeben, dass Bienen in starken elektrischen Feldern von über 4 Kilovolt/m, z.B. unmittelbar unter einer 380 kV Hochspannungsleitung, weniger Honig produzieren, bzw. eine erhöhte Mortalität aufweisen.

(Der Grenzwert zum Schutz der Menschen vor Einwirkung durch diese Felder liegt bei 5 kV/m).

Die aktuellste Studie nun, welche in diesem Frühjahr in den Medien europaweit ein großes Echo fand, stammt aus der deutschen Universität Koblenz-Landau.

Wissenschaftler um Prof. Hermann Stever untersuchten im Jahr 2005 in einer Pilotstudie das Rückfinde-Verhalten von Bienen, sowie die Gewichts- und Flächenentwicklung der Waben unter Einwirkung von elektromagnetischer Strahlung. Dabei stellten sie eindeutige Verhaltensänderungen fest.

Mehrere Bienenvölker wurden pausenlos strahlenden Basisstationen von DECT-Schnurlostelefonen (1880 – 1900 MHz, 250 mW EIRP, gepulst mit 100 Hz, Reichweite 50 Meter) ausgesetzt, vergleichbare Völker wurden als Kontrollgruppe am selben Standort untersucht. Jeweils 25 Bienen eines jeden Stockes wurden markiert und dann in einem Abstand von ca. 800 m zu ihrem Stock freigelassen. Dabei zeigte sich, dass die Anzahl der zurückkehrenden Bienen aus unbestrahlten Völkern deutlich höher war, zum anderen war die Rückkehrzeit der wenigen zurückkehrenden Bienen aus bestrahlten Völkern deutlich länger.

Zu keinem Zeitpunkt der Untersuchung kamen mehr als sechs bestrahlte Bienen im Beobachtungszeitraum zurück, mehrfach sogar keine, während bei den unbestrahlten Bienen zu jedem Untersuchungszeitpunkt zurückkehrende Bienen beobachtet werden konnten<<.

---

99 Quelle S181 B2 / ZeitenSchrift Verlag / Link im Verzeichnis / Blatt 3 von 5.

>> (100) Möglicherweise wären die Resultate noch deutlicher ausgefallen, wenn die bestrahlten Bienenstöcke von den unbestrahlten elektromagnetisch abgeschirmt worden wären, was verhindert hätte, dass auch die unbestrahlten Völker bestrahlt wurden, wenn auch nicht so stark, wie jene im Nahfeld der DECT-Stationen.

Auch die Gewichts- und Flächenentwicklung der Völker mit DECT-Schnurlostelefon verlief merklich langsamer als jene der „unbestrahlten" Völker.

In umfangreichen Folgeversuchen zur Pilotstudie 2005 untersuchte das Team um Prof. Stever im Jahr 2006 nochmals das Rückfinde-Verhalten DECT-bestrahlter Bienen. Diesmal wurden die Bienenstöcke mit engmaschigen Metallgittern voneinander abgeschirmt und unregelmäßig angeordnet, um ungewollte Einflüsse auszugleichen. Da die Flugdistanz jedoch auf 500 Meter verkürzt wurde, kann angenommen werden, dass die bestrahlten Völker durch die kürzere Flugstrecke weniger Mühe hatten, den Stock zu finden. Dennoch ergaben sich im Rückfindeverhalten statistisch signifikante Unterschiede zu den unbestrahlten Bienen.

Was meinen die Imker?

Prof. em. Ferdinand Ruzicka, selbst Imker und Autor von Beiträgen in diversen Imker-Fachzeitschriften, sammelte umfangreiche Erfahrungen durch eigene Beobachtungen und Umfragen unter Imkern:

„Seit vielen Jahren betreibe ich zuerst in Wien und dann in Engelhartstetten Imkerei. Für Imker habe ich zahlreiche Kurse über Bienenpathologie abgehalten. Seit einigen Jahren habe ich selbst Probleme mit meinen Bienenvölkern, die ich nicht auf eine Krankheit oder eine Vergiftung durch Spritzmittel zurückführen konnte. Die Probleme sind aufgetaucht, seit in unmittelbarer Umgebung meines Bienenstandes mehrere Sendemasten errichtet wurden. (...) Bei meinen Bienenvölkern (anfangs ca. 40 Stück) waren eine starke Unruhe und ein stark erhöhter Schwarmtrieb zu beobachten. (...) Es kam zu unerklärlichen Zusammenbrüchen von Bienenvölkern im Sommer.

Die Bienenbeuten wurden einfach von den Bienen verlassen. Im Winter konnte ich beobachten, dass die Bienen trotz Schnee und Minusgraden ausflogen und neben der Beute erfroren"<<.

---

100   Quelle S181 B2 / ZeitenSchrift Verlag / Link im Verzeichnis / Blatt 4 von 5.

172

>>(101) *Völker, die dieses Verhalten zeigten, sind zusammengebrochen, obwohl sie vor der Einwinterung starke, gesunde, weiselrichtige Völker waren."*

Aufgrund dieser Erfahrungen publizierte Prof. Ruzicka in der Imker-Fachzeitschrift Der Bienenvater 2003/9 eine Umfrage:
Die Frage, ob im Umkreis von 300 Metern des Bienenstandes eine Mobilfunkantenne stehe, wurde in allen 20 Antworten bejaht.

Die Frage nach einer höheren Aggressivität als vor der Inbetriebnahme der Sendeanlage bejahten 38%, jene nach einer höheren Schwarmneigung wurde von 25% positiv beantwortet und die letzte Frage nach unerklärlichen Völkerzusammenbrüchen wurde von 63% mit Ja beantwortet.

Ein Linzer Imker schrieb im Oktober 2003 an Prof. Ruzicka:
„Seit 37 Jahren habe ich Bienen. Vor fünf Jahren (1998) hat mein Nachbar wegen seiner Schulden einen Sendemast errichten lassen. Unser Schlafzimmer ist fünfzig Meter entfernt.
Im Mai 2002 starb meine Frau plötzlich an Herzrhythmusstörungen.
Im selben Jahr versuchte ich vergeblich Ableger zu machen.
2003 habe ich alle Völker verloren."

Ruzicka gibt zu bedenken, dass Bienen bei der Nektar- und Pollenernte kilometerweit durch die von den Basisstationen des Mobilfunks bestrahlten Gebiete fliegen, auch durch „hotspots", die infolge von Reflexionen und Interferenzen auftreten <<.

>> Quelle A181 B2 <<

---

101   *Quelle S181 B2 / ZeitenSchrift Verlag / Link im Verzeichnis / Blatt 5 von 5.*

Bienensterben: Quasseln oder essen?

Zitat: (102) >> Die Bienen sterben weiter – überall dort, wo der Mensch nicht mehr ohne Mobilfunktelefon sein kann. Nach den Industrie- sind nun auch die Entwicklungsländer davon betroffen. Lesen Sie hier die lebenswichtigen neuesten Erkenntnisse darüber, wie der zunehmende Elektrosmog zu einer Bedrohung für das Überleben von Mensch, Biene und Vogel wird und was wir dagegen unternehmen können!

Die Strahlung von Mobiltelefonen und Sendemasten ist für Bienen tödlich.
Am 25. August 2009 ging für die Amerikaner eine Ära zu Ende, als Senator Edward „Ted" Kennedy, der jüngere Bruder von John und Robert, mit 77 Jahren einem Krebsleiden erlag. Seine Brüder wurden beide erschossen. Wie „natürlich" aber war der Tod des „Löwen des Senats", wie Edward Kennedy wegen seines politischen Einflusses genannt wurde, tatsächlich? Tagelang strahlten die amerikanischen TV-Sender schier endlose Portraits über die geschichtsträchtigen und nun alle verstorbenen drei Brüder des Kennedy-Clans aus. Nur selten jedoch wurde dem Zuschauer inmitten dieser Bilderflut mitgeteilt, woran genau Ted Kennedy gestorben war: an einem Hirntumor nämlich.

Kein einziger der Journalisten und Kommentatoren fragte in diesen Berichten nach den möglichen Ursachen für dieses Krebsgeschwür in Kennedys Kopf. Und falls doch jemand darüber nachdachte, so hielt er brav den Mund, wohl wissend, welche Lawine er lostreten könnte. Allem Anschein nach hat sich Senator Kennedy selbst buchstäblich zu Tode gekocht.

Schuld daran ist ein kleiner „Mikrowellenofen", den sich Milliarden von Menschen an den Kopf halten. Seit 47 Jahren im US-Senat, war Edward Kennedy ein sehr einflussreicher Mann gewesen, der jeden Tag stundenlang übers Handy mit anderen wichtigen Leuten sprach. Und dort hinter dem Ohr, an welches er sein Mobiltelefon drückte, begann dann der Krebs zu wuchern<<.

---

102   Quelle S186 B3 / ZeitenSchrift Verlag / Link im Verzeichnis / Blatt 1 von 6 .

>>(103) *Ironie des Schicksals? Just an Ted Kennedys Todestag veröffentlichte eine internationale Arbeitsgemeinschaft im kalifornischen Berkeley ihren Bericht, wonach Handys Gehirntumore verursachen. Das von namhaften Wissenschaftlern unterzeichnete Exposé trägt den Titel Mobiltelefone und Gehirntumore: 15 Gründe zur Sorge.*

Wissenschaft, Meinungsmache und die Wahrheit hinter der Interphone-Studie. „Bei der Mobilfunkbestrahlung handelt es sich um das größte mit Menschen durchgeführte Gesundheitsexperiment aller Zeiten, an dem etwa vier Milliarden Personen ohne Einverständniserklärung teilnehmen", sagte Co-Autor Lloyd Morgan bei der Pressekonferenz. „Die Wissenschaft hat ein erhöhtes Risiko für Gehirntumore sowie für Augenkrebs, Speicheldrüsentumore, Hodenkrebs, das Non-Hodgkin-Lymphom und Leukämie aufgrund der Verwendung von Mobiltelefonen nachgewiesen. Die Öffentlichkeit muss informiert werden."

Dieser Meinung ist offenbar auch ein Amtskollege des verstorbenen Edward Kennedy. Senator Arlen Specter berief nicht einmal einen Monat später, am 14. September 2009, eine Anhörung vor dem zuständigen Unterkomitee des Senats ein. **Das Thema lautete: „Gehirntumor und Mobiltelefone".**

Todesursache unbekannt?

Nicht nur wir Menschen sind Teil dieses „größten Gesundheitsexperimentes aller Zeiten", sondern auch Billionen anderer Lebewesen, die Handys weder kaufen noch brauchen. Vor gut zwei Jahren schafften summende Insekten den Sprung in die weltweiten Schlagzeilen, wenn auch nicht ganz so prominent wie der verstorbene Senator Kennedy. Damals rätselten Fachleute und Imker über ein mysteriöses Bienensterben in Amerika, Europa und Asien, das es in diesem Ausmaß und in dieser Form noch nie zuvor gegeben hatte. Mysteriös deshalb, weil man im Bienenstock praktisch keine verendeten Insekten findet. Er ist einfach verlassen. Und wie immer, wenn Experten nicht weiterwissen, gab man dem Phänomen sehr schnell einen Namen: CCD – Colony Collapse Disorder, zu Deutsch etwa: Völkerkollaps<<.

---

103 *Quelle S186 B3 / ZeitenSchrift Verlag / Link im Verzeichnis / Blatt 2 von 6.*

>> *(104) Besonders schwer betroffen war Nordamerika, wo an gewissen Orten bis zu 90 Prozent der Bienenvölker eingegangen waren. Doch auch Europa vermeldete massive Verluste. Und heute?*

Heute ist es still geworden im Blätterwald. Nicht erst mit der Finanzkrise haben sich die Medien angeblich wichtigeren Themen zugewandt. Doch die Bienen verschwinden trotzdem weiter. 2008 starben an der amerikanischen Ostküste bis zu 70 Prozent der Populationen (in den USA sind schon mehr als ein Drittel aller Bienenvölker verendet), während die Bestände in Deutschland um 25 Prozent zurückgingen.

Bildüberschrift: Kollaps des Immunsystems
BILD: Biene beim Bestäuben (Nicht vorhanden)
Birnbäume etwa von Hand bestäuben, wenn die Bienen fehlen?
Dennis van Engelsdorp vom Forschungsinstitut American Association of Professional Apiculturists (Universität von Pennsylvania) gehört zu den Wissenschaftlern, die beauftragt wurden, den mysteriösen Bienenschwund zu untersuchen. Er stellte ein bislang unbekanntes Phänomen fest:
„Wir haben noch nie so viele verschiedene Viren auf einmal gesehen. Außerdem haben wir Pilze, Flagellaten und anderen Mikroorganismen gefunden. Diese Vielfalt an Pathogenen ist verwirrend." Van Engelsdorp vermutet, dass den mysteriösen Phänomenen eine Immunschwäche zugrunde liegt und stellt die entscheidende Frage: „Sind diese Erreger der ursächliche Stressfaktor oder die Folgeerscheinung einer ganz anderen Belastung?"
Das deutsche Nachrichtenmagazin Der Spiegel zitierte Diana Cox-Foster, ein Mitglied der CCD Working Group, mit den Worten: „Äußerst alarmierend ist, dass das Sterben mit Symptomen einhergeht, die so bisher noch nie beschrieben wurden. Das Immunsystem der Tiere scheint zusammengebrochen zu sein, manche Bienen leiden an fünf bis sechs Infektionen gleichzeitig. Doch tote Bienen sind nirgendwo zu finden (Spiegel 12/2007).
Warum das so ist, erklärt der deutsche Forscher Dr. rer. nat. Ulrich Warnke. Der Biowissenschaftler an der Universität des Saarlandes ist ein Mitbegründer des gängigen Begriffs „Elektrosmog" und beschäftigt sich seit über drei Jahrzehnten mit den Auswirkungen elektrischer und elektromagnetischer Felder auf Organismen<<.

---

104   Quelle S186 B3 / ZeitenSchrift Verlag / Link im Verzeichnis / Blatt 3 von 6.

>> (105) Gemäß Warnke sind technische Magnetfelder beispielsweise in der Lage, bei Bienen das für alle Lebewesen enorm wichtige Redox-System im Körper zu stören.

Ist das Redox-Gleichgewicht und der damit verbundene Haushalt freier Radikale aus dem Lot, können sich die Bienen laut Warnke nicht mehr nach Geruchsmomenten orientieren, und auch das lebensnotwendige Lernprogramm funktioniert nicht mehr.

Mit anderen Worten, sie fliegen in die Irre und finden nicht mehr heim. Dies ist ein erster wissenschaftlich belegter Hinweis, weshalb Elektrosmog tatsächlich für das mysteriöse Verschwinden ganzer Bienenvölker verantwortlich ist und auch als eigentliche Ursache für die vielen verschiedenen Bienenkrankheiten gelten muss. Denn, so Warnke: „Da das Redox-System jedoch auch maßgeblich das Immunsystem steuert, betrifft der gestörte Redox-Haushalt immer auch die Immunabwehr des Organismus."

Obwohl Bienenhonig absolut keimfrei ist (dieses Lebensmittel verdirbt nicht) und sogar stark antiseptisch wirkt (man kann damit Wunden reinigen und die Heilung beschleunigen), bricht das Immunsystem der Bienen selbst zusammen – ganz ähnlich wie beim Menschen. Warum nur?

In den Augen vieler Alternativmediziner kommt dies nicht von ungefähr, sondern ist eine typische und leicht nachvollziehbare Folge von Elektrosmog, unter welchem immer mehr Personen leiden – sei dieser nun niederfrequent (Hochspannungsleitungen, Hausstrom, elektrische Geräte) oder hochfrequent (Telekommunikation). Ein geschädigtes Immunsystem kann eine schier unüberblickbare Kaskade von möglichen Folgen nach sich ziehen, denn jeder Mensch weist individuelle biologische Schwachstellen auf, die sich dann als unterschiedliche Krankheiten manifestieren

So bilden sich eben nicht bei allen Personen die genau gleichen Krankheitsbilder aus, was es auch so schwierig macht bei der Elektrosmogproblematik wissenschaftlich anerkannte Ursachen zu belegen.

Elektromagnetismus steuert das Leben.

Dabei vergisst man, dass praktisch alle physischen Krankheiten ein und dieselbe Wurzel haben: die Störung des Stoffwechsels innerhalb einer Körperzelle und/oder die Störung der Kommunikation zwischen diesen Zellen<<.

---

105   Quelle S186 B3 / ZeitenSchrift Verlag / Link im Verzeichnis / Blatt 4 von 6.

>> (106) *Denn die kleinste biologische Einheit eines jeden Organismus ist nun mal die Zelle. Und so sind es gerade die Zellen, welche auf elektromagnetische Felder und Strahlung extrem sensibel reagieren. Das muss so sein, schließlich werden alle Lebensprozesse letztlich vom Sonnenlicht gesteuert – also von elektromagnetischen Wellen. Fast ebenso wichtig ist das Magnetfeld der Erde. Selbst die Nahrung, die wir essen, weist ein messtechnisch nachweisbares energetisches Potential auf. Sowohl Fische als auch Pflanzen, die man einem speziellen Elektrofeld aussetzt, werden viel größer als üblich.*

Nutzpflanzen erbringen weit höhere Erträge und manchmal wandeln sich diese Tiere und Pflanzen sogar zu oft ausgestorbenen, viel widerstandsfähigeren Urformen!

In der modernen energetischen Medizin arbeitet man seit Jahren erfolgreich mit elektrischen Impulsen, Magnetfeldern und bestimmten Frequenzen, um den Menschen ganz ohne materielle Arzneien zu heilen. – Und da sollen die technisch erzeugten Wellen von Mobilfunktürmen und anderen Telekommunikationsmitteln lebende Zellen nicht beeinflussen?!

Tatsächlich kommunizieren Zellen mit Lichtimpulsen (was sich dank Kirlianfotografie und anderen Technologien auch nachweisen lässt), also mit elektromagnetischer Strahlung.

Diese ist jedoch meist milliardenfach schwächer als die heute üblichen „Grenzwerte" für die Telekommunikation, welche unsere Gesundheit „schützen" sollen. Sind lebende Zellen diesem Bombardement technischer Strahlen ausgesetzt, geht es ihnen nicht anders als einem klassischen Gitarrenensemble, das ein Vivaldi-Stück spielen sollte, während direkt neben den Musikern plötzlich ohrenbetäubende Rockmusik aus 1000-Watt-Lautsprechern wummert: Sie geraten aus dem Takt und ein Zusammenspiel ist nicht länger möglich. Natürlich darf man sich in diesem Beispiel fragen, welcher Idiot an einem solchen Ort an seiner Gitarre zupfen würde – doch wie, bitteschön, sollen sich Lebewesen der mittlerweile flächendeckenden Mobilfunkstrahlung entziehen?

Wenn Zellen „aus dem Takt" geraten, wird der Organismus krank. Die Zellkommunikation muss nicht nur wegen der Intensität der abgestrahlten Mikrowellen gestört werden, sondern auch, weil die moderne <<.

---

106   *Quelle S186 B3 / ZeitenSchrift Verlag / Link im Verzeichnis / Blatt 5 von 6.*

>> *(107) Telekommunikation, gerade was den Mobilfunk betrifft, auf jenen Frequenzen oder „biologischen Fenstern" sendet, welche Zellen „hören" können. Und da die technische Funkstärke um Exponenten größer ist als die „Lautstärke", mit welchen Zellen miteinander „sprechen", müssen Zellschäden bereits bei Feldstärken auftreten, die weit unter den offiziellen „Grenzwerten" liegen – zumal diese „Grenzwerte" ausschließlich auf sogenannt „thermischen Effekten" basieren. Das heißt, sie sollen bloß Schäden verhindern, welche durch Überhitzung des Kopfes entstehen, weil man sich das Handy zu lange ans Ohr gehalten und damit telefoniert hat (das im Mikrowellenofen erwärmte Mittagessen lässt grüssen!). Alle anderen Schäden werden bei diesen „Grenzwerten" gar nicht erst berücksichtigt <<.*

>> Quelle Mobilfunk S186 B3 und B5A <<

---

107 *Quelle S186 B3 / B5A / ZeitenSchrift Verlag / Link im Verzeichnis / Blatt 6 von 6.*

E-Smog: Studienergebnisse bestätigen eindeutige Risiken!

Der nicht-ionisierenden Strahlung!

Zitat: (108) >> Von Herrn Peter Hensinger und Frau Isabel Wilke.
Digitale mobile Geräte funken mit nicht-ionisierender Strahlung. Die Risiken der elektromagnetischen Felder (EMF) für den Menschen sind seit den 50er-Jahren aus Medizin und Militärforschung bekannt. Der Artikel dokumentiert neue Studienergebnisse zu den Endpunkten Gentoxizität, Fertilität, Blut-Hirn-Schranke, Herzfunktionen, Kognition und Verhalten.
Ein gesicherter Schädigungsmechanismus ist oxidativer Zellstress.
Neue Hypothesen zu weiteren Wirkmechanismen werden dargestellt. Über die Risiken der Mobilfunktechnologien werden die Nutzer unzureichend informiert, eine Vorsorgepolitik wird nicht eingeleitet. Die Unsicherheiten über die Risiken in der Öffentlichkeit sind nicht auf unklare Forschungsergebnisse zurückzuführen, sondern auf den beherrschenden Einfluss der Industrie auf Politik und Medien.

Die Mobilfunkanwendungen sind allgegenwärtig. Sie senden und empfangen mit gepulster, polarisierter Hochfrequenzstrahlung von 400 – 6.000 MHz.

Seit den 1990er Jahren sind Menschen, Tiere und Pflanzen einem Frequenzmix technisch erzeugter Mikrowellenstrahlung (von) zunehmender Intensität ausgesetzt, an die der Organismus nicht adaptiert (angepasst) ist. Durch Sendemasten, Smartphones, Tablet-PCs, DECT-Schnurlostelefone, WiFi-Spiele, WiFi-Rauchmelder, WLAN-Hotspots, Wearables, Smart-Home-Anwendungen und WLAN-gesteuerte Maschinen gibt es immer weniger strahlungsfreie Zonen, auch Nichtnutzer sind exponiert.

Die Belastung beginnt schon im Babyalter durch Babyphones und neuerdings geplante „smarte" Windeln. Der „Baby Monitor" der Firma Mimo ist im Strampelanzug eingebaut und vermisst Schlaf, Atmung, Aktivität, Position und Hauttemperatur<<.

---

108   Quelle S192 / diagnose:funk / Link im Verzeichnis / Blatt 1 von 4.

>> (109) Per App wird den Eltern auf das Smartphone der Windel- und sonstige Körperzustand per WLAN-Fernwartung eingeblendet.
Es gibt nur noch wenig Heranwachsende ohne ein eigenes Smartphone, Kinder und Jugendliche nutzen es nahezu permanent vom Aufwachen bis zum Einschlafen (Knop 2015, S.124). Sie sind einer Dauerbestrahlung ausgesetzt, v. a. durch dauerfunkende Apps. Milliarden Menschen nutzen die Endgeräte körpernah, deshalb kann schon ein kleines Risiko, große Folgen haben.

Seit über 20 Jahren wertet der Fachinformationsdienst Strahlentelex / Elektrosmog-Report monatlich die Studienlage aus, seit 2009 auch die Verbraucherschutzorganisation Diagnose:funk, unter anderem in vierteljährlichen Studienrecherchen. Der Handyboom begann Anfang 2000, der Mobilfunk wurde zum staatlich geförderten Hype, neue Bedürfnisse wurden geschaffen.

Die Risiken, die vielfach auch aus der Medizin (Becker 1993, Schliephake 1960, Steneck 1984, Vargas 1995) und Militärforschung (z. B. Cook 1980, Hecht 1996, Wenzel 1967), bekannt waren, wurden ignoriert.

2011 gruppierte die IARC, **die Krebsagentur der WHO**, die nichtionisierende Strahlung in die Gruppe 2B **„möglicherweise krebserregend"** ein. Die Dokumentation der europäischen Umweltagentur **„späte Lehren aus frühen Warnungen: Wissenschaft, Vorsorge, Innovation"** stuft den Mobilfunk als Risikotechnologie ein, und behandelt in einem eigenen Kapitel das Gehirntumorrisiko (Hardell et al. 2013).

Im Focus: Studienergebnisse zur Kanzerogenität (Krebserregend)
Neue Forschungsergebnisse zur Wirkung von HF-EMF (Hochfrequente elektromagnetische Felder) legen heute nahe, Mobilfunkstrahlung als kanzerogen (Krebserregend Anm. Buchautor) einzustufen. Bisher war ein Unsicherheitsfaktor in der Diskussion (über) die lange Latenzzeit zwischen der Einwirkung eines Karzinogen und der Diagnose des Tumors und die noch relative kurze Zeit der Anwendung der Mobilfunktechnologie<<.

---

109   Quelle S192 / diagnose:funk / Link im Verzeichnis / Blatt 2 von 4.

>> (110) Grundlage für die WHO Eingruppierung „möglicherweise krebserregend" waren die Ergebnisse der Interphone Studie (Interphone Study Group 2011) für Vielnutzer (mehr als 1640 Stunden /Jahr = 4,5 Stunden täglich) und die Studien des schwedischen Onkologen und Epidemiologen Prof. Lennart Hardell, der für Vielnutzer mit über 20 Jahren Handynutzung ein bis zu fünffach erhöhtes Tumorrisiko nachwies, für dieselben Tumorarten, die jetzt auch die bestrahlten Tiere in der NTP (National Toxicology Programm) - Studie entwickelten. (Davis et al. 2013, Hardell et al. 2011, 2012, 2013).

In den USA wurden am 27.05.2016 die ersten Teilergebnisse der Studie des National Toxicology Program (NTP), der bisher umfassendsten Tierstudie (Ratten) zu nicht-ionisierender Strahlung und Krebs, vorgestellt (Wyde et al. 2016). Sie wurde von der Regierung der USA mit 25 Mio. Dollar finanziert. Das Ergebnis der NTP-Studie: Mobilfunkstrahlung kann zu Tumoren führen. In der bestrahlten Gruppe der männlichen Ratten wurden Tumoren (Schwannom, Gliom) gefunden, und bei einer zusätzlichen Anzahl von Ratten prakanzerogene Zellveränderungen (Hyperplasie von Gliazellen). In der Kontrollgruppe entwickelten sich keine Tumoren. Die NTP-Tierstudie unterstützt die Ergebnisse der REFLEX – Studien, dass die Mobilfunkstrahlung in isolierten menschlichen Fibroblasten und in transformierten Granulosazellen von Ratten DNA-Strangbrüche auslösen und damit ihre Gene schädigen kann.
(Diem et al. 2005, Schwarz et al. 2008).

Neben diesen Gross - Studien, die auch medial Aufsehen erregten, gibt es inzwischen mehr als 50 Einzelstudien in-vivo und in-vitro, die DNA-Strangbrüche nachweisen (Hardell Carlberg 2012, Rudiger 2009).
Sie sind alle gelistet im EMF-Portal, der Referenzdatenbank der WHO und deutschen Bundesregierung. Auch der BioInitiative - Report 2012 enthält eine Aufstellung. Erwähnt seien (dazu) die israelischen Studien von Sadetzki et al. (2008) und Czerninski et al. (2011),
Die ein signifikant erhöhtes Risiko für Tumoren in der Ohrspeicheldrüse fanden, was sich in der israelischen Krebsstatistik in einem Anstieg um das Vierfache (1970 bis 2006) niederschlägt. (Morgan et al. 2014)<<.

---

110   Quelle S192 / diagnose:funk / Link im Verzeichnis / Blatt 3 von 4.

182

>> (111) *In der diagnose:funk Studienrecherche 2015-2 werden vier neue Studien analysiert, die gentoxische Effekte nachweisen. Deshmukh el al. (2015) untersuchten drei in der Telekommunikation verwendete Frequenzen. Die Studie zeigt, dass Mikrowellenstrahlung von 900, 1.800 und 2.450 MHz trotz geringer Intensität (nicht-thermische Wirkung) schädliche Auswirkungen auf Rattenhirne hat. Die signifikant erhöhten Stressproteine (HSP70) zeigen Zellstress an und die vermehrt aufgetretenen DNA-Strangbrüche, können zum Zelltod oder Entartung von Zellen fuhren.*

Akhavan - Sigari et al. (2014) weisen nach, Dass das p53-Gen (Tumorsuppressorgen), das bei der Krebsentwicklung eine wichtige Rolle spielt, durch die Strahlungseinwirkung mutieren kann. Es besteht ein signifikant höheres Risiko für die mutierte Form des Gens p53 im peripheren Bereich des Tumors, wenn man drei Stunden und mehr pro Tag mit dem Mobiltelefon telefoniert, dies korreliert signifikant mit einer kürzeren Überlebenszeit.

Die Ergebnisse von Carlberg / Hardell (2014, 2016) und Moon et al. (2014) bestätigen, dass bei Langzeitnutzung von Mobiltelefonen die Wahrscheinlichkeit eines Tumors und seine Größe steigen <<.
>>Quelle S192 / diagnose:funk<<.

Anmerkung Buchautor:
Gleiches gilt übrigens auch für den Einsatz von WLAN Signalen.

---

111   Quelle S192 / diagnose:funk / Link im Verzeichnis / Blatt 4 von 4.

Der ATHEM - Report
Teil II der AUVA - Versicherung Österreich

Zitat: (112) Im August 2016 veröffentlichte die österreichische allgemeine Unfallversicherungsanstalt (AUVA) den ATHEM-Report II „Untersuchung athermischer Wirkungen elektromagnetischer Felder im Mobilfunkbereich" (AUVA 2016), durchgeführt an der medizinischen Universität Wien.
Ein Anlass der Untersuchung war, dass in Italien das Cassationsgericht Rom, die höchste Gerichtsinstanz, erstmals den Gehirntumor eines Managers auf sein häufiges Mobiltelefonieren zurückgeführt hat. Der Kläger erhält eine 80 % Berufsunfähigkeitsrente.
Beim ATHEM - Projekt lag ein Schwerpunkt auf Labor-Untersuchungen zum zellulären Mechanismus möglicher gentoxischer Wirkungen. Die Humanexperimente ergaben, dass „die HF-EMF Exposition an Mundschleimhautzellen geringe gentoxische und zytotoxische Wirkungen hervorrufen kann. Bei Viel-Telefonierern fanden sich diskrete Hinweise auf die Kumulation der Wirkungen durch die Exposition"<<....
(Kumulation= Häufung / Ansammlung)

(Zusammenfassung ATHEM-Report).
...>> Die in - vitro - Ergebnisse bestätigen das Risikopotential:
-„Es gibt empfindliche und strahlungs-unempfindliche Zellen. -
Die Untersuchung von insgesamt acht Zelltypen bestätigte den ATHEM-1 Befund, dass die HF-EMF Exposition bei einigen Zellen die DNA - Läsionsrate erhöht, während andere Zellen keine Veränderungen erfahren.
Erkenntnis daraus: Publizierte Ergebnisse zu Wirkungen (an einem sensiblen Zelltyp) sind also KEIN Widerspruch zu Ergebnissen mit unsensiblen Zellen.
- „Es gibt eine Latenzzeit"-
Der Befund aus ATHEM-1, dass es zwischen Beginn der Exposition bis hin zum Auftreten der Wirkungen Zeit braucht, wurde bestätigt.
- „Die Oxidationsrate steigt"- Wir beobachteten, dass HF-EMF Exposition die DNA oxidieren, und somit brüchig machen kann.
- „HF-EMF Exposition kann synergistisch mit anderen Einflüssen zusammenwirken, wie z. B. Zellstress"- <<.

---

112   Quelle S196 / diagnose:funk / Link im Verzeichnis / Blatt 1 von 7.

>> (113) *Bei vor-gestressten Zellen erhöhte die HF-EMF Exposition die DNA-Bruchrate signifikant (deutlich).*

-"HF-EMF Exposition kann **spezifische zelluläre Reparaturmechanismen** *aktivieren"-*

Dieser Befund bestätigt einerseits, dass DNA-Läsionen aufgetreten sind, und stützt andererseits die Annahme, dass die durch HF-EMF Exposition entstandenen DNA-Schäden repariert werden können.

Die DNA-Brüche werden repariert. Wir konnten einen weiteren Befund aus dem ATHEM-1 Projekt erhärten, dass nach Expositionsende die in den Zellen entstandenen DNA-Schäden innerhalb ca. 2 Stunden verschwanden" *(AUVA 2016)<<....*

Anmerkung von mir: Man nimmt also billigend Schäden in Kauf, da diese ja sowieso wieder repariert werden. Wie aber unsere Kleinkinder, insbesondere unsere Babys darauf reagieren, wenn diese Zellschäden einmal nicht repariert werden, überlasse ich Ihrer Fantasie!

....>> Die Erkenntnis im ATHEM - Report über Zellen, die nicht auf eine EMF - Exposition reagieren (Non-Responder / ERKLÄRUNG dazu), zu denen Lymphozyten gehören, hat politische Bedeutung.
So präsentierte die deutsche Strahlenschutzkommission im Jahr 2013 im 5. Mobilfunkbericht an die Bundesregierung (Drucksache 17 / 12027) die Ergebnisse einer Studie an Lymphozyten, um damit die REFLEX-Ergebnisse zu widerlegen (diagnose:funk 2013).

Dies war ein Betrug an den Abgeordneten (Originalzitat)
Denn gerade durch die Ergebnisse der REFLEX-Studie war bekannt, dass Lymphozyten Non-Responder sind (Schwarz et al. 2008

Zur **DNA Reparatur: Die Möglichkeit, dass diese auch scheitern kann,** *wiesen Belyaev et al. (2009) nach. Die Ursache: UMTS- Bestrahlung verzögert die DNA-Reparatur, dadurch kann die Zelle entarten. Nach den epidemiologischen Untersuchungen von Prof. Michael Kundi (Wien) schlägt sich die Nutzung der Handys bereits in erhöhten Tumorraten nieder, aber nicht insgesamt,* **sondern vor allem bei jüngeren Menschen.** *)<<.*

---

113   Quelle S196 / diagnose:funk / Link im Verzeichnis / Blatt 2 von 7.

>> *(114) Bei der Anhörung im Landtag in Südtirol (Mai 2015) formulierte er die Schlussfolgerungen seiner Auswertung:*

- „Die Evidenz aus epidemiologischen Studien weist derzeit auf ein erhöhtes Risiko der Mobiltelefonnutzung für Hirntumore hin, wobei eine kausale Interpretation zulässig ist. Wegen der noch immer kurzen Nutzungsdauer (im Vergleich zur Entwicklungsdauer der Krankheit) kann das Risiko in seiner Höhe noch nicht beziffert werden.

- Statistische Auswertungen zeigen ein Ansteigen der Hirntumoren, was aber derzeit wegen der Latenzzeit (115) nicht auf eine krebsauslösende, sondern krebspromovierende (116) Wirkung der nicht-ionisierenden Strahlung zurückgeführt werden müsse. Eine geschädigte Zelle entwickle sich schneller und früher zum Tumor. Die krebspromovierende Wirkung kann als gesichert angesehen werden. Die neue Studie von Lerchl et al., die vom deutschen Bundesamt für Strahlenschutz im März 2015 veröffentlicht wurde, bestätige diese Auffassung". (KUNDI 2015) <<....

Anmerkung Buchautor: Herr Lerchl bestätigt eine krebspromovierende Wirkung, schau an, schau an. Wie die Zeiten sich ändern können, bei der richtigen Zuwendung zum Thema!

...>> im März2015 hatte das deutsche Bundesamt für Strahlenschutz nach den Ergebnissen einer Replikationsstudie bekannt gegeben, dass eine krebspromovierende Wirkung unterhalb der Grenzwerte als gesichert angesehen werden muss
(Lerchl et Neue Technologien – Neue Risiken? umwelt · medizin · gesellschaft | 29 | 3/2016 17 al. 2015).
Dies wird durch die Auswertung der US-Krebsstatistik von Gittleman et al. (2015) bestätigt. Bei bestimmten Krebsarten gibt es signifikante Anstiege bei Kindern und Jugendlichen: >„Die Falle von gutartigen Tumoren des zentralen Nervensystems haben jedoch deutlich zugenommen. Zum Vergleich kam es bei Jugendlichen zu einer Zunahme von bösartigen und gutartigen Tumoren des zentralen Nervensystems. Bei Kindern kam es zu einer Zunahme von akuter myeloischer Leukämie, Non-Hodgkin Lymphomen sowie bösartigen Tumoren des zentralen<<.

---

114   Quelle S196 / diagnose:funk / Link im Verzeichnis / Blatt 3 von 7.
115   *Latenzzeit = Verweilzeit / Reaktionszeit*
116   *Krebspromovierend = krebsfördernd*

>> (117) Nervensystems" (Gittleman et al. 2015, S. 111)<. Auch das Robert-Koch-Institut dokumentiert für alle Malignome bei Kindern einen Anstieg von ca. 25 % zwischen 1994 und 2012 (RKI 2015, S. 137). Prof. Franz Adlkofer, Koordinator des REFLEX- Projektes, kommt nach der NTP - Studie zu dem Schluss: „Die Gentoxizität (ERKLÄRUMG) der Mobilfunkstrahlung kann entsprechend dem Stand der Forschung inzwischen als gesichert angesehen werden" (Adlkofer 2016)<<.

Erkenntnisse zu Wirkmechanismen nicht-ionisierender Strahlung.
Der ATHEM-Report bestätigt den Wirkmechanismus basierend auf oxidativem (118) Zellstress. Oxidativer Stress entsteht, wenn oxidative Vorgänge durch freie Radikale die Fähigkeit der antioxidativen Prozesse zur Neutralisation übersteigen und das Gleichgewicht zugunsten der Oxidation verschoben wird.
Verschiedene entzündliche Schädigungen in den Zellen können hervorgerufen werden, zum Beispiel: Oxidation von ungesättigten Fettsäuren, Proteinen und DNA: „Zu den intrinsischen Mutagenen zählen beispielsweise freie Radikale.
(Z. B. reaktive Sauerstoffspezies, ROS)"(JACOBI /PARTOVI 2011, S. 56).
Zu den ROS (Reactive Oxygen Species) gehören Superoxide, Peroxide und Hydroxylradikale.
Dieser Mechanismus ist bei ionisierender Strahlung (Radar-, Röntgen- und Gammastrahlung) nachgewiesen und akzeptiert.
(Hecht 2015, Ohlenschlager 1995, Sies 1997, 2015, Younes 1994).
Als Dr. Ulrich Warnke 2009 in dem UMG-Artikel „Ein initialer Mechanismus zu Schädigungseffekten durch Magnetfelder bei gleichzeitig einwirkender Hochfrequenz des Mobil- und Kommunikationsfunks" (WARNKE 2009) darlegte, dass dieser Wirkmechanismus auch für nicht-ionisierende Strahlung greift, wurde gegen ihn argumentiert, die Rolle der freien Radikale sei ungeklärt und die nicht-ionisierende Strahlung verfüge nicht über die Energie, um Zellen zu schädigen<<.

---

117   Quelle S196 / diagnose:funk / Link im Verzeichnis / Blatt 4 von 7.
118   Oxidativ bedeutet Zerstörung, Zersetzung von Zellen, wobei deren Reparatur durch die Zunahme von freien Radikalen, dies sind bereits umherwandernde und zerstörte Teile von Sauerstoff Atomen/ Elektronen, genau diese Reparatur verhindern, hervorgerufen durch den zuvor stattgefundenen Beschuss durch Funkwellen.

>> *(119) Offensichtlich hatten die 50 Milliarden Euro Lizenzgebühren an die Bundesregierung bei der Einführung des Mobilfunks (UMTS) im Jahr 2001 in den Behörden und Schutzkommissionen zu einem Wechsel bis dato gültiger Ansichten geführt. Deshalb sei aus dem „Lehrbuch der Toxikologie" zitiert: „Freie Radikale sind durch eine hohe chemische Reaktivität gekennzeichnet. Ihre Bildung im Rahmen des Fremdstoffmetabolismus ist daher einer der bedeutenden Mechanismen, durch den verschiedene Agentien (ERKLÄRUNG) eine Zellschädigung verursachen können (...) Die Interaktion von freien Radikalen mit Zellbestandteilen kann dazu führen, dass sekundäre Radikale aus Proteinen, Lipiden oder Nukleinsäuren gebildet werden, die ihrerseits mit weiteren Makromolekülen reagieren und somit eine Kettenreaktion in Gang setzen und aufrechterhalten; auf diese Weise wird das Ausmaß der Zellschädigung deutlich verstärkt (...) Radikale können direkte Wirkungen hervorrufen, wie eine Zellnekrose oder Fibrose; sie können auch Spätfolgen haben, wie beispielsweise an der ihnen zugeschriebenen Bedeutung für die Tumorigenese" (YOUNES 1994: S. 94).*

Im Lehrbuch „Strahlentherapie und Onkologie" (1993) von Sauer heißt es zu zwei Varianten der Strahlenwirkung: „Die Energieabsorption kann entweder Primärschaden am Molekül (direkte Strahlenwirkung) oder die Bildung von Radikalen, vorwiegend Wasserradikale, bewirken. Diese Radikale schädigen nun ihrerseits das Molekül (indirekte Strahlenwirkung)" (SAUER 1993, S. 91).

Eine Exposition mit geringer Leistungsflussdichte kann freie Radikale generieren. Im bisher größten Review (ERKLÄRUNG) zum oxidativen Zellstress „Oxidative Mechanismen der biologischen Aktivität bei schwachen hochfrequenten Feldern" haben Yakymenko et al. (2015) 100 Studien ausgewertet. Davon weisen 93 Studien eine EMF bedingte Überproduktion von reaktiven Sauerstoffspezies (ROS) nach: „Hochfrequenzstrahlung wird deshalb wegen des umfangreichen biologischen Potenzials von ROS und anderen freien Radikalen, wozu auch ihre mutagenen Auswirkungen und ihr regulatorisches Signalübertragungspotenzial gehören, zu einem potenziell gefährlichen Faktor für die menschliche Gesundheit." (Yakymenko et al. 2015)<<

---

119   Quelle S196 / diagnose:funk / Link im Verzeichnis / Blatt 5 von 7.

>> (120) Der EMF expositionsbedingte Anstieg der oxidativen Schädigungen tritt, so Yakymenko et al., **schon tausendfach unterhalb der Grenzwerte** im nicht-thermischen Bereich auf, bei einer Leistungsflussdichte von 0,1 µW / cm2 (= 1000 µW / m2) und bei einer Absorption von SAR = 3 µW / kg.1

Dies liegt weit unter den Grenzwerten und Belastungen, denen Nutzer im Normalbetrieb von Endgeräten, Routern, Sendemasten und WLAN-Hot-Spots ausgesetzt sind. Warnke und Hensinger fassen in ihrem UMG - Artikel (WARNKE 2013) „Steigende ‚Burn-out'-Inzidenz durch technisch erzeugte magnetische und elektromagnetische Felder des Mobil- und Kommunikationsfunks" zusammen:

- „EMF (FUNKWELLEN) erzeugen eine Überproduktion von zellschädigenden freien Radikalen, <<.

>> sowie stark reagierenden Sauerstoff- und Stickstoffverbindungen, die wiederum DNA-schädigend sein können. Gleichzeitig werden die körpereigenen Abwehrstoffe – die endogenen Radikalfänger (Antioxidantien) – geschwächt.

- EMF (Funk-Wellen) greifen störend in die Mitochondrien, eine Zentrale unseres Stoffwechsels, und damit in unsere Energieproduktion ein: Sie hemmen die ATP-Produktion, wodurch das Gesamtsystem geschwächt wird" <<.

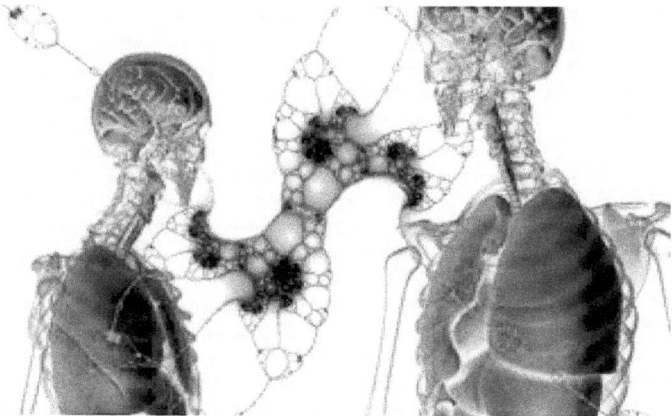

Nicht nur das Äußere ist betroffen, auch das Innere leidet!

---

120 Quelle S196 / diagnose:funk / Link im Verzeichnis / Blatt 7 von 7.

Spinkonversion und freie Radikale.

Erklärung vom Buchautor: Freie Radikale sind wie Piraten! Finden die nicht innerhalb kürzester Zeit ein neues Schiff, so entern sie einfach eines und zerstören dabei die gesamte Struktur des alten Schiffes. Radikale machen dies so mit anderen Zellen und Atomen.

Zitat: (121) >> Im Jahr 2012 publizierte Dr. H.-Peter Neitzke vom ECOLOG - Institut den Artikel „Einfluss schwacher Magnetfelder auf biologische Systeme: Biophysikalische und biochemische Wirkungsmechanismen" (NEITZKE 2012), in dem er die Wirkung der Strahlung auf der Ebene der Elektronen zeigt.

In dieser Arbeit werden die Induktion elektrischer Ströme, die Einkopplung über Magnetit-Kristalle und der Radikal-Paar-Mechanismus als biophysikalische Ansätze zur Erklärung des Einflusses von Magnetfeldern auf physiologische Prozesse vorgestellt. Elektromagnetische Felder haben einen Einfluss auf den Spin (englisch „spin" „Drehung", „rall"), eine quantenmechanische Eigenschaft von Teilchen. Kommen freie Radikale in enge Nachbarschaft, dann schließen sich diese Moleküle (als Kationen und Anionen) zu Radikalpaaren zusammen, wobei eine Spinkopplung der beiden freien Elektronen stattfindet. Daraus resultieren kurzlebige Verbindungen, die zwischen einem Singulett- (die beiden Spins zeigen in entgegengesetzte Richtungen) und einem Triplett Zustand (die beiden Spins zeigen in gleiche Richtungen) hin- und herpendeln können.

Neitzke beschreibt die Konsequenzen: „Radikale haben aufgrund ihrer hohen Reaktivität eine Schlüsselfunktion im Ablauf und bei der Steuerung vieler chemischer Reaktionen. Radikalpaare treten bei vielen chemischen Elementarprozessen als Zwischen-Zustände auf. Eine zentrale Rolle spielen transiente Radikal-Paare z. B. bei der bakteriellen und pflanzlichen Photosynthese, bei der Lichtenergie in chemische Energie umgewandelt wird. Auch bei der Kanzerogenese können Radikale wirksam sein. Wenn durch einen äußeren Einfluss, zum Beispiel UV-Strahlung, in einer Zelle Radikal-Paare entstehen, deren hochreaktive Bestandteile die DNA angreifen und es der Zelle nicht gelingt, die durch ein freies Radikal verursachten Defekte zu reparieren <<.

---

121   Quelle S203 / diagnose:funk / Link im Verzeichnis / Blatt 1 von 4.

>> (122) *kann dies zu Krebs oder anderen Schäden fuhren. Wenn die Reaktionskinetik der Radikale durch ein äußeres Magnetfeld verändert wird und dadurch deren Menge oder Lebenszeit geändert wird, könnte sich dies, auf die Entwicklung von Krankheiten, auswirken".(Neitzke 2012, S. 5).*

Neitzke kommt zu dem Schluss, dass damit ein plausibler Wirkmechanismus vorliegt. Magnetfelder generieren (erzeugen) freie Radikale und verlängern deren Lebenszeit. Damit bestätigt er die Ausarbeitungen von Warnke.

Diesen Wirkmechanismus beschreiben aktuell die angesehenen US-Hochfrequenz Forscher Barnes / Greenebaum (2016) in ihrem Artikel „Einige Wirkungen von schwachen Magnetfeldern auf biologische Systeme: Hoch-Frequente-Felder (HF-Felder) können die Konzentration von Radikalen und die Krebszellen - Wachstumsraten verändern"<<..

BILD Polarisation: (nicht vorhanden)

Bildunterschrift: Zellmembran als entscheidender Angriffspunkt.

....>> *Die in den Scientific Reports (Hrsg. Nature-Gruppe) am 12.10.2015 veröffentlichte Studie von Panagopoulos et al. (2015)*

„Polarisation: Ein wesentlicher Unterschied zwischen künstlich erzeugten und natürlichen elektromagnetischen Feldern in Bezug auf biologische Aktivität".

Stellt die Hypothese auf, dass die Polarisation, also die feste Schwingungsrichtung des elektrischen Feldvektors der Welle, ein entscheidender Faktor für das Verständnis von biologischen Effekten elektromagnetischer Strahlung niedriger Intensität ist.

Der Physiker Dr. Klaus Scheler hat in der UMG - Beilage 3/2016 diese Studie allgemeinverständlich dargestellt: *„Im Rahmen eines allgemein anerkannten elektrochemischen Modells der Zellmembran und ihrer Funktionen können sie beweisen, dass polarisierte, (!) elektromagnetische Wellen – wie zum Beispiel die Mobilfunkstrahlung – bereits aufgrund ihrer Polarisation und schon bei schwachen Intensitäten in der Lage sind, spezielle Ionenkanäle (Kanalproteine) in der Zellmembran ohne biologische Notwendigkeit irregulär (falsch) zu aktivieren (...) Ionenkanäle fungieren als Schleusen und steuern in Abhängigkeit von der Membranspannung den Ionenfluss zwischen dem Inneren und Äußeren der Zelle>>.*

---

122   Quelle S203 / diagnose:funk / Link im Verzeichnis / Blatt 2 von 4.

>> *(123) Ein Irreguläres, von außen erzwungenes Öffnen beziehungsweise schließen dieser Kanäle, bringt die elektrochemische Balance zwischen dem Inneren der Zelle und ihrer Umgebung aus dem Gleichgewicht und setzt damit eine Vielfalt von zellbelastenden und gegebenenfalls, sogar schädigenden chemischen Reaktionen im Innern der Zelle in Gang.*

Das vorherrschende Ergebnis ist oxidativer Zellstress. Panagopoulos et al. können durch ihre Analyse sogar Schwellenwerte für die elektrischen und magnetischen Feldstärken quantitativ abschätzen, ab denen polarisierte elektromagnetische Wellen ein Öffnen der Ionenkanäle auslösen und somit biologisch relevant werden"

(Scheler 2016, S. 2).

Scheler weist darauf hin, dass in der Zellbiologie die Grundlagen für diese Erkenntnisse bereits gelegt waren: „Auch nach Einführung der Mobilfunktechnologie wurden nichtthermische Effekte im Zusammenhang mit der Zellmembran intensiv erforscht.

Einen Überblick über den Forschungsstand bis 2006 geben Funk et al. in ihrem Review Paper „Effects of electromagnetic fields on cells" und in ihrer Veröffentlichung „electromagnetic effects –From cell biology to medicine".

Darin zeigen sie u. a., dass elektrische Felder mit einer elektrischen Feldstärke von 1 Millivolt pro Meter (mV/m) – dies entspricht einer Leistungsflussdichte von ca. 0,0027 µW/m2 – bereits biologisch relevante Änderungen der Ladungsdichte an der Zellmembran und daher störende Reaktionen in der Zelle verursachen können. Die Größenordnung dieser kritischen, elektrischen Feldstärke liegt um einige 10.000-stel (Zehntausendstell) niedriger als die heutigen Grenzwerte.

((GSM – 900 MHz: 41 V/m (= 4.500.000 fÊWatt / m2));
((UMTS: 61 V/m (entspricht 10.000.000 fÊWatt / m2))"
(SCHELER 2016, S. 2) <<.

Anmerkung und Zusammenfassung:
Umgekehrt gesagt, haben Handys eine 10 000-fache mehr Leistung an Elektro-Smog, als der festgestellte Grenzwert bei dem die Membran einer Körperzelle bereits massiv gestört oder sogar zerstört wird!

---

123   Quelle S203 / diagnose:funk / Link im Verzeichnis / Blatt 3 von 4.

Weitere Hypothesen zu Wirkmechanismen

Zitat: (124) **>>** *Einfluss auf die endogenen elektrischen Ströme und Felder*

Der Erkenntnisprozess zu Wirkmechanismen schreitet weiter voran. In den Zellen und im Gewebe fliesen elektrische und ionische Ströme. Gleichzeitig hat jede Zelle und jedes Gewebe ein elektrisches Potential und produziert dadurch ein (eigenes) elektrisches Feld. Diese endogenen Ströme und Felder sind maßgeblich an entscheidenden zellphysiologischen Prozessen beteiligt (Levin 2014).

Künstliche EMF (Felder / Wellen) können mit diesen endogenen Faktoren interferieren und dadurch biologische Prozesse stören. Nachgewiesen sind z. B. Effekte auf das Membranpotential von Zellen. Das Membranpotential reguliert maßgeblich den Zustand der Zelle, zum Beispiel ob sie sich teilt oder nicht. Ein weiterer Aspekt: immer mehr Forschungen zeigen, dass es innerhalb der Zelle elektrische „Leitungen" gibt – dass Zytoskelett und auch die Mitochondrien. Die Mitochondrien können Netzwerke bilden, die in der Lage sind, elektrische Ströme zu leiten. Auch zwischen den Zellen gibt es elektrische Verbindungen in Form von regelrechten „Kabeln" („membrane nanotubes"), die sogar Mitochondrien enthalten können. Diese Verbindungen zwischen Zellen dienen vermutlich der elektrischen „langreichweitigen" Signalübermittlung (Scholkmann 2016).

Gleichzeitig fungieren die Mitochondrien innerhalb der Zelle als elektrisch leitendes Kabelnetzwerk. Das neue Verständnis über die bioelektrischen Kabelfunktionen der Mitochondrien könnte sich als bahnbrechend herausstellen. Es ist nicht auszuschließen, dass technische EMF Felder diese feinen zellularen Kommunikationswege stören können<<....

Anmerkung:
Wieder wird vom „Verschwinden des Wassers" gesprochen, was dadurch einwandfrei bewiesen ist! Es handelt sich somit keinesfalls mehr um reine Spekulation, was diesen katastrophalen Umstand betrifft.

---

124   Quelle S207 / diagnose:funk / Link im Verzeichnis / Blatt 1 von 4.

...>>(125) **Effekt auf die Diffusion durch Einfluss auf die Eigenschaften des Wassers.**

2014 konnten die Forscher um Maie Bachmann (Tallinn University, Estland) aufzeigen, dass ein weiterer Wirkmechanismus für nicht-thermische EMF-Effekte der Einfluss auf die Diffusion sein kann (Hinrikus et al. 2015). Bestrahlt man Wasser mit EMF (auch mit niedriger Intensität), dann verändern sich die physiochemischen Eigenschaften von Wasser. Mikrowellenstrahlung (Anmerkung Buchautor: beweist der Mikrowellenherd eindeutig) führt zu einer Polarisierung des Wassermoleküls und hat damit einen Effekt auf die Wasserstoff - Brückenbindungen. Dies führt dazu, dass sich die Wasser-Viskosität erniedrigt. Die Fließeigenschaften des Wassers ändern sich, wodurch Stoffe, die im Wasser gelöst sind, dann anders diffundieren (hindurch wandern). Diese Tatsache konnte experimentell nachgewiesen werden (EMF Frequenz: 0,45 GHz, E-Feldstärke: 24,6 V/m). Diffusionsprozesse in Zellen und im Gewebe sind essenziell für das Funktionieren biologischer Prozesse. Einflüsse auf diesen fundamentalen Aspekt könnten weitreichende Konsequenzen haben.

An diesen Mechanismen der Schädigung wird klar, warum keine untere schädliche Einwirkungsschwelle definiert werden kann und **die geltenden thermisch orientierten Grenzwerte keine Schutzfunktion haben.**

Dazu nahmen bereits 2007 die Professoren Josef Lutz und Franz Adlkofer gemeinsam Stellung: „In lebenden Organismen finden biologische Prozesse wie Zellteilung, Zelldifferenzierung etc. statt, die die Moleküle, speziell die DNA und die RNA sehr verletzbar machen. Chemische Verbindungen werden aufgebrochen und neue gebildet. DNA-Ketten werden geöffnet, vervielfältigt und neue Zellen werden gebildet. Eine viel tiefere Energieschwelle kann für eine Störung der zellulären Prozesse genügen. Es wird überhaupt sehr schwer sein, eine untere Energieschwelle zu definieren, um eine Störung in Lebensprozessen, für die die molekulare Instabilität eine Vorbedingung ist, auszuschließen".

(Lutz / Adlkofer 2007, S. 3).

Im „Lehrbuch der Toxikologie" heißt es im Kapitel Strahlenschutz zu ionisierender Strahlung, „dass eine Strahlenexposition, die zu einem bestimmten Nutzen führen muss, ,so niedrig wie vernünftigerweise möglich sein soll" (as low as reasonably achievable, ALARA-Prinzip.

---

125   Quelle S207 / diagnose:funk / Link im Verzeichnis / Blatt 3 von 4.

194

>> *(126) Bei der Festlegung von sogenannten „Grenzwerten" sei aber betont, dass ein solcher Dosiswert ein „Richtwert" ist, da angesichts der stochastischen Natur der Auslösung von Krebserkrankungen oder von genetischen Schäden keine Grenzdosis besteht, * unterhalb der keine Gefährdung besteht und über der erst die Gefährdung beginnt.*

Anmerkung vom Autor des Artikels:
Dies ist ein charakteristischer Unterschied zur toxischen Wirkung vieler Chemikalien, bei denen ein echter Grenzwert festgesetzt werden kann" (Marquardt / Schafer 1994, S. 645).
Aufgrund der Erkenntnisse über die Wirkmechanismen gilt dies auch für die nicht-ionisierende Strahlung (Elektro – Smog) (Hecht 2015).

(* Dadurch gibt es kein unterhalb von Grenzwerten, bei dem keine Gefährdung besteht. Und daher gibt es auch kein oberhalb von Grenzwerten, bei dem eine Gefährdung erst anfängt!)

Wirkungen auf Spermien & Embryo
Diese Wirkmechanismen führen zu einer Vielzahl von Organschädigungen und machen ihre Ätiologie plausibel. Auf fast keinem Gebiet ist die Studienlage so umfangreich und eindeutig wie zur Schädigung der Reproduktionsorgane (Hoden, Spermien, Eierstocke, Embryo). (Stand Februar 2016).

130 Studien liegen vor:
57 zu den männlichen Organen, 73 zu den weiblichen Organen, und 13 systematische Überblicksstudien (Reviews) kommen zu dem Schluss, dass ein hohes Gefährdungspotential vorliegt.
Diagnose: Funk hat dies in dem 24-seitigen Brennpunkt „Smartphones & Tablets schädigen Hoden, Spermien und Embryos" 2016 dokumentiert.

---

126   Quelle S207 / diagnose:funk / Link im Verzeichnis / Blatt 4 von 4.

195

Hinweise zum schleichenden Untergang verdichten sich!

Eine Aufzählung von wissenschaftlichen Tatsachen!

Zitate: (127) >> *Eine Verminderung der Spermienanzahl und Spermienqualität weisen nach:*
Kumar et al. (2014), Li et al. (2010), Meo et al. (2011), Tas et al. (2014).
Der vorherrschende Schädigungs- und Wirkmechanismus in den Spermien für verminderte Anzahl und Qualität ist eine Überproduktion von reaktiven Sauerstoffspezies.
Diese Überproduktion von freien Radikalen führt unter anderem zur Lipidperoxidation und zur Schwächung des körpereigenen Abwehrsystems, den Antioxidantien. *Dies weisen nach: Agarwal et al. (2009), Al-Damegh et al. (2012), Atasoy et al. (2012), Deluliis et al. (2009), Ghanbari et al. (2013), Jelodar et al.(2013), Kesari et al. (2011, 2012), Kumar et al. (2011&2012), Mailankot et al. (2009), Meena et al. (2013), Oksay et al. (2012), Sokolovic et al. (2015).*

DNA - Veränderungen und Brüche weisen nach: *Avendano et al. (2012), Deluliis et al. (2009), Gorpinchenko et al. (2014), Kumar et al. (2014), Rago et al. (2013).*

Eine Abnahme der Spermienmotiliat (Beweglichkeit) weisen nach: *Agarwal et al. (2009), Avendano et al. (2012), Ghanbari et al. (2013), Gorpinchenko et al. (2014), Lucac et al. (2011).*

Defekte Spermienköpfe, Veränderung der Morphometrie, Abnahme der Bindungsfähigkeit wurden von *Dasdag et Al. (2015), Falzone et al. (2011), Kesari et al. (2012), nachgewiesen.*

Ein verminderter Testosteron-Gehalt wurde von *Kesari et al. (2012) und Meo et al. (2010) nachgewiesen<<.*

---

127   *Quelle S210 / Aufzählung wissenschaftlicher Erkenntnisse / diagnose:funk mit direkter Quellenangaben / Blatt 1 von 7.*

>> *(128)* *Die kanadische Gesundheitsbehörde „British Columbia Centre for Disease Control (BCCDC)" veröffentlichte im März 2013 den 376-seitigen Forschungsüberblick „Radiofrequency Toolkit for environmental Heath Practitioners", in dem als Hauptursache der Risiken für die Spermien der oxidative Stress benannt wird:*

„Oxidativer Stress insgesamt, scheint einer der plausibleren Mechanismen bei der durch Hochfrequenzstrahlung verursachten Spermienschädigung zu sein. Er konnte ziemlich durchgängig bei Studien an Mensch und Tier speziell zu Spermien, aber auch allgemein bei anderen Zellen, festgestellt werden".
(BCCDC 2013, S. 272).

Entgegen den Aussagen der Bundesregierung, man wusste noch nichts über die Auswirkungen auf Embryos, macht die Forschung klare Aussagen. Insgesamt 73 Studien beschreiben gravierende Schädigungen in der Embryonalentwicklung und Oogenese. Auch hier werden in vielen Studien Wechselwirkungen zwischen ROS, Lipidperoxidation und Abnahme der Antioxidantien festgestellt: Burlaka et al. (2013), Cetin et al. (2014), Hanci et al. (2013), Hou et al. (2015), Jing et al. (2012), Manta et al. (2014), Ozgur et al. (2013), Ozorak et al. (2013), Shahin et al. (2013),Turedi et al. (2014)<<…
Anmerkung Buchautor: Sich in Deutschland hinter Unwissen verstecken, das hatten wir doch schon einmal!

…>>DNA-Strangbrüche in Embryos werden nachwiesen von: Chavdoula et al. (2010), Hanci et al.(2013), Panagopoulos et al. (2009, 2012), Shahin et al. (2013).

Vermindertes Reproduktionsvermögen bis hin zur Unfruchtbarkeit und Missbildungen weisen nach: Buchner et al. (2014), Chavdoula et al. (2010), Geronikolou et al. (2014), Margaritis et al. (2014), Panagopoulos et al. (2009, 2010)<<.

---

128   *Quelle S210 / Aufzählung wissenschaftlicher Erkenntnisse / diagnose:funk mit direkter Quellenangaben / Blatt 2 von 7.*

>> *(129)* **Erhöhte apoptotische Zellprozesse** *(programmierter Zelltod)* **weisen nach**: *Hanci et al. (2013), Hou et al. (2015), Panagopoulos et al. (2012), Umur et al. (2013).*

Die pränatale Exposition hat postnatale Auswirkungen. Werden Embryos im Muttertier (von Funkwellen) bestrahlt, so können bei den Neugeborenen krankhafte Veränderungen festgestellt werden, zum Beispiel in den Hoden, Verhaltensstörungen, Entwicklungsverzögerungen.
Dies weisen nach: Aldad et al. (2012), Furtado-Filho et al. (2014), Hanci et al. (2013), Li et al. (2012), Sangun et al. (2015).

Öffnung der Blut-Hirn-Schranke

Die Arbeitsgruppe des schwedischen Forschers Leif Salford fand, in einer Experimenten-Reihe mit mehr als 2000 Ratten nach zweistündiger GSM-Bestrahlung, eine erhöhte Durchlässigkeit der Blut-Hirn-Schranke für Albumin - Eiweiße und als Folge Neuronen Schäden. (Salford et al. 2003, Nittby et al. 2009, Nittby et al. 2011).

Die Strahlungsintensitäten lagen bei SAR 1 W / kg und weit darunter (Nittby et al. 2011: 0,37 mW / kg). Salford dazu: „Es gibt gute Gründe dafür, anzunehmen, dass das, was im Rattenhirn passiert, auch im menschlichen Gehirn passiert"! (BBC2003). So bestehe die Möglichkeit, dass die Strahlung der Mobiltelefone bei einigen Menschen die Alzheimersche Krankheit und frühe Demenz auslösen könne: „Wir können nicht ausschliessen, dass sich einige Jahrzehnte täglichen Handy-Gebrauchs auf eine ganze Generation von Nutzern schon im mittleren Alter negativ auswirken" (BBC 2003).

Blut-Hirn-Schranke geöffnet.

Die Forschergruppen Sirav / Seyhan wiesen 2011 und 2016, Tang et al. 2015 erneut nach, dass Handystrahlung geringer Intensität die Blut-Hirn-Schranke öffnet: „Die Autoren schlussfolgern, dass eine Exposition von Ratten bei elektromagnetischen Feldern von 900 MHz oder 1800 MHz die Durchlässigkeit, <<

---

129 *Quelle S210 / Aufzählung wissenschaftlicher Erkenntnisse / diagnose:funk mit direkter Quellenangaben / Blatt 3 von 7.*

>>*(130) der Blut-Hirn-Schranke erhöhen konnte, wobei geschlechtsspezifische Unterschiede vorhanden sein könnten"*
(EMF-Portal zu Sirav / Seyhan 2016).

Auswirkungen auf Kognition, Verhalten und Veränderungen bei Neurotransmittern.
Angesichts der WLANisierung der Schulen, vor allem durch die Einführung von Tablet-PCs als universales Lernmittel, bekommen Studienergebnisse über Kognition und Verhalten praktische Relevanz. Die in den folgenden Kapiteln angeführten Studien sind in den diagnose:funk Studienrecherchen, die auf der Seite: www.mobilfunkstudien.org zum Download stehen, rezensiert.

Botenstoffe im Gehirn beeinflusst.
Deshmukh el al. (2015) untersuchten drei in der Telekommunikation verwendete Frequenzen. Die Studie zeigt, dass Mikrowellenstrahlung von 900, 1800 und 2450 MHz geringer Intensität (nicht-thermische Wirkung) schädliche Auswirkungen auf Rattenhirne hat, sichtbar an verminderten Hirnleistungen beim Lernen, Gedächtnis und der räumlichen Orientierung.

Die Neurotransmitter (Dopamin, Noradrenalin, Adrenalin und Serotonin) Botenstoffe, die zur Weiterleitung elektrischer Impulse an Synapsen im Gehirn dienen, werden durch die Frequenzen 900 MHz und 1800 MHz negativ beeinflusst, das weisen die Studien von Eris et al. (2015) und Megha et al. (2015) nach.

Diese oben genannten Studien zu den Frequenzen 900 MHz und 1800 MHz beweisen den Umstand zur verminderten Lernfähigkeit, eine Lern- und Gedächtnisstörung, sie beeinflussen auch Schlaf, Appetit und Lernen.
Es kann zu einem Mangel an Serotonin kommen, der wiederum erzeugt zum Beispiel Depressionen, Unwohlsein, Übelkeit und Durchfall<<.

---

130 *Quelle S210 / Aufzählung wissenschaftlicher Erkenntnisse / diagnose:funk mit direkter Quellenangaben / Blatt 4 von 7.*

>> (131) **Stress erhöht.**
De Caires et al. (2014) untersuchten die Einwirkung von 1800 MHz auf das Zentralnervensystem und weisen eine Stressorwirkung nach.

Defizite in der Hirnleistung.
Li et al. (2015) weisen an Ratten auf Veränderungen der Gehalte an Neurotransmittern, vor allem den Serotoninstoffwechsel hin, mit der Folge von Defiziten in Hirnleistungen.

Ängstlichkeit gesteigert.
Saikhedkar et al. (2014) stellen neurodegenerative Veränderungen in Zellen des Hippocampus und in der Hirnrinde fest, mit den Folgen stärkerer Ängstlichkeit, mehr Stress und Depressionen.

Gehirnwellen verändert.
Roggeveen et al. (2015) untersuchten, ob die Strahlung eines Smartphones das EEG verändert, mit dem Ergebnis: Die Aktivitäten des Alpha-, Beta- und Gamma-Bands waren in fast allen gemessenen Gehirnregionen gesteigert. Im Hippocampus wird das räumliche Lernen und Gedächtnis verarbeitet, gespeichert und abgerufen.

Zellveränderung bestätigt.
Shahin et al. (2015) zeigen, dass kontinuierliche 2,45-GHz- WLAN-Bestrahlung oxidativen / nitrosativen Stress im Hippocampus verursacht und zu Zellveränderungen führt, die Lernen und Erinnern beeinträchtigen.

Vermindertes Lernen.
Auch Narayanan et al. (2015) stellen bei 900 MHz Strukturveränderungen im Hippocampus fest, die zu vermindertem Lernen und Erinnern bezüglich der räumlichen Orientierung führen. Als Ursachen werden ROS und DNA-Schaden angegeben<<.

---

131   *Quelle S210 / Aufzählung wissenschaftlicher Erkenntnisse / diagnose:funk mit direkter Quellenangaben / Blatt 5 von 7.*

>> (132) **Schädigungen Rückenmark.**

Ikinci et al. (2015) zeigen, dass biochemische und pathologische Veränderungen im Rückenmark auftreten können, wenn männliche Ratten vom Tag 21 bis Tag 46 täglich eine Stunde lang mit 900-MHz-Feldern bestrahlt werden. Als eine Ursache wird Lipidperoxidation identifiziert.

Da das Rückenmark der Transportweg vom Gehirn zum peripheren Nervensystem ist, konnten Schädigungen dort zu Störungen im Verhalten führen, weil der Informationsaustausch gestört ist.

Vielnutzer gefährdet!

Mortazavi et al. (2011) untersuchten 469 Schüler auf die Folgen der Mobiltelefon-Nutzung. Es gab einen statistisch signifikanten Zusammenhang zwischen Gesprächsdauer und der Häufigkeit von einigen Symptomen, darunter Kopf- und Muskelschmerzen, Herzklopfen, Müdigkeit, Tinnitus, Schwindel und Schlafprobleme. Auch Probleme mit Aufmerksamkeit, Konzentrationsfähigkeit und Nervosität war bei den Vielnutzern größer als erwartet.

Schlechtere Gedächtnisleistung.

Schoeni et al. (2015) untersuchten, ob sich die häufige Nutzung des Smartphones auf die Gedächtnisleistung auswirkt. Die Auswertung der Gedächtnistests mit den Jugendlichen ergab nach einem Jahr einen signifikanten Zusammenhang zwischen höherer Dosis und schlechterem Figuren - Gedächtnis.

Auswirkungen auf Herz- und Blutfunktionen.

In der Fall - Kontroll - Studie von Ekici et al. (2016) wurde untersucht, welchen Einfluss Mobilfunkstrahlung auf die Herztätigkeit, insbesondere die Herzraten – Variabilität (HRV), von gesunden Personen hat. Es wurde gezeigt, dass die Dauer der Mobiltelefonnutzung das autonome Gleichgewicht für die Herzratenvariabilität in den gesunden Personen verschieben konnte<<.

---

132   *Quelle S210 / Aufzählung wissenschaftlicher Erkenntnisse / diagnose:funk mit direkter Quellenangaben / Blatt 6 von 7.*

>> *(133)* *Während der Gespräche ist das Gerät nah am Kopf, dadurch kann das autonome Nervensystem verändert werden, das eine Verbindung zur Steuerung der Herztätigkeit (Schrittmacher) hat. Die elektromagnetischen Felder der Mobiltelefone konnten vor allem bei Langzeitnutzung Veränderungen in der Herzratenvariabilität hervorrufen.*

Saili et al. (2015) weisen Veränderungen durch das WLAN-Signal in der Herzratenvariabilität, erhöhten Blutdruck und Auswirkungen auf Katecholamine (Neurotransmitter) nach.

Lippi et al. (2016) untersuchten die Wirkungen der 900-MHz-Strahlung von Smartphones auf Leukozyten.
Es gab eine signifikante Abnahme der Myeloperoxidase (ERKLÄRUNG) bei allen 16 Proben nach 30 Minuten Bestrahlung und eine bedeutende Abnahme der segmentierten neutrophilen Leukozyten. Die Myeloperoxidase spielt bei oxidativen Prozessen in den Zellen eine bedeutende Rolle.
Struktur, Volumen und Funktion der Blutplättchen (Thrombozyten) wurden signifikant verändert. Die Autoren schlussfolgern, dass man Blutprodukte, die Leukozyten enthalten, während der Herstellung und Lagerung vor Smartphon-Bestrahlung schützen soll<<.

Anmerkung Buchautor: Zu dem Zeitpunkt der oben angezeigten Studien gab es noch kein 5G als Anwendung, darum sind dazu auch noch keine Langzeit-Studien verfügbar. Was aber bei allen Studien eindeutig zu Tage tritt, ist die Tatsache, dass alle Frequenzen erheblichen Schaden anrichten können. Darum wird es auch zur Frequenz von 5G keinerlei Ausnahmen geben. 5G wird noch um einiges schädlicher sein, als die bereits verwendeten Frequenzen. Das ist keine Prophezeiung von mir, sondern eine persönliche Aussage, die auf dem logischen Schluss des derzeitigen Wissens und aller bereits vorgelegten wissenschaftlichen Studien basiert.

---

133   *Quelle S210 / Aufzählung wissenschaftlicher Erkenntnisse / diagnose:funk mit direkter Quellenangaben / Blatt 7 von 7.*

Sendemaststudien werden unmöglich!

>> *(134) Zitat: >> Durch die fast vollständige Netzabdeckung sind die Auswirkungen der Sendemasten durch Langzeitstudien nicht mehr gut erfassbar, funkfreie bewohnte Kontrollgebiete fehlen.*
Zudem ist der Organismus inzwischen vielen Quellen ausgesetzt (Smartphones, WLAN, DECT-Telefone, Babyphones u. a.).
Als 2004 sich durch die Naila - Studie (Eger et al. 2004) erstmals ein erhöhtes Krebsrisiko im Umkreis von Sendeanlagen zeigte, forderte der Studienleiter Dr. Horst Eger das Bundesamt für Strahlenschutz auf, Nachfolgestudien durchzuführen, solange es noch strahlungsfreie Zonen gibt.
Das ist nicht erfolgt.
Die Bevölkerung wird, wie das Bundesamt für Strahlenschutz schon 2005 in den „Leitlinien Strahlenschutz" beklagt, nach wie vor einer „unkontrollierten Exposition" ausgesetzt.
(BUNDESAMT FÜR STRAHLENSCHUTZ 2005, S.44)
Vor allem in außereuropäischen Ländern wurden in den letzten zwei Jahren Sendemaststudien durchgeführt. Zu den Auswirkungen von Mobilfunkbasisstationen sind zwei neue iranische Studien erschienen (ALAZAWI 2011, SHAHBAZI-GAHROUEI et al. 2014).
Es wurde die Häufigkeit von Krankheitssymptomen von Anwohnern, die im Umkreis von 300 m um die Anlage wohnen, mit denen, die weiter als 300 m entfernt wohnen, verglichen.

Das identische Ergebnis beider Studien:
„Die meisten gesundheitlichen Beschwerden wie z. B. Übelkeit, Kopfschmerzen, Schwindel, Reizbarkeit, Unbehagen, Nervosität, depressive Anzeichen, Schlafstörung, Gedächtnisstörung und verminderte Libido wurden statistisch relevant häufiger von Personen berichtet, die in einem Abstand bis zu 300 m zu einer Basisstation gewohnt hatten, im Vergleich zu Personen, die in einer Entfernung von mehr als 300 m zu einer Basisstation gelebt hatten<<.

---

134   Quelle S217 / Sendemaststudien werden unmöglich / diagnose:funk /
         Blatt 1 von 3

>> (135) Die Autoren schlugen vor, dass Mobilfunk-Basisstationen in einer Entfernung von nicht weniger als 300 m zu Wohnungen aufgestellt werden sollten um die Exposition (Bestrahlung) der Bewohner zu minimieren" (EMF Portal zur Studie von Shahbazi-Gahrouei et al.). Eine klinische Untersuchung zu Basisstationen legten Meo et al. (2015) vor. Für die Studie wurden zwei Grundschulen mit insgesamt 159 Schülern ausgewählt, auf die eine unterschiedlich starke Strahlung einwirkte. In dieser Querschnitts-Studie sollte der Zusammenhang zwischen der Strahlung und glykiertem Hämoglobin (HbA1c) und dem Auftreten von Diabetes mellitus Typ 2 untersucht werden.

Das Ergebnis: Die Schüler mit den hohen Feldstärken hatten ein deutlich höheres Risiko, an Diabetesmellitus Typ 2 zu erkranken, gegenüber den Schülern mit geringerer Belastung.

Für die Auseinandersetzung um Basisstationen und Schutzmöglichkeiten ergab das Experiment von Marzook et al. (2014) weitere wichtige Erkenntnisse.

32 männliche erwachsene Ratten wurden in vier Gruppen eingeteilt: unbestrahlte Kontrolle, 900-MHz-Strahlung, Strahlung mit zusätzlich 1,5 bzw. 3 ml Sesamöl.

Die Bestrahlung erfolgte über eine 900-MHz-Basisstation, die auf einem Haus in Kairo in 8 m Entfernung stand.

Die Tiere waren einer Leistungsflussdichte von 0,5 mW / cm2 ausgesetzt. Die Strahlung wirkte 8 Wochen 24 Stunden pro Tag ein. Die Tiere in Gruppe 3 und 4 bekamen dreimal pro Woche Sesamöl oral verabreicht. Ein Ergebnis: Testosteron war signifikant erhöht gegenüber der Kontrollgruppe und die bemerkenswerte Zunahme in den Ölgruppen erfolgte dosisabhängig. Antioxidantien nahmen deutlich ab bei den bestrahlten Tieren und stiegen signifikant in den Ölgruppen mit steigender Öldosis an. Sesamöl hat also eine Schutzfunktion. Akbari et al. (2014) und Jelodar et al. (2013) simulierten im Labor ein Basisstationen-Antennen-Modell, das mit 900 MHz sendet und Ratten bestrahlt. Akbari et al. stellten fest, dass die Strahlung oxidativen Stress in den Geweben von Gehirn und Kleinhirn hervorruft und Vitamin C die Enzymaktivität der antioxidativen Enzyme erhöht und die Lipidperoxidation verringert<<.

---

135   Quelle S217 / Sendemaststudien werden unmöglich / diagnose:funk / Blatt 2 von 3.

>> (136) *Die Ergebnisse der Arbeitsgruppe von Jelodar et al. zeigen, dass die 900-MHz-Strahlung von Basisstationen oxidativen Stress in den Rattenhoden hervorruft. Vitamin C verbesserte die Aktivitäten der antioxidativen Enzyme erheblich und verringerte deutlich messbar die MDA-Konzentration (Marker für oxidativen Stress), die Lipidperoxidation war geringer<<.*

FATALE Konsequenzen?

Frequenzmix und Wechselwirkungen nicht erforscht!

*Zitat: (137) >> **Dem Leser wird folgendes auffallen:***
1. In den meisten Studien wird die Wirkung nur einer Frequenz untersucht, doch real sind alle Organismen einem Frequenzmix ausgesetzt.
2. Die Kombinationswirkung mit anderen Umweltnoxen wie Amalgam, Stickoxiden, Feinstaub, Blei, Glyphosat, Aluminium, Fluoriden, Cadmium, Weichmachern u. a. ist so gut wie nicht erforscht.
Mobilfunkstrahlung wirkt in einer Kombinationswirkung mit anderen Umweltbelastungen (Rea 2016).
Die kanadischen Umweltmediziner Genuis und Lipp haben diese verstärkende Kombinationswirkung in ihrem Artikel,
„Elektromagnetische Hypersensibilität: Tatsache oder Einbildung?" (2011) behandelt. Je nach Vorbelastung und dem Zustand des Immunsystems wirken EMF. Zur Elektrohypersensibilität findet eine absurde Diskussion statt. EMF führen zu Oxidativem Stress und sind damit eine wesentliche Grundlage für eine Palette, entzündlicher Prozesse in den Zellen mit pathologischen Folgen. Zu behaupten, dazu noch auf Grund von Pseudoexperimenten mit Kurzzeitbestrahlungen (ein Raucher fällt auch nicht beim ersten Lungenzug tot um), dass es auszuschließen sei, dass Menschen auf diese Dauerbelastung sensibel bzw. allergisch reagieren, ist absurd. Elektrohypersensible Menschen zu psychologisieren, ist diskriminierend (Gibson 2016).

---

136   *Quelle S217 / Sendemaststudien werden unmöglich / diagnose:funk / Blatt 3 von 3.*
137   *Quelle S220 / diagnose:funk / Frequenzmix und Wechselwirkungen nicht erforscht! / Blatt 1 von 5.*

>> *(138) Die Verwirklichung des Internets der Dinge, unter anderem mit „Smart Homes" (Kleine Häuser) und dem „Autonomen Auto", wird die Strahlungsdichte enorm erhöhen. Daraus ergeben sich neue Kombinationswirkungen.*

Der neue Bericht des Otto-Hug-Strahleninstituts „unterschätzte Gesundheitsgefahren durch Radioaktivität am Beispiel der Radarsoldaten" (Mampel et al. 2015) befasst sich unter anderem auch mit den Wechselwirkungen von Radar- und Mobilfunkstrahlung:

„Die Exposition durch Radarstrahlen wurde bislang von offizieller Seite und von der Radarkommission nur dann für gesundheitsschädlich gehalten, wenn die Leistungsdichte der Strahlung im Gewebe zu einer messbaren Temperaturerhöhung führt. Inzwischen liegen jedoch zahlreiche Untersuchungen über Effekte durch den Mobilfunk vor, dessen hohe Frequenzen ebenfalls im Mikrowellenbereich liegen.

Diese zeigen, dass es bei langanhaltender Exposition (Ausgesetzt sein) auch unterhalb der sogenannten Warmeschwelle zu irreparablen und krankhaften Störungen wie zum Beispiel zu Unfruchtbarkeit kommen kann. Kombinationswirkungen zwischen der ionisierenden und der nicht-ionisierenden Strahlung sind ebenfalls als mögliche Ursache der multiplen (vielfältigen) Krankheitsphänomene anzusehen, die bei den Radarsoldaten und - beschäftigten zu beobachten sind "
(Mampel et al. 2015, S. 9).

Diese Wechselwirkung bekommt aktuell große Bedeutung. Nicht nur bei Anwohnern in der Nähe von Flughäfen und Militäreinrichtungen. Das selbstfahrende Auto soll sich über eine Kombination von **Radar, LTE, WLAN, Bluetooth, 5G und GPS** *steuern, d. h. es wird zu einer neuen flächendeckenden Belastung von Mensch und Umwelt durch eine Kombination verschiedener Frequenzen kommen<<.*

---

138   *Quelle S220 / diagnose:funk / Frequenzmix und Wechselwirkungen nicht erforscht! / Blatt 2 von 5.*

>> *(139)* **Schlussbetrachtungen:** **Erkenntnis** **zu** **den** **Gesundheitsrisiken.**
*Eine Gesamtschau der Forschungsergebnisse aus in-vitro-, in-vivo (am lebenden Objekt) - und epidemiologischen Studien **lässt nur einen Schluss zu: „Es liegen vor allem in ihren Langzeitfolgen noch nicht abzuschätzende große Gesundheitsrisiken vor".***

Warum dies vor der Öffentlichkeit verschwiegen wird, dokumentiert Prof. Martin Blank (USA), ehemaliger Vorsitzender der Bioelectromagnetics Society, in seinem Buch: OVERPOWERED.
Englische Fassung: What science Tells us about the dangers of cell phones and other WiFi-age devices (2014),

Studien zeigen sowohl die Geschichte und den aktuellen Stand der Forschung als aber auch aus eigenem Erleben wird der Einfluss der Industrie in den USA auf die Politik und deren Kommunikation der Forschungsergebnisse, wiedergegeben.

Einige Langzeitwirkungen sind durch die Forschungen von Prof. Karl Hecht (Hecht 1996, 2012, 2015, 2016) bekannt, die er im Auftrag der Bundesregierung bereits in den 1990er-Jahren durchführte. Sie wurden ins Archiv verbannt. Wir befinden uns in einem Feldversuch, den die Politik wider besseres Wissen zugelassen hat, wie Prof. Hecht als Zeitzeuge im UMG-Interview 2/2016 berichtet (HECHT 2016).

Milliarden Lizenzgebühren im Jahr 2001 und ein „Kanzler der Bosse".
Gerhard Schröder, ermöglichten dies: „Der behauptete oft, dass es vollkommen verkehrt sei, bei Innovationen zuerst von den Risiken und dann von den Chancen zu reden. Umgekehrt werde ein Schuh draus: ‚Erst die Chancen realisieren und noch nicht von den Risiken reden; von den Risiken erst reden, wenn auch sie realisiert sind, also nicht mehr abzuwenden'"
schreibt Mirko Weber in der Stuttgarter Zeitung<<

---

139   *Quelle S220 / diagnose:funk /* Frequenzmix und Wechselwirkungen nicht erforscht! / *Blatt 3 von 5.*

>> (140) Der Organisationstheoretiker Gunther Ortmann nennt dies „Zu spät als politisches Programm" (Weber 2016). Das Bundesamt für Strahlenschutz reagierte darauf 2005 in den „Leitlinien Strahlenschutz" mit Kritik: „Andererseits sind wir heute konfrontiert mit einer breiten Einführung neuer Belastungen, ohne dass eine abschließende Abschätzung und Bewertung der Risiken möglich war (z. B. Mobilfunk)." (S. 50)

In den Leitlinien wurde bereits auf den inzwischen bestätigten Verdacht der krebspromovierenden Wirkung hingewiesen. Nach der Forderung von Branchenverbänden, die Leitlinien zurückzuziehen, verschwanden sie aus der Diskussion.

So existiert nun eine Industrie mit weltweit Billionen Euro Umsätzen, satten Profiten, hunderttausenden Arbeitsplatzen, deshalb sollen die Menschen Risiken „alternativlos" hinnehmen.

In seinem Buch Weltrisikogesellschaft (2007) schreibt der Soziologe Ulrich Beck: „Die herrschenden Definitionsverhältnisse weisen den Technik- und Naturwissenschaften eine Monopolstellung zu: Sie (und zwar der Mainstream, nicht Gegenexperten und Alternativwissenschaftler) entscheiden ohne Beteiligung der Öffentlichkeit, was angesichts drohender Unsicherheiten und Gefahren tolerierbar ist und was nicht (...) Man hat es nicht mehr mit der Abfolge: erst Labor, dann Anwendung zu tun. Stattdessen kommt die Überprüfung nach der Umsetzung, die Herstellung vor der Forschung. Das Dilemma, in das die Grossgefahren die wissenschaftliche Logik gestürzt haben, gilt durchgängig: Die Wissenschaft schwebt blind über der Grenze der Gefahren" (BECK 2007, S. 73ff).

Deshalb plädiert Ulrich Beck in Berufung auf den englischen Staatstheoretiker Thomas Hobbes „für ein individuelles Widerstandsrecht der Bürger. Wenn der Staat lebensgefährdende Verhältnisse erzeugt oder duldet, dann, so Hobbes, „steht es dem Bürger frei, das zu verweigern" (......<<.

---

140   Quelle S220 / diagnose:funk / Frequenzmix und Wechselwirkungen nicht erforscht! / Blatt 4 von 5.

>> (141) ....) Denn Gefahren werden industriell erzeugt, ökonomisch externalisiert, juristisch individualisiert, naturwissenschaftlich legitimiert und politisch verharmlost " (BECK 2007, S. 177).

Bereits 1994 warnte das ECOLOG-Institut in seinem Buch „Risiko Elektrosmog?": „Die ganze Erde wird mehr und mehr ein Grosslabor, in dem wir je nach Einstellung und Profession gespannt oder erschreckt beobachten, welche globalen Folgen der massenhafte Einsatz von Chemikalien, elektromagnetischen Feldern, genmanipulierten Organismen hat – nur, dass wir dieses Labor nicht wieder so einfach aufräumen können, wenn wir merken, dass das Experiment missglückt ist"
(Neitzke et al. 1994, S. 319).

Das kann man nicht weiter zulassen, denn die Summe der anthropogen erzeugten Umweltschädigungen gefährdet um des Profites Willen letztlich die Existenz der Gattung Mensch<<.....

Technische Grundlagen zum obigen Artikel.

...>> In Deutschland regelt die 26. BImSchV die Grenzwerte (Bundesimmissionsschutzverordnung) .

Sie beruht auf den Empfehlungen der ICNIRP, einem privaten Verein industrienaher Wissenschaftler mit Sitz in München.

Der festgelegte Richtwert für Handystrahlung im Nahbereich liegt bei 2,0 W/kg (SAR) lokal am Kopf und 0,08 W/kg (SAR) am gesamten Körper.
Ein Richtwert ist „aber" nur eine Empfehlung.

Für ortsgebundene Sender (Basisstation) gilt der vorgeschriebene Grenzwert:
Für GSM 900 = 41 V/m (elektrische Feldstarke),
bzw. 4.500.000 µW/m2 (elektrische Leistungsflussdichte).
Für UMTS liegt er bei 61 V/m, das entspricht 10.000.000 µW/m2 <<.

---

141   Quelle S220 / diagnose:funk / Frequenzmix und Wechselwirkungen nicht erforscht! / Blatt 5 von 5.

CHRONOLOGIE der Ereignisse und Erkenntnisse

*Besser gesagt: **Chronologie der wissenschaftlichen Beweise!***

*Zitate: (142) >> Die Risiken und vor allem die Unsicherheiten in der Öffentlichkeit sind nicht auf unklare Forschungsergebnisse zurückzuführen, sondern auf den herrschenden Einfluss der Industrie auf Politik, Wissenschaft und Medien. Diese Chronologie zeigt, dass nicht nur eine Vorsorgepolitik, sondern auch eine Politik der Gefahrenabwehr mit strengen Schutzvorschriften, längst überfällig ist. Dies wird seit Jahren in vielen weltweiten Veröffentlichungen gefordert. Das EMF-Portal, Referenzdatenbank der WHO und der deutschen Bundesregierung, listet zum Stichtag 31.11.2017 eine Anzahl von ca. **26.000 Publikationen**. Davon wurden vom EMF-Portal ca. **6.000 Zusammenfassungen** erstellt. Wiederum **1.430 sind aus dem Bereich des Mobilfunks**. In der von diagnose:funk durchgeführten internen Auswertung, weisen ca. **800 Studien negative biologische Effekte** nach.*

Die Chronologie zu den dokumentierten Ereignissen finden Sie in auf www.diagnose-funk.org unter der Rubrik `Artikel´ und auf www.EMFData. Diese dokumentiert eine Vielzahl behördlicher und wissenschaftlicher Warnungen und Nachweise zu Risiken der Mobilfunktechnologie.

Hier die GEKÜRZTE Versionen!

Jahr 2003

Februar 2003: Öffnung der Blut-Hirn-Schranke: Die Arbeitsgruppe des schwedischen Forschers Leif Salford findet in einer Experimentenreihe mit Ratten nach zweistündiger GSM-Bestrahlung eine erhöhte Durchlässigkeit der Blut-Hirn-Schranke für Albumin-Eiweisse und als Folge Neuronenschäden (Salford et al. 2003).

Die Strahlungsintensitäten lagen bei SAR 1 W / kg und weit darunter. Salford dazu: „Es gibt gute Gründe dafür, anzunehmen, dass das, was im Rattenhirn passiert, <<.

---

142   Quelle S225 / diagnose:funk / Link im Artikel und Verzeichnis / Blatt 1 von 36.

>> (143) auch im menschlichen Gehirn passiert." (BBC Interview, 2003). So bestehe die Möglichkeit, dass die Strahlung der Mobiltelefone bei einigen Menschen die Alzheimersche Krankheit und frühe Demenz auslösen könne: „Wir können nicht ausschließen, dass sich einige Jahrzehnte täglichen Handy-Gebrauchs auf eine ganze Generation von Nutzern schon im mittleren Alter negativ auswirken." (ebda)

Juni 2003:

Die Bundestagsdrucksache 15/1403, „Gesundheitliche und ökologische Aspekte bei mobiler Telekommunikation und Sendeanlagen - wissenschaftlicher Diskurs, regulatorische Erfordernisse und öffentliche Debatte", vom 8.7.2003, enthält einen 100-seitigen Forschungsüberblick mit dem Kapitel „Gefahrenabwehr", das auf potentielle Risiken hinweist und vor allem für Schutzzonen um Kindergärten herum plädiert. Dort wird zu Auswirkungen der Strahlung u.a. festgestellt:
„Von den Studien an menschlichen Probanden erbrachten 79 % positive Befunde. Die meisten Effekte betreffen das Nervensystem oder das Gehirn (86 %), es folgen Effekte im Zusammenhang mit Krebs (64 %) (S.27).

„Die Einrichtung von Schutzzonen, in denen zum Beispiel, die Verwendung von Mobiltelefonen oder die Errichtung von Sendeanlagen verboten oder stark eingeschränkt wird, ist eine häufig diskutierte Maßnahme. Diese Zonen können unter anderem dem Schutz von möglicherweise besonders strahlungsempfindlichen Personen dienen. Ihre Einrichtung wird daher primär für Krankenhäuser, Schulen oder Kindergärten erwogen.

Die Mobilfunkbetreiber in Deutschland wollen im Rahmen der freiwilligen Selbstverpflichtung vom **Dezember 2001** bei der Planung von Sendeanlagen verstärkt die Standorte von Schulen und Kindergärten berücksichtigen.... Manche Studien befürworten weitergehende Maßnahmen: Schutzzonen sollen alle Orte umfassen, an denen sich Menschen regelmäßig länger als **vier Stunden** aufhalten" (S.81)<<

---

143   Quelle S225 / diagnose:funk / Link im Artikel und Verzeichnis / Blatt 2 von 36.

November 2003:

>> (144) Die Feldstudie der Tierärztlichen Hochschule Hannover wird veröffentlicht: „Die Auswirkungen elektromagnetischer (EMF) Felder von Mobilfunksendeanlagen auf Leistung, Gesundheit und Verhalten landwirtschaftlicher Nutztiere:

„Eine Bestandsaufnahme"

(Prof. W. Löscher, Zeitschrift Prakt. Tierarzt, 84, 11, 20013).

Sie weist an Lebewesen eine krankmachende Wirkung der Strahlung nach. Die Studie wurde vom Land Bayern in Auftrag gegeben. Die Relevanz von Löschers Studien werden in der Bundestagsdrucksache 15/1403 (S. 24) bestätigt:

"Von besonderem Interesse ist hierbei eine Veröffentlichung zu Rindern (Löscher / Käs 1998), in welcher erheblich reduzierte Milcherträge, Auszehrung sowie spontane Fehl- und Totgeburten dokumentiert wurden. Von besonderer Relevanz sind die folgenden Sachverhalte:

– Der Gesundheitszustand der Rinder verbesserte sich erheblich, nachdem sie auf Weideland gebracht wurden, das weit entfernt von dem Sendemast lag, verschlechterte sich jedoch sofort wieder bei Rückkehr an den alten Standort;

– die negativen gesundheitlichen Effekte traten erst auf, nach-dem auf einem Turm GSM-Mikrowellenantennen installiert wurden, der zuvor lediglich für die Übertragung (analoger) TV- und Radiosignale genutzt worden war....Schließlich wird über Rückgänge von Vogel- und Bienenpopulationen nach Inbetriebnahme neuer Basisstationsmasten berichtet.

Das Auftreten negativer Effekte bei Tieren ist deshalb von besonderer Relevanz, weil dadurch deutlich wird, dass die Effekte möglicherweise real und nicht nur psychosomatischer Genese sind. Darüber hinaus könnte aus der oftmals höheren Elektro-Sensitivität von Tieren im Vergleich zum Menschen gefolgert werden, dass die bei Tieren innerhalb eines relativ kurzen Zeitraumes aufgetretenen gesundheitlichen Probleme darauf hindeuten, dass eine Langzeitexposition beim Menschen ähnliche Folgen haben könnte."

---

144   Quelle S225 / diagnose:funk / Link im Artikel und Verzeichnis / Blatt 3 von 36.

212

Jahr 2004

Dezember 2004:

>> *(145) Die Ergebnisse der REFLEX-Studie werden von Prof. Franz Adlkofer vorgestellt. Das Projekt wurde von der EU finanziert und in einem Verbund von 11 Universitätseinrichtungen durchgeführt. Die Ergebnisse: GSM-1800 und GSM-900 verändern unterhalb des geltenden Grenzwertes für die Teilkörperexposition (Teilkörper ausgesetzt sein) von 2 W/kg in verschiedenen menschlichen und tierischen Zellen nach intermittierender (mit Unterbrechungen) und kontinuierlicher (permanenter) Exposition (Ausgesetzt sein) Struktur und Funktion der Gene.*

Folgende Wirkungen wurden festgestellt:

Zunahme von Einzel- und Doppelstrangbrüchen der DANN: in menschlichen Fibroblasten, HL60-Zellen und Granulosazellen von Ratten, aber nicht in menschlichen Lymphozyten

Zunahme von Mikrokernen und Chromosomenaberrationen in menschlichen Fibroblasten

Veränderung der Genexpression in mehreren Zellarten, insbesondere aber in menschlichen Endothelzellen und embryonalen Stammzellen von Mäusen

Ein signifikanter Anstieg von DNA-Strangbrüchen wurde in menschlichen Fibroblasten bereits bei einem SAR-Wert von 0,3 W/kg festgestellt.

Jahr 2005

Frühjahr 2005:

*In den **„Leitlinien Strahlenschutz"** (2005) des **Bundesamtes für Strahlenschutz**" wird die Aufstellung von Mobilfunksendeanlagen und ungesicherte Folgen kritisiert und Vorsorgemaßnahmen eingefordert: **„eine Strahlenschutzbewertung neuer Technologien ist bisher erst nach Markteinführung der Technologie möglich, da die hierfür erforderlichen Daten dem Strahlenschutz vorher nicht verfügbar gemacht werden**"<<.*

(Anmerkung: Seit wann wird erst das Produkt eingeführt und dann auf Schädlichkeit getestet? Ja geht es noch dreister?)

---

145   *Quelle S225 / diagnose:funk / Link im Artikel und Verzeichnis / Blatt 4 von 36.*

>>(146) *Und weiter: „In Deutschland fehlt derzeit eine allgemeine Rechtsgrundlage für den Strahlenschutz der Bevölkerung bei nichtionisierender Strahlung* ...Die Folge ist, dass, von wenigen *Ausnahmen abgesehen, eine weitgehend unkontrollierte Exposition der Bevölkerung stattfindet*...Die Frage der Auswirkungen *elektromagnetischer Emissionen auf die belebte Umwelt sind bisher nicht nur national, sondern auch international stark vernachlässigt worden."*

„andererseits sind wir heute konfrontiert mit einer breiten Einführung neuer Belastungen, ohne dass eine abschließende Abschätzung und Bewertung der Risiken möglich war (z.B. Mobilfunk)." (S.42, 44, 46, 50)

*„***Wahrscheinlich** *sind die Energien nichtionisierender hochfrequenter elektromagnetischer Felder zu niedrig, um zur Krebsinduktion beizutragen. Es werden aber in der wissenschaftlichen Diskussion Mechanismen zur Krebspromotion diskutiert. Aus diesem Grund ist auch hier* **Vorsorge angezeigt, insbesondere bei Jugendlichen und Heranwachsenden, bei denen eine besondere Strahlenempfindlichkeit bisher nicht ausgeschlossen werden kann** *... Die Vorsorge stellt beim Umgang mit Risiken neben der Gefahrenabwehr ein zweites wichtiges Prinzip dar, das dem Erhalt der Gesundheit dient und deshalb in den einschlägigen rechtlichen Regelungen als Strahlenschutzprinzip verankert werden sollte." (S.54)*

Februar 2005:
Vorstellung der Studie zur Hemmung eines DNA - Reparaturmechanismus durch UMTS. Auf einem Workshop der WHO stellt die russisch-schwedischen Forschergruppe um Prof. I. Y. Belyaev / E. Markova (Universität Stockholm) das Ergebnis ihrer Studie vor: UMTS-Strahlung verzögert Reparaturmechanismen in der Zelle bis zu 72 Stunden und zieht aus den Untersuchungen das Resümee: "Die erhaltenen Forschungsresultate unterstützen die Hypothese, dass UMTS-Mikrowellen aufgrund ihrer Signalcharakteristik Zellen noch stärker beeinflussen als GSM-Mikrowellen." (Belyaev, Vortrag Zürich 2005)<<.

---

146   Quelle S225 / diagnose:funk / Link im Artikel und Verzeichnis / Blatt 5 von 36.

Jahre 2006 und 2007

August 2006:

>>(147) Im EMF-Handbuch 2006 des ECOLOG-Institutes wird festgestellt, dass die Studien „u den Wirkungen der Hochfrequenzstrahlung auf das zentrale Nervensystem ... von der Mehrzahl der wissenschaftlichen Kommissionen als vergleichsweise aussagekräftig bewertet werden", so das Institut, und es bewertet sie als „konsistente Hinweise" (S.2-15, 2-12). Diese „Störungen des zentralen Nervensystems" treten schon bei 0,01 W/m2, Kanzerogenität (Krebswachstum) bei 0,1 W/m2 auf. Das renommierte ECOLOG-Institut wurde von der Telekom bereits im Jahr 2000 gutachterlich beauftragt. In der **Studie des ECOLOG - Instituts für T-Mobile wird die Technologie als gesundheitsgefährdend eingestuft**. So werden sieben Studien zur Einwirkung auf die Blut-Hirn-Schranke als „positiv aufgeführt." (Anhang B, S.11 ff)

September 2007:

Der BioInitiative Report liefert detaillierte wissenschaftliche Information über Einflüsse auf die Gesundheit durch elektromagnetische Strahlung. Die Autoren überprüften mehr als 2000 wissenschaftliche Studien und schlossen daraus, dass die derzeit gültigen öffentlichen Sicherheitsgrenzwerte für **den Schutz der öffentlichen Gesundheit untauglich** sind.

Jahr 2008

Im Oktober 2008 erscheint das Positionspapier des BUND (Bund für Umwelt und Naturschutz Deutschland) „für zukunftsfähige Funktechnologien" mit dem Appell: „Die Gesundheit der Menschen nimmt Schaden durch flächendeckende, unnatürliche Strahlung mit einer bisher nicht aufgetretenen Leistungsdichte. Kurz und langfristige Schädigungen sind absehbar und werden sich vor allem in der nächsten Generation manifestieren, falls nicht politisch verantwortlich und unverzüglich gehandelt wird."<<.

---

147 Quelle S225 / diagnose:funk / Link im Artikel und Verzeichnis / Blatt 6 von 36.

Jahr 2009

April 2009:

>> *(148)   Das **EU-Parlament** (Beschluss 2008/2211(INI) vom 2. April 2009) fordert die Regierungen zur Grenzwertsenkung auf, weil angesichts der zunehmenden EMF-Belastung vor allem Kinder und Schwangere durch die Grenzwerte nicht mehr geschützt sind.*

Juli 2009:
Belgien senkt seine Grenzwerte für Mobilfunkantennen auf 3 Volt pro Meter.

August 2009:
Der Forschungsbericht der AUVA - Versicherung (Österreich), der ATHEM-Report, wird veröffentlicht. Durchgeführt wurde er an der Medizinischen Universität Wien. Er weist die Existenz athermischer schädigender Effekte auf die Proteinbiosynthese nach, zeigt Effekte auf das Gehirn, ebenso nimmt er zu DNA-Schäden Stellung. Der Bericht stellt die Schutzfunktion der Grenzwerte in Frage.

September 2009:
Im US-Senat findet ein Hearing zu Handys statt. Alle vortragenden Wissenschaftler warnen, nur die Vertreterin der Mobilfunkindustrie bestreitet die Gesundheitsgefahren. Parallel zu diesem Hearing findet die „Washington Konferenz" statt, besetzt mit hochrangigen Wissenschaftlern. Sie mahnt weitere Forschung ohne Zeitverlust an.

September 2009:
*Die Europäische Umweltagentur (EUA) veröffentlicht auf Grund dieser Konferenzergebnisse eine zweite Frühwarnung: „die Washingtoner Konferenz zu Mobiltelefonen hat gerade das aktuelle Beweismaterial zu den möglichen Gefahren im Zusammenhang mit Mobiltelefonen, insbesondere das mögliche Hirntumorrisiko, ausgewertet" (... „die Beweislage für ein Hirntumorrisiko ausgehend von Mobiltelefonen, obwohl immer noch sehr begrenzt und **stark bezweifelt, ist unglücklicherweise stärker** als vor zwei Jahren, als wir erstmalig unsere Frühwarnung herausgaben." (Prof. J.McGlade, EUA-Direktorin). Die EUA beruft sich auf die Ergebnisse des BioInitiative-Reports<<.*

---

148 Quelle S225 / diagnose:funk / Link im Artikel und Verzeichnis / Blatt 7 von 36.

Oktober 2009:

>> (149) In der Zeitschrift umwelt-medizin-gesellschaft (abgekürzt: umg) ist das Schwerpunktthema „Gesundheitliche Auswirkungen elektromagnetischer Felder". Durchgehend wird vor den bewiesenen Risiken gewarnt. „umg" veröffentlicht darin den Artikel von Ulrich Warnke „ein initialer Mechanismus zu Schädigungseffekten durch Magnetfelder bei gleichzeitig ein-wirkender Hochfrequenz des Mobil- und Kommunikationsfunks".

Jahr 2010

Januar 2010:

Ein Ärzteteam stellt in umwelt-medizin-gesellschaft (umg) 2/2010 die Selbitz-Studie (Eger/Jahn) vor. Sie stellen nach einer Untersuchung in der Stadt im Frankenwald fest, dass es mit zunehmender Nähe zu Mobilfunkmasten deutlich mehr und stärkere gesundheitliche Beschwerden gibt.

September 2010:

Prof. Wilhelm Mosgöller, Krebsspezialist an der Med. Universität Wien, veröffentlichte unter dem Titel: „Vorsorge aufgrund wiederholter Feststellung sogenannter athermischer Wirkungen von HF-EMF" einen aktuellen zusammenfassenden Bericht zum Stand der Forschung zur Gentoxität von elektromagnetischen Feldern. Er listet 27 Studien auf, die gentoxische Wirkungen nachweisen. Seine Schlussfolgerung: Die internationale Forschung erbrachte Befunde, die für den Fall der Exposition (des ausgesetzt sein) durch HF-EMF (hochfrequenten elektromagnetischen Feldern) Maßnahmen zur Risikoreduktion begründen.

Oktober 2010:

Die ICEMS (Internationale Kommission für Elektromagnetische Sicherheit) veröffentlicht die Monografie „nichtthermische Effekte und Mechanismen der Wechselwirkung zwischen Elektromagnetischen Feldern und Lebewesen" mit 25 Forschungsberichten, die schädigende Auswirkungen nachweisen. Der ICEMS gehören mehr als 40 weltweit anerkannte Wissenschaftler an<<.

---

149   Quelle S225 / diagnose:funk / Link im Artikel und Verzeichnis / Blatt 8 von 36.

Jahr 2011

Januar 2011:

>> (150) In der Zeitschrift umwelt-medizin-gesellschaft 1 / 2011 wird die Rimbach - Studie (Buchner/Eger) veröffentlicht. In ihr wird nachgewiesen, dass sich durch die Dauerstrahlung von Mobilfunkmasten Neurotransmitter verändern: die Stresshormone Adrenalin und Noradrenalin steigen, die Dopamin Werte sinken.

April 2011:

Seletun-Papier von diagnose:funk übersetzt. Im November 2009 traf sich eine Gruppe von namhaften Wissenschaftlern in Seletun/Norwegen zu einer intensiven Diskussion über vorhandene wissenschaftliche Beweise und gesundheitliche Folgen künstlicher elektromagnetische Felder (EMF). Beteiligt waren Adamantia Fragopoulou (Griechenland), Yuri Grigoriev, (Russland) Olle Johansson (Schweden), Lukas H. Margaritis (Griechenland), Lloyd Morgan (USA), Elihu Richter (Israel), Cindy Sage (USA).

*Die Wissenschaftlergruppe fordert in ihrem programmatischen Bericht (Seletun-Papier ,Environmental Health (2010; 25: 307-317) die Regierungen zum Handeln auf, „denn es gibt jede Menge von Beweisen, dass biologische Wirkungen und **nachteilige Auswirkungen auf die Gesundheit bereits bei Strahlungsintensitäten auftreten, die um viele Größenordnungen unter den bestehenden Grenzwerten auf der Welt sind.“***

April 2011:

Neue Resolution des Russischen Nationalen Komitees zum Schutz vor nicht-ionisierender Strahlung (RNCNIRP) von 2011, von diagnose:funk übersetzt. Weltweit Aufsehen erregte bereits der Appell des RNCNIRP im Jahre 2008, in dem die hochrangige Kommission russischer Wissenschaftler schwere Gesundheitsschädigungen der jungen Generation durch den Handygebrauch und die Mobilfunkstrahlung prognostizierte. Die neue Resolution des RNCNIRP mit dem Titel „Elektromagnetische Felder von Handys: Gesundheitliche Auswirkung auf Kinder und Jugendliche“ vom April 2011 geht nun noch einen Schritt weiter<<.

---

150   Quelle S225 / diagnose:funk / Link im Artikel und Verzeichnis / Blatt 9 von 36.

>> *(151)* *Das RNCNIRP legt in der Resolution dar, dass die medizinische Statistik und nationale und internationale Forschungsergebnisse darauf hinweisen, dass jetzt schon Schädigungen nachweisbar sind, die mit* **großer Wahrscheinlichkeit** *auf die* **Handynutzung und deren Strahlung zurückzuführen** *sind.*

Mai 2011:
Der Ausschuss für Umwelt, Landwirtschaft und lokale Angelegenheiten des Europarates fordert in einer einstimmig verabschiedeten Resolution „die potentiellen Gefahren elektromagnetischer Felder und ihre Auswirkungen auf die Umwelt" die europäischen Regierungen zu einem Umsteuern auf: „Dahingegen scheinen andere nichtionisierende Frequenzen im Niederfrequenzbereich, zum Beispiel von Stromleitungen, oder bestimmte hochfrequente Wellen, welche im Bereich des Radar, der Telekommunikation und des Mobilfunks verwendet werden, in unterschiedlichem Maß **potentiell schädigende biologische Wirkungen im nichtthermischen Bereich** *zu haben, und zwar bei Pflanzen, Insekten, anderen Tieren sowie auch im menschlichen Körper, und dies bei Intensitäten (Werten/Stärken) unterhalb der offiziellen Grenzwerte. Man muss das Vorsorgeprinzip beachten und die gegenwärtigen Grenzwerte überarbeiten. Erst auf ein hohes Maß wissenschaftlicher und klinischer Beweise zu warten, kann zu sehr hohen gesundheitlichen und volkswirtschaftlichen Kosten führen, wie dies in der Vergangenheit bei Asbest, verbleitem Benzin und Tabak der Fall war."*
Die Resolution wurde mit geringen Änderungen vom ständigen Ausschuss des Europarates übernommen und verabschiedet.

Mai 2011:
Die International Agency for Research on Cancer (IARC) der Weltgesundheitsorganisation (WHO) stuft die Strahlung „von Mobiltelefonen möglicherweise als krebserregend für den Menschen (Gruppe 2B), bezogen auf ein erhöhtes Risiko für ein Gliom, einer bösartigen Form von Hirntumor", ein. Die Formulierung „möglicherweise" ist ein Kompromiss. An der Untersuchung des IARC haben 31 Wissenschaftler aus 14 Ländern mitgewirkt. Schwedische und israelische Wissenschaftler werden deutlicher: sie gehen von einem 2 bis **5-fachen Krebsrisiko für Viel-Telefonierer** *aus.* **"Viel telefonieren" ist definiert als eine halbe Stunde täglich!**<<.

---

151   Quelle S225 / diagnose:funk / Link im Artikel und Verzeichnis / Blatt 10 von 36.

>> *(152) Bisher nutzte die Industrie die WHO als Kronzeuge für die Unbedenklichkeit der Strahlung. Damit hat es nun ein Ende.*

November 2011:
Die kanadischen Umweltmediziner Genuis / Lipp, veröffentlichen die erste Forschungsauswertung, zum Thema Elektrosensibilität: „elektromagnetische Hypersensibilität – Tatsache oder Einbildung?"
diagnose:funk veröffentlicht eine Übersetzung.
Jahr 2012

April 2012:
Prof. Devra Davis hält den Vortrag 'Handyexposition – Toxikologie und Epidemiologie – eine Aktualisierung zum Forschungsstand'. Am 4. April 2012 referierte Prof. Devra Davis über die internationalen Forschungsergebnisse zu biologischen Wirkungen der Mobilfunkstrahlung am National Institute of Environmental Health Sciences (NIEHS) der USA, einem Institut, das der obersten amerikanischen staatlichen Gesundheitsschutzbehörde (United States Department of Health and Human Services) untersteht. Die Leiterin des NIEHS ist Prof. Linda Birnbaum. Prof. Devra Davis stellt dar, wie erdrückend inzwischen der Kenntnisstand zu schädlichen Auswirkungen der Mobilfunkstrahlung und wie notwendig eine Vorsorgepolitik ist.
Das Video steht Deutsch synchronisiert auf www.EMFData.org.

August 2012:
Im EMF-Monitor veröffentlicht Dr. H.-P. Neitzke, Leiter des ECOLOG-Institutes, den Artikel „Einfluss schwacher Magnetfelder auf biologische Systeme: Biophysikalische und biochemische Wirkungsmechanismen". In dieser Arbeit werden die Induktion elektrischer Ströme, die Einkopplung über Magnetit-Kristalle und der Radikal-Paar-Mechanismus als biophysikalische Ansätze zur
Erklärung des Einflusses von Magnetfeldern auf physiologische Prozesse vorgestellt und damit ein Wirkmechanismus der Schädigung publiziert<<.

---

152   Quelle S225 / diagnose:funk / Link im Artikel und Verzeichnis / Blatt 11 von 36.

Oktober 2012:

>> (153) Der Forschungsbericht führender angelsächsischer Wissenschaftler erscheint in Deutsch als Broschüre der Kompetenzinitiative e.V.: „Gesundheitsgefahren durch Mobilfunk: Warum wir zum Schutz der Kinder tätig werden müssen": „Unsere Prüfung der Ergebnisse zeigt, dass bis heute mehr als 200 wissenschaftlich begutachtete Studien veröffentlicht worden sind, die auf einen Zusammenhang zwischen langfristiger Handynutzung und ernsthaften Gesundheitsschäden hindeuten. Die Summe entsprechender Hinweise ist groß, ihre Aussage unmissverständlich. Zu den erkannten möglichen Gesundheitsrisiken gehören nicht nur Hirntumore, sondern auch Schädigungen der Fruchtbarkeit, der Gene, der Blut-Hirn-Schranke und der Melatonin Erzeugung. Zudem gibt es weitere biologische Wirkungen, die mit der Krebsentstehung in Zusammenhang gebracht werden."

November 2012:

Die Zeitschrift Umwelt- Medizin - Gesellschaft 4/2012 veröffentlichte Artikel über Burn-Out, in denen ein Zusammenhang zu elektromagnetischen Feldern aufgezeigt wird. Dies wird in der Ausgabe 1/2013 vertieft durch einen Forschungsüberblick zum Wirkmechanismus ROS (Oxidativer Zellstress)": „Steigende „Burn-Out" - Inzidenz durch technisch erzeugte magnetische und elektromagnetische Felder des Mobil– und Kommunikationsfunk" von Ulrich Warnke und Peter Hensinger.

Dezember 2012:

Der Bioinitiative Report 2012, erstellt von einem internationalen Zusammenschluss führender Wissenschaftler, wertet nahezu 2000 Forschungen aus und kommt zu dem Schluss, dass die Risiken des Mobilfunks bewiesen sind. diagnose:funk publiziert eine Übersetzung der Zusammenfassung<<.

März2012:

In Österreich wird der „Leitfaden Senderbau" mit Kriterien zur Aufstellung von Mobilfunkmasten gemeinsam herausgegeben von:

---

153   Quelle S225 / diagnose:funk / Link im Artikel und Verzeichnis / Blatt 12 von 36.

Ärztinnen und Ärzte für eine gesunde Umwelt
Allgemeine Unfallversicherungsanstalt
Bundesarbeitskammer
Österreichische Ärztekammer
Wiener Umweltanwaltschaft
Wirtschaftskammer Österreich - Sparte Gewerbe
>> *(154) In der Zusammenfassung heißt es: „die Einführung und weltweite Verbreitung von radiofrequenten Funkdiensten (z. B. W-LAN, Mobilfunk) ist in der Geschichte technischer Innovationen ohne Beispiel. Die rasante Entwicklung wird von Bedenken zu gesundheitlichen Auswirkungen begleitet. Dies führt zu erheblichen Widerständen besonders dort, wo Infrastruktur ohne jede Einbindung der lokalen Bevölkerung ausgebaut wird. Der vorliegende Leitfaden beschreibt Strategien und Vorgangsweisen, um dem Bedürfnis nach technischer Innovation einerseits und dem verständlichen Wunsch nach geringen Immissionen andererseits gerecht zu werden. Die Empfehlungen basieren auf wissenschaftlichen Erkenntnissen und den Erfahrungen vergangener Jahre. Der Leitfaden bietet konkrete Empfehlungen für ein partizipatives Vorgehen bei der Errichtung von Basisstationen für Baubehörden, Anrainer und Betreibergesellschaften mit dem Ziel, gesundheitliche und wirtschaftliche Folgen zu berücksichtigen. Konfliktträchtige Bauvorhaben können so über einen konstruktiven dialoggesteuerten Prozess verwirklicht werden." Im Oktober 2014 erscheint der Leitfaden in einer aktualisierten Fassung.
Jahr 2013*

Februar 2013:
Die Europäische Umweltagentur (EUA) nimmt den Mobilfunk in ihren Risiko-Katalog auf. Die Dokumentation „Späte Lehren aus frühen Warnungen, Band II" enthält erstmals ein Kapitel über den Mobilfunk
In der Presseerklärung der EUA heisst es: „Neue Technologien haben mitunter sehr schädliche Auswirkungen, in vielen Fällen aber werden frühe Warnzeichen unterdrückt oder ignoriert. Der zweite Band von "Späte Lehren aus frühen Warnungen" untersucht spezielle Fälle, bei denen Warnsignale unbeachtet geblieben sind, die in einigen Fällen zu Tod, Krankheit und Umweltzerstörung geführt haben<<...

---

154   Quelle S225 / diagnose:funk / Link im Artikel und Verzeichnis / Blatt 13 von 36.

...>> (155) Der Bericht berücksichtigt auch Warnsignale, die sich aus derzeit gebräuchlichen Technologien abzeichnen, einschließlich Mobiltelefonie, genetisch veränderter Organismen und Nanotechnologie...Der Bericht empfiehlt die breitere Anwendung des "Vorsorgeprinzips".

Februar 2013:

Deutscher Bundestag, Ausschuss für Umwelt, Naturschutz und Reaktorsicherheit. In der Anhörung über elektromagnetische Felder und ihr Gefahrenpotential überwiegt die Kritik an den Risiken und die Forderung nach einer Vorsorgepolitik. Die eingeladenen Experten Prof. Hutter (Universität Wien), Prof. Kühling (BUND), Dr. Neitzke (Ecolog-Institut) führen eine scharfe Kritik an der unkontrollierten Verbreitung der Mikrowellentechnologie und fordern neue Sicherheitsstandards. Die Debatte (Video und schriftliche Beiträge) ist dokumentiert auf der Webseite von diagnose:funk.

Februar 2013:

Pressemitteilung der SPD-Bundestagsfraktion nach der Bundestagsanhörung zur Novellierung der 26. BImSchV.: "Es wird höchste Zeit, dass die Bundesregierung das Machbare tut, um Bürgerinnen und Bürger vor elektromagnetischer Strahlung zu schützen. Das Vorsorgeprinzip beim Schutz gegenüber elektromagnetischer Strahlung ausgehend von Stromtrassen und Mobilfunkanlagen muss konsequenter angewendet werden. Dies haben die drei von der Opposition geladenen Sachverständigen in der Anhörung zur Änderung der 26. BImschV klar herausgearbeitet. Nachdem im letzten Jahrzehnt der Fokus auf der Gefahrenabwehr gegenüber den nachgewiesenen akuten Wirkungen lag, ist nun die Datenlage im Bereich der chronischen Wirkungen evident (offenbar / augenfällig). Die bestehenden Grenzwerte bieten keinen ausreichenden Sicherheitsraum und müssen entsprechend abgesenkt werden. In anderen europäischen Ländern ist dies schon längst geschehen. Einig waren sich die Sachverständigen immerhin darin, dass im Alltagsleben der Menschen die Zahl der Feldquellen neuer Technologien, angefangen bei den Stromleitungen über das Handy bis zu WLAN- und Bluetooth-Funkverbindungen sehr stark zugenommen hat und noch weiter steigen wird<<.

---

155   Quelle S225 / diagnose:funk / Link im Artikel und Verzeichnis / Blatt 14 von 36.

>> *(156) Darauf haben viele unserer Nachbarländer bereits sensibel regiert und ihre Grenzwerte angepasst. Sie liegen dort um Größenordnungen niedriger. Nun muss auch Deutschland den nächsten Schritt tun und unterhalb der hier geltenden schwachen Grenzwerte höchsten Schutz gewährleisten."(27.02.2013)* **(Anmerkung: Ist bis dato nicht passiert!)**

März 2013:

Die Kanadische Gesundheitsbehörde veröffentlicht den Forschungsüberblick „Radiofrequency Toolkit for Enviromental Practitioners". Im Bericht werden der Bio-Initiative Report und der WHO-Beschluss als wichtige Grundlagen aufgeführt (Vorwort). Im Kapitel 10 wird der Forschungsstand zur Fertilität aufgearbeitet mit bisher für eine Behörde weitreichendsten Schlussfolgerungen: „hough a number of different mechanisms have been proposed, increased oxidative stress (either from increased ROS or decreased antioxidant capacity) seems most likely to be implicated. It can explain observed effects on sperm directly and also indirectly through other possible mechanisms such as DNA damage". (S. 269) „verall, oxidative stress seems one of the more plausible mechanisms of RF-induced sperm damage. It has been found fairly consistently in human and animal studies on sperm specifically and on other cells in general. Mechanisms by which oxidative stress is caused by increased ROS and decreased antioxidant have been shown to exist in neurodegenerative diseases such as Parkinson's and Alzheimer's". (S. 272). In Kapitel 14 werden detaillierte Empfehlungen zur strahlenminimierten Nutzung und Vorsorgepolitik gegeben.

April 2013:

Eine Forschergruppe der Freien Universität Berlin weist nach, dass Bienen unterschiedliche elektrische Ladungen auf der Körperoberfläche ihrer Artgenossen wahrnehmen, unterscheiden und ihre Bedeutung erlernen. In einem Interview interpretiert der Bienenforscher Dr. Ulrich Warnke die Studie. Es sieht sowohl seine Forschungsergebnisse bestätigt als auch seine Schlussfolgerungen, dass durch die künstlich erzeugten elektromagnetischen Felder des Mobilfunks das Kommunikations – und Navigationssystem der Bienen gestört wird, eine Ursache des Bienensterbens. In einem Brennpunkt von diagnose:funk erläutert er diese Zusammenhänge<<.

---

156   Quelle S225 / diagnose:funk / Link im Artikel und Verzeichnis / Blatt 15 von 36.

August 2013:

>> *(157) **Belgien: Handyverbot für Kleinkinder**.*

Am 30.08.2013 sind im belgischen Staatsblatt zwei königliche Erlasse der Föderalregierung über strengere Regelungen in Bezug auf elektromagnetische Strahlung von Mobiltelefonen veröffentlicht worden. Danach werden der Verkauf und das Inverkehrbringen von speziellen Handys für unter Siebenjährige zukünftig verboten sein. Auch Werbung im Fernsehen, im Radio, auf Internetseiten und in Printmedien, die sich an diese Altersgruppe richtet, ist damit verboten. Generell sind die Verkäufer verpflichtet, die spezifische Absorptionsrate (SAR) von Handymodellen anzugeben, wie auch in der Werbung darauf hinzuweisen. Beide Entscheidungen treten am 01.03.2014 in Kraft. Das Ganze geht auf Pläne der belgischen Ministerin für Soziales und Gesundheit Laurette Onkelinx und des Ministers für Wirtschaft und Verbraucherschutz Johan Vande Lanotte zurück.

November 2013:

Rückversicherer Swiss-Re stuft den Mobilfunk in die höchste Risikostufe ein.

*Unter dem Titel "Unvorhersehbare Folgen elektromagnetischer Felder" warnt die Swiss-RE ihre Kunden vor Risiken, die ihnen die **Sparte Produkthaftpflicht bei Mobiltelefonen und Sendeanlagen bescheren könnte. Elektromagnetische Felder, die von Sendeanlagen und Mobiltelefonen ausgehen, werden nun unter den potentiell höchsten Risiken eingereiht.***

Dezember 2013:

Die schwedische Gruppe um Professor Hardell wertete neueste Daten zur Wirkung von Handystrahlung auf das Gehirn aus. Sie ergaben ein bis zu 7,7-fach erhöhtes Gehirntumorrisiko bei einer Langzeitnutzung von Handys und DECT-Telefonen von mehr als 20 Jahren. Dieses Ergebnis bestätigt nicht nur die WHO - Einstufung der nichtionisierenden Strahlung als "möglicherweise Krebs erregend" (Stufe 2B) vom Mai 2011. Professor Hardell fordert, die Mobilfunkstrahlung müsse jetzt von Stufe 2B auf "krebserregend" (Stufe 1) höher-gestuft werden<<.

---

157   Quelle S225 / diagnose:funk / Link im Artikel und Verzeichnis / Blatt 16 von 36.

Jahr 2014

August 2014:

>> *(158) WLAN-Review: Im Springer Reference-Book "Systems Biology of Free Radicals and Antioxidants" (I. Laher (ed), 2014) wird in dem Artikel "Effects of Cellular Phone- and Wi-Fi-Induced Electromagnetic Radiation on Oxidative Stress and Molecular Pathways in Brain" von Naziroglu M. & Akman H. ein Studienüberblick zu WLAN gegeben und aufgrund der Gesamt-Studienlage darauf hingewiesen, **dass gerade auch schwache WLAN - Strahlung gesundheitsgefährdend sein kann.** Das Reference-Book hat große wissenschaftliche Bedeutung, weil es als Nachschlagewerk den Stand der Forschung dokumentiert.*

August 2014:

„Pilotinstallation Wireless St. Gallen als erster Schritt in Richtung eines strahlungsarmen Mobilfunks in der Stadt" heißt das 2014 in den Normalbetrieb übergegangene Projekt. Seit 2012 steht im Innenstadtbereich ein alternatives Mobilfunkangebot zur Verfügung. St. Galler-Wireless erfüllt vier wichtige Forderungen zur Schaffung eines leistungsfähigen und strahlungsarmen Funknetzes:

Es gibt nur ein Netz für alle Nutzer. Mit einem Kleinzellennetz wird die Funkstrecke so kurz wie möglich gehalten

Die Indoor- und Outdoor-Versorgung wird voneinander getrennt. Router/Access-Points werden gegenüber den Gebäuden abgeschirmt und so montiert, dass die Einstrahlung in Gebäude vermieden bzw. minimiert wird. In der Praxis ist das Projekt ein Erfolg.

Jahr 2015

Januar 2015:

Frankreich verabschiedet ein Gesetz zum Schutz vor Mobilfunkstrahlung.

1. Jährlich einmal muss eine Liste aller Orte vorgelegt werden, bei denen die Strahlungswerte ein Mittelmaß übersteigen. Die Operatoren sind verpflichtet dieses Übermaß abzustellen, sofern das technisch möglich ist.

2. Das Installieren von WiFi Antennen ist anmeldepflichtig. Die lokalen Behörden können diese Informationen an die Öffentlichkeit weitergeben, müssen aber nicht<<.

---

158   Quelle S225 / diagnose:funk / Link im Artikel und Verzeichnis / Blatt 17 von 36.

>> (159) *3. WLAN (WiFi) Verbot in Kinderkrippen. In Grundschulen darf WLAN nur in Betrieb sein, wenn der Unterricht es erfordert.*
4. Die Regierung muss innerhalb eines Jahres einen Bericht über die Situation der Elektrosensiblen vorlegen.

März 2015:
Studie des Bundesamtes für Strahlenschutz bestätigt krebspromovierende Wirkung. "In einer Studie an Mäusen konnten der Biologe Prof. Dr. Alexander Lerchl **(Anmerkung: Der Name dürfte Ihnen bereits ein Begriff sein! 2015 Krebs möglich / 2017 plötzlich ganz anders! Welch ein Sinneswandel)** *und sein Team nachweisen, dass durch krebserregende Substanzen verursachte Tumorraten deutlich erhöht sind, wenn die Tiere lebenslang elektromagnetischen Feldern ausgesetzt wurden, wie sie etwa Mobiltelefone erzeugen. "Die vom Fraunhofer-Institut 2010 entdeckten Effekte auf Tumore der Leber und der Lunge wurden vollauf bestätigt", sagt* <u>*Lerchl*</u>*!*

Der die Untersuchung gemeinsam mit Kollegen der Jacobs University und der Universität Wuppertal durchgeführt hat. "Außerdem haben wir eine signifikant höhere Rate von Lymphomen festgestellt", erläutert der Wissenschaftler die neuen Ergebnisse. Zudem seien einige der Effekte auch bei Feldstärken unterhalb der bestehenden Grenzwerte gefunden worden. 6.3.2015, Presse-mitteilung der Bremer Jacobs-University)."

In der Studie steht: „Im Prinzip kann und muss daher geschlussfolgert werden, dass tumorpromovierende Effekte lebenslanger Exposition zu hochfrequenten elektromagnetischen Feldern im ENU-Mausmodell als gesichert anzusehen sind. Welche Mechanismen der tumorpromovierenden Wirkung in der Lunge und der Leber und den Lymphomen zugrunde liegen, darüber kann derzeit nur spekuliert werden.

Auch darüber, warum erhöhte Tumor-Inzidenzen vermehrt in den Gruppen mit schwacher und mittlerer Expositionsstärke (0,04 W/kg bzw. 0,4 W/kg) auftraten und nicht in der mit 2 W/kg am stärksten exponierten (ausgesetzten) Gruppe." (Lerchl 2015, S.35)<<.

---

159   Quelle S225 / diagnose:funk / Link im Artikel und Verzeichnis / Blatt 18 von 36.

227

April 2015:

>> *(160) Südtiroler Landtag beschließt Vorsorge beim Mobilfunk. Die Experten - "Anhörung Mobilfunk" am 29.4.2015 im Landtag Südtirol hat erste Konsequenzen. Die Landtagsfraktion der GRÜNEN brachte den Antrag "Zukünftig soll man bewusster mit WLAN, Mobilfunk, Strahlenbelastung umgehen" ein, in dem ein WLAN-Moratorium und Vorsorgemaßnahmen gefordert werden.*
Er wurde am 10.06.2015 mit Mehrheit beschlossen:
„Der Südtiroler Landtag beauftragt die Landesregierung:

1. In Schulen, Kindergärten, Krankenhäusern, Altersheimen und anderen öffentlichen Einrichtungen soweit möglich bereits bestehende Anlagen durch strahlungsärmere zu ersetzen und bis dahin nur dann zu verwenden, wenn gesichert ist, dass die Nutzung zeitlich und räumlich begrenzt ist und sie soweit möglich durch manuelle Bedienung anwenderabhängig gemacht wird.
2. Eine Arbeitsgruppe einzusetzen, die die neuen Technologien und deren Strahlungsbelastung auswertet. Sie soll klären, welche Technologien für den Mobilfunk, das mobile Internet und den Zivilschutz strahlungsarm und zukunftsfähig sind.
3. Ebenso sollen die Auswirkungen der digitalen Medien auf Schülerinnen und Schüler und der sinnvolle Umgang dieser Medien für einen guten Lernerfolg geprüft werden. Auf der Grundlage der Ergebnisse wird die Landesregierung entsprechende Maßnahmen zum Schutze der Gesundheit und des gesunden Lernens treffen.
4. Eine Informations- und Sensibilisierungskampagne ins Leben zu rufen, in der auf mögliche Risiken für die Gesundheit insbesondere von Ungeborenen, Babys, Kindern und Jugendlichen hingewiesen und auf einen bewussten Gebrauch von Handys, Smartphones und WLAN hingearbeitet wird. Eine besondere Rolle spielen auch die öffentlichen Verkehrsmittel, In denen die gleichzeitige Verwendung von vielen Mobiltelefonen zu einer drastischen Erhöhung der Strahlung und somit des gesundheitlichen Risikos führen kann. Die Monitore in den Südtiroler Lokalzügen werden für eine diesbezügliche Werbe-kampagne genutzt"<<.

---

160   Quelle S225 / diagnose:funk / Link im Artikel und Verzeichnis / Blatt 19 von 36.

Mai 2015:

>> (161) *Appell an die UNO. 194 Wissenschaftler aus 39 Ländern, viele davon Lehrstuhlinhaber, die zu den Wirkungen der nichtionisierenden (nicht atomaren) Strahlung des Mobilfunks forschen, fordern in einem Appell an die UNO und WHO, sich in ihrem Umweltprogramm mit den Gesundheitsrisiken zu befassen:*

"Zahlreiche kürzlich erschienene wissenschaftliche Publikationen zeigen, dass EMF (Elektro-Magnetische-Felder) deutlich unterhalb der meisten international und national geltenden Grenzwerte – auf lebende Organismen einwirken.

Die Wirkungen umfassen ein erhöhtes Krebsrisiko, zellulären Stress, einen Anstieg gesundheitsschädlicher freier Radikale, genetische Schäden, Änderungen von Strukturen und Funktionen im Reproduktionssystem, Defizite beim Lernen und Erinnern, neurologische Störungen und negative Auswirkungen auf das Allgemeinbefinden der Menschen.

Wie die sich mehrenden Belege für schädliche Auswirkungen auch auf die Pflanzen- und Tierwelt zeigen, reicht die Bedrohung weit über die Menschheit hinaus"

Die Unterzeichner des Appells kritisieren, dass die geltenden Grenzwertregelungen (ICNIRP-Richtlinien) wissenschaftliche Erkenntnisse ignorieren.

Mai 2015:

Erstes Pilotprojekt zur VLC-Technik. Das Fraunhofer Heinrich-Hertz-Institut (HHI) in Berlin hat eine Datenübertragungstechnik entwickelt, bei der das Licht handelsüblicher LED-Lampen, die für die Raumbeleuchtung Verwendung finden, mit eingebettetem Mikrochip als Datenträger genutzt wird.

Am 20. Mai 2015 startet auf der Insel Mainau im Bodensee das europaweit erste Praxis-Projekt mit optischer Datenübertragung, der Visible Light Communication (VLC). Angeregt wurde dieses Projekt von dem Grünen MdL Thomas Marwein. Unterstützt wird es von der Landesregierung Baden-Württemberg.

Das kann ein Aufbruch in eine neue Etappe der mobilen Kommunikation sein<<.

---

161   Quelle S225 / diagnose:funk / Link im Artikel und Verzeichnis / Blatt 20 von 36.

Juni 2015:

>> (162) Das Buch "OVERPOWERED. What science tell us about the dangers of cell phones and other WiFi devices" des US-Forscher Martin Blank PhD wird veröffentlicht. Martin Blank war lange Jahre Präsident der Bioelectromagnetics Society (BEMS), Autor von Arbeiten zu Wirkungen elektromagnetischer Felder auf das Erbgut und das zelluläre Stresssystem. Der Autor behandelt als Zeitzeuge die Geschichte der Forschung zu elektromagnetischen Feldern, den Stand der Forschung, die Rolle der Industrie und ihre Taktik bei der Verhinderung der Anwendung des Vorsorgeprinzips. Das Buch von US-Forscher Martin Blank klärt, warum es trotz klarer Forschungsergebnisse zu der vorherrschenden Meinung "Es ist noch nichts Genaues bekannt" kommt, welche Rolle dabei Institutionen und korrumpierte Wissenschaftler spielen. Blank hat ein Standardwerk verfasst, wie es nur ein Insider schreiben kann.

August 2015:

Review zum Schädigungsmechanismus Oxidativer Zellstress. Die Forschergruppe um Prof. Igor Yakymenko am Kiewer Institut für experimentelle Pathologie, Onkologie und Radiobiologie veröffentlicht den Review: „Oxidative Mechanismen der biologischen Aktivität bei schwachen hochfrequenten Feldern". Die Autoren sehen es als bewiesen an, dass Mobilfunkstrahlung schädigende Oxidationsprozesse in Zellen auslöst. Von 100 begutachteten Studien weisen 93 % (= 93 Studien) den Schädigungsmechanismus Oxidativer Zellstress nach: „Schlussfolgernd zeigt unsere Analyse, dass Hochfrequenzstrahlung niedriger Intensität ein starker oxidativer Wirkungsfaktor für lebende Zellen ist, mit einem hohen krankheitserregenden Potenzial." (S.3) Dies sei ein "unerwartet starker „nicht-thermischer" Charakter bei den biologischen Wirkungen", schreibt die Forschergruppe im Editorial vom März 2015. Mikrowellenstrahlung der Mobilfunk - Endgeräte niedriger Intensität könne "zu mutagenen Wirkungen durch deutliche oxidative Schädigung der DNA" führen, weil "die erhebliche Überproduktion von ROS in lebenden Zellen bei Exposition durch Mikrowellenstrahlung ein breites Spektrum von Gesundheitsproblemen und Krankheiten verursachen könnte, ein-schließlich Krebs bei Menschen". diagnose:funk veröffentlicht eine deutsche Übersetzung des Reviews in der Reihe Brenn-punkt<<.

---

162   Quelle S225 / diagnose:funk / Link im Artikel und Verzeichnis / Blatt 21 von 36.

230

September 2015:

>> (163) Prof. Karl Hecht publiziert den Forschungsbericht: "Ist die Unterteilung in ionisierende und nichtionisierende Strahlung noch aktuell? Neuester wissenschaftlicher Erkenntnisstand: EMF-Strahlung kann O2- und NO-Radikale im Überschuss im menschlichen Körper generieren", in dem er nachweist, dass beide Strahlungsarten über denselben Wirkmechanismus den menschlichen Körper schädigen.

Oktober 2015:

Wirkmechanismus nichtionisierender Strahlung aufgedeckt. In einer neuen Forschungsarbeit „Die Polarisation: Ein wohl entscheidender Faktor für das Verständnis biologischer Effekte von elektromagnetischer Strahlung niedriger Intensität", veröffentlicht in dem angesehenen wissenschaftlichen Fachjournal „Cientific Reports"- (Eine Online-Zeitschrift die von der Nature Publishing Group herausgegeben wird), <<.

- zeigen die Forscher Dr. Dimitris J. Panagopoulos (Universität Athen, Griechenland), Prof. Olle Johansson (Karolinska Institut, Stockholm, Schweden) und Dr. George L. Carlo (Institute for Healthful Adaptation, Washington, DC, USA), dass eine Eigenschaft der EMF wohl für die Bioeffekte von schwacher technischer EMF verantwortlich ist: die Polarisation.

Oktober 2015:

Das israelische Gesundheitsministerium verbietet WLAN in Kindergärten und Vorschulen.

Das Israeli Ministry of Health (MoH) hat eine großangelegte öffentliche Aufklärungskampagne gestartet, um die Exposition von Kindern durch elektromagnetische Strahlung und Funkstrahlung zu reduzieren.

Die Empfehlungen wurden im Bericht zur Umweltgesundheit in Israel 2015 (Environmental Health in Israel - Report 2015) veröffentlicht.

In ihm wird erklärt: „Im Hinblick auf Kinder sollte Vorsorge konsequent umgesetzt werden, da sie anfälliger für das Entstehen von Krebs sind."

Der Bericht enthält u.a. ein Verbot von WLAN in Kindergärten/Vorschulen und beschränkt die Stunden der Nutzung in Schulen. Die Strahlenbelastung muss ständig überprüft werden. Mobilfunkanbieter müssen Käufer neuer Handys über Strahlungssicherheitsinformationen, wie sie vom Hersteller formuliert werden, informieren<<.

---

163   Quelle S225 / diagnose:funk / Link im Artikel und Verzeichnis / Blatt 22 von 36.

>> *(164)* **Zudem müssen sie eine Freisprechvorrichtung bei jedem neuen Handy mitliefern** *und auf ihrer Website Informationen über die sichere Nutzung von Handys bereitstellen.*

(Anmerkung: Warum wohl?).
Das Gesundheitsministerium rät von der Installation von Basisstationen von Schnurlostelefonen in einem Schlafzimmer, Arbeitszimmer oder Kinderzimmer ab.

Jahr 2016

Januar 2016:
Der Bericht des Otto-Hug-Strahleninstituts "Unterschätzte Gesundheitsgefahren durch Radioaktivität am Beispiel der Radarsoldaten" wird veröffentlicht. Der Bericht von Walter Mämpel, Sebastian Pflugbeil, Robert Schmitz, Inge Schmitz-Feuerhake, befasst sich unter anderem auch mit den Wechselwirkungen von Radar- und Mobilfunkstrahlung - siehe hierzu Kapitel "6.4

MÖGLICHE SYNERGISMEN VON IONISIERENDER UND HF-STRAHLUNG" und in den entsprechenden Kapiteln zu Schädigungen. In der Einleitung heißt es: "Die Exposition durch Radarstrahlen wurde bislang von offizieller Seite und von der Radarkommission nur dann für gesundheitsschädlich gehalten, wenn die Leistungsdichte der Strahlung im Gewebe zu einer messbaren Temperaturerhöhung führt. Inzwischen liegen jedoch zahlreiche Untersuchungen über Effekte durch den Mobilfunk vor, dessen hohe Frequenzen ebenfalls im Mikrowellenbereich liegen. Diese zeigen, dass es bei langanhaltender Exposition auch unterhalb der sogenannten Wärmeschwelle zu irreparablen und krankhaften Störungen wie zum Beispiel zu Unfruchtbarkeit kommen kann. Kombinationswirkungen zwischen der ionisierenden und der nichtionisierenden Strahlung sind ebenfalls als mögliche Ursache der multiplen Krankheitsphänomene anzusehen, die bei den Radarsoldaten und - beschäftigten zu beobachten sind." ((S.9)) <<.

---

164   Quelle S225 / diagnose:funk / Link im Artikel und Verzeichnis / Blatt 23 von 36.

Januar 2016:

>> (165) Die Stadt Berkeley (USA) beschließt Handywarnung. Sie schreibt Handyverkäufern vor, ihre Kunden über mögliche Gefahren durch die Strahlung zu warnen mit dem Hinweis:

„Um die Sicherheit zu gewährleisten, fordert die US-Bundesregierung, dass Handys den Richtlinien zur Hochfrequenzexposition entsprechen.

Wenn Sie ein Handy in einer Hosen- oder Hemdtasche tragen oder hinter den BH stecken, während es eingeschaltet und mit einem Drahtlosnetzwerk verbunden ist, werden möglicherweise die Bundesrichtlinien zur Exposition gegenüber Hochfrequenzstrahlung überschritten

Lesen Sie die Hinweise im Benutzerhandbuch Ihres Handys zu Informationen über dessen sichere Nutzung."

Februar 2016:

Der diagnose:funk Brennpunkt "Smartphones & Tablets schädigen Fruchtbarkeit.

130 Studien bestätigen Auswirkungen" wird veröffentlicht. In ihm wird die brisante Studienlage erstmals für die Öffentlichkeit dokumentiert. 130 Studien und 13 Reviews weisen nach, dass die gepulste Mikro-wellenstrahlung die männlichen Spermien und die gesunde Entwicklung des Embryos gefährdet. Auf fast keinem Gebiet sind die Ergebnisse der Mobilfunkforschung so umfangreich und eindeutig wie zur Schädigung der Reproduktionsorgane.

Februar 2016:

Der Film THANK YOU FOR CALLING des Filmemachers Klaus Scheidsteger kommt in Österreich in die Kinos.

Der Film geht nicht nur ernsthaften Hinweisen auf mögliche Gesundheitsrisiken nach, sondern vor allem der Frage, warum diese Forschung bisher kaum in der öffentlichen Wahrnehmung angekommen ist.

Anhand von Fakten, Insidern und spannenden Protagonisten rekonstruiert der Film eine groß angelegte Verschleierungstaktik der Mobilfunkindustrie<<.

---

165   Quelle S225 / diagnose:funk / Link im Artikel und Verzeichnis / Blatt 24 von 36.

März 2016:

>> (166) Wirkmechanismus Spin - Konversion und Oxidativer Zellstress bestätigt. Diese Wirkmechanismen beschreiben die angesehenen US-Hochfrequenz Forscher Barnes / Greene-baum (2016) in ihrem Artikel „innige Wirkungen von schwachen Magnetfeldern auf biologische Systeme: HF-Felder können die Konzentration von Radikalen und Krebszell-Wachstumsraten verändern". Sie bestätigen damit die Hypo-thesen, die Warnke (2009) und Neitzke (2012) zum Wirkmechanismus aufgestellt haben.

Mai 2016:

USA: NTP-Studie bestätigt Krebsrisiko durch Mobil-funk. Am 27.05.2016 werden die Ergebnisse der bisher größten Studie, finanziert von der Regierung der USA mit 25 Mio. Dollar, zu nichtionisierender Strahlung und Krebs, vorgestellt. Das Ergebnis: **Mobilfunkstrahlung kann zu Tumoren führen**. Durch die Strahlung wurden zwei Krebsarten (Schwannom, Gliom) und bei einer zusätzlichen Anzahl von Ratten präkanzerogene Zellveränderungen (Hyperplasie von Gliazellen) ausgelöst. Die Studie wurde im National Toxicology Program (NTP) innerhalb des National Institutes of Health der US-Regierung durchgeführt. Das Ergebnis ist so brisant, dass die Wissenschaftler schon vor der Veröffentlichung in einer Fachzeitschrift mit dem geprüften Ergebnis an die Öffentlichkeit gingen. Es erfordere, so die Wissenschaftler, von der US-Regierung eine Aufklärungs- und Vorsorgepolitik.

Juli 2016:

Frankreich will Kinder vor Handystrahlung schützen. Am 8. Juli veröffentlicht die französische staatliche Behörde für Gesundheitsschutz bei Lebensmitteln, in der Umwelt und am Arbeitsplatz (ANSES) den wissenschaftlichen Bericht: "Funkfrequenzexposition und die Gesundheit von Kindern". Sie kommt darin zu dem Ergebnis, dass Kinder stärker durch die Exposition durch Funkfrequenzstrahlung beeinträchtigt sind. Daher empfiehlt der Bericht die sofortige Verringerung der Exposition gegenüber der Strahlung sämtlicher Drahtlosgeräte bei jungen Kindern. Die Gesundheitsbehörde fordert Expositions-Verringerung.

---

166   Quelle S225 / diagnose:funk / Link im Artikel und Verzeichnis / Blatt 25 von 36.

>> *(167) Sämtliche drahtlosen Geräte, von Tablets, über ferngesteuerte Spielzeuge, Drahtlosspielzeuge, Babyphons, bis hin zu Handys, sollten strengeren regulatorischen Beschränkungen unterworfen werden.*

Juli 2016:
Europäische Akademie für Umweltmedizin (EUROPAEM) veröffentlicht die EMF- Leitlinie zu Elektrosensibilität: "EMF-Leitlinie zur Vorsorge, Diagnostik und Behandlung von Gesundheitsproblemen verursacht durch elektromagnetische Felder", verfasst von einem internationalen Team von Wissenschaftlern und Ärzten. Die Leitlinie stellt ausführlich den aktuellen Stand der Forschung zu den Risiken der niederfrequenten und hochfrequenten elektromagnetischen Felder (EMF) dar, den bisherigen Stand der Forschung zur Elektro-Hyper-Sensitivität (EHS) und gibt Empfehlungen,
wie Ärzte EHS diagnostizieren und behandeln können.

Juli 2016:
Der Artikel "Elektrohypersensibilität- Phantom oder Anzeichen einer Gemeingefahr?" von Bernd I. Budzinski und Karl Hecht erscheint in Natur und Recht, 7/ 2016, 463-473.
Aus rechtlicher und medizinischer Sicht kritisieren die Autoren, dass der Zusammenhang zwischen dem Ansteigen von Krankheiten und Ursachen in der Umwelt, insbesondere auch durch Mobilfunkstrahlung, nicht untersucht wird, obwohl die Forschungslage für diesen Zusammenhang spricht.
Sie analysieren lobbyistische Ursachen und fordern die Umweltverbände auf, gegen die Unterlassungen zu klagen.

August 2016:
Die Zeitschrift internistische praxis 56, 593–603 (2016) veröffentlich den Artikel „Gesundheitliche Effekte durch hoch- und niederfrequente Felder".
Teil 1: Hochfrequente Felder (Mobilfunk), Autoren Prof. Wilfried Kühling (BUND, Vors. des wiss. Beirats) und Dr. Peter Germann, Arzt. In der Zusammenfassung heißt es: „Im unmittelbaren Nahbereich des Körpers werden immer häufiger kabellose Techniken genutzt, die mit hochfrequenter Strahlung arbeiten. Die dabei entstehenden elektromagnetischen Felder wirken auf das natürliche bioelektrische System von Organen ein und führen zu verschiedenen gesundheitlich relevanten Effekten<<.

---

167   Quelle S225 / diagnose:funk / Link im Artikel und Verzeichnis / Blatt 26 von 36.

>> *(168) Eine Übersicht der wesentlichen wissenschaftlichen Erkenntnisse dazu wird gegeben. Es werden die damit verbundenen Beurteilungsprobleme angesprochen, die Strahlungsursachen und Wirkungsmechanismen skizziert, die Defizite des gesetzlich gewährten Schutzes benannt und Beurteilungsmaßstäbe zum erforderlichen Schutz und zur Vorsorge aufgezeigt. "*

August 2016:
Der Review "Radiofrequency radiation injures trees around mobile phone base stations" erscheint, Autoren Cornelia Waldmann Selsam, Helmut Breunig, Alfonso Balmoride laPuente, Alfonso Balmori.
Er weist die schädigende Wirkung der Strahlung auf Bäume nach<<.

August 2016:
Die Österreichische Allgemeine Unfallversicherungsanstalt (AUVA) veröffentlicht den ATHEM-Report II "Untersuchung athermischer Wirkungen elektromagnetischer Felder im Mobilfunkbereich", durchgeführt an der Medizinischen Universität Wien. Ein Anlass der Untersuchung war, dass in Italien das Kassationsgericht Rom, die höchste Gerichtsinstanz, erstmals den Gehirntumor eines Managers auf sein häufiges Mobiltelefonieren zurückgeführt hat. Der Kläger erhält eine 80% Berufsunfähigkeitsrente.
Beim ATHEM - Projekt lag ein Schwerpunkt auf Labor-Untersuchungen zum zellulären Mechanismus möglicher gentoxischer Wirkungen. Der ATHEM-Report hat u.a. die Ergebnisse:
Mobilfunkstrahlung schädigt das Erbgut (DNA)
Der Schädigungsmechanismus ist oxidativer Zellstress
Die Schädigungen sind athermische (nicht thermische / nicht durch Hitze verursachte) Wirkungen, vor denen die geltenden Grenzwerte nicht schützen.

September 2016:
Die Zeitschrift umwelt-medizin-gesellschaft 3/2016 mit dem Schwerpunktthema „Neue Technologien– Neue Risiken?" erscheint mit drei Artikeln und einer Sonderbeilage zu den Risiken der Mobilfunktechnologie:
Dr. Wolfgang Baur: Handy, Smartphone, Tablet und Co.: Chancen und Risiken im Umgang mit neuen Medien<<.

---

168   Quelle S225 / diagnose:funk / Link im Artikel und Verzeichnis / Blatt 27 von 36.

>> (169) Peter Hensinger, Isabel Wilke: Mobilfunk: Neue Studienergebnisse bestätigen Risiken der nichtionisierenden Strahlung

Prof. Ralf Lankau: Die Verdinglichung des Menschen: Mit Gesundheitskarte, Selftracking und eHealth zum homo digitalis

Dr. Klaus Scheler: Polarisation: Ein wesentlicher Faktor für das Verständnis biologischer Effekte von gepulsten elektromagnetischen Wellen niedriger Intensität (12-seitige Sonderbeilage)

Juni 2016:

NTP-Studie (USA): Die ersten Ergebnisse der bisher größten Studie zu nichtionisierender Strahlung und Krebs, durchgeführt im National Toxicology Program (NTP) innerhalb,<<.

des National Institutes of Health an Science (NIEHS) der US-Regierung werden publiziert. Das Ergebnis: Mobilfunkstrahlung kann zu Tumoren führen. Durch die Strahlung wurden zwei Krebsarten (Schwannom, Gliom) und bei einer zusätzlichen Anzahl von Ratten präkanzerogene Zellveränderungen (Hyperplasie von Gliazellen) ausgelöst.

Juni 2016:

Die American Cancer Society nimmt zu den Ergebnissen der NTP-Studie Stellung: "Der NTP-Bericht, der einen Zusammenhang zwischen Mobilfunkstrahlung und zwei Krebsarten herstellt, markiert einen Paradigmenwechsel in unserem Verständnis von Strahlung und Krebsrisiko. Diese Ergebnisse kommen unerwartet. Wir hätten nach unserem Verständnis **nicht erwartet, dass nichtionisierende Strahlung diese Tumore verursachen könnte.**"

Oktober 2016:

Die Allgemeine Unfallversicherung (AUVA) Österreich veröffentlicht Vorsorgeempfehlungen zur Handynutzung auf Grund der Ergebnisse des ATHEM-Reports.

Dezember 2016:

Grenzwerterhöhung abgelehnt. Der Schweizer Ständerat stimmt am 08.12.2016 gegen die Motion und die damit verbundene Anhebung der Grenzwerte für Mobilfunkantennen, mit 20 zu 19 Stimmen bei 3 Enthaltungen. Damit es zur Umsetzung der Motion 163007 "Modernisierung der Mobilfunknetze raschestmöglich sicherstellen" gekommen wäre, hätten sowohl der National- und Ständerat dafür votieren müssen.

---

169   Quelle S225 / diagnose:funk / Link im Artikel und Verzeichnis / Blatt 28 von 36.

Dezember 2016:

>> (170) Das Bundesamt für Strahlenschutz veröffentlicht die Studie "Divergierende Risikobewertungen im Bereich Mobilfunk".
Die Studie vergleicht die Bewertung der Studienlage durch weltweit 15 verschiedene Organisationen.
Diagnose:funk e.V. und die Kompetenzinitiative e.V. werden zu den weltweit 15 wichtigsten Organisationen gezählt<<.

Jahr 2017

Januar 2017:
Ameisen zeigen gestörtes Verhalten bei WLAN-Strahlung. Die Biologin Marie Claire Cammaerts (Universität Brüssel) untersuchte die Auswirkungen von Handystrahlung auf Ameisen. Über das Ergebnis berichtete der Fernsehsender RTL. Die Ameisen reagierten schon auf das ausgeschaltete Handy mit Akku, sie wichen von ihrer normalen Laufstrecke leicht ab. Stärkere Reaktion erfolgte im Standby- und noch stärkere im Sprachmodus.
Der Versuch erscheint als Forschungsbericht.
"Ants can be used as bioindicators to reveal biological effects of electromagnetic waves from some wireless apparatus."

Februar 2017:
Der internationale Mobilfunkbetreiber Orange veröffentlicht 10 Handyregeln zum Schutz vor Strahlenbelastung. Die Empfehlungen von Orange sind vergleichbar mit denen der ÖÄK und denen der österreichischen 'Allgemeinen Unfall-Versicherungsanstalt' (AUVA).
Anmerkung Buchautor: Die sichern sich schon mal ab, um möglichst nicht in die Haftung zu kommen.

Februar 2017:
Der Artikel "Polarisation macht biologische Effekte von EMF verständlich" von Dr. Klaus Scheler erscheint als Sonderbeilage der umwelt-medizin-gesellschaft 3/2016. Scheler erläutert die Bedeutung der Studie 'Die Polarisation: Ein wesentlicher Faktor für das Verständnis biologischer Effekte von gepulsten elektromagnetischen Wellen niedriger Intensität' von Panagopoulos et al. im Scientific Report 2015 zu einem Wirkmechanismus.

---

170   Quelle S225 / diagnose:funk / Link im Artikel und Verzeichnis / Blatt 29 von 36.

Februar 2017:

Indien: Kein Mobilfunk auf Schulen und Krankenhäusern.

>> (171) Das höchste indische Gericht, der High Court in New Dehli, bestätigte ein Urteil des obersten Gerichtes von Rajasthan, das die Aufstellung von Mobilfunkmasten in der Nähe von Schulen und Hospitälern verbietet. Er hob damit Genehmigungen lokaler Gerichte und Behörden auf, berichtet die Zeitung Times of India am 11.02.2017.

März 2017:

Die Zeitschrift Naturheilkunde 1-2017 erscheint mit dem Schwerpunkt Gesundheitsrisiko Moderne. In sechs umfangreichen Artikeln wird der Leser informiert über den Stand der Forschung zur Mobilfunkstrahlung, über die Ursachen von Elektrohypersensitivität, über die Bedeutung der Strahlung für die Evolution, über die Risiken von WLAN und über die Wirkungen digitaler Medien auf die kindliche Gehirnentwicklung.

April 2017:

Der Reykjavik-Appell gegen WLAN an Schulen erscheint. Am 24.02.2017 fand im Icelandair Hotel Natura in Reykjavik die "Konferenz zu Bildschirmnutzung und drahtloser Mikrowellenstrahlung", organisiert von der "Parents organisation of preschool children" statt, mit 100 Besuchern. Internationale Referenten waren Dr. Dariusz Leszczynski (Finnland), Professor Lennart Hardell (Schweden), Tarmo Koppel PhD Candidate (Estland), Dr. Robert Morris (USA), Björn Hjálmarsson MD (Island, Kinderarzt), Cris Rowan (Kanada), Prof. Catherine Steiner-Adair (USA, Harvard). Es wurde ein Appell verabschiedet zum Verzicht von WLAN an Schulen verabschiedet, den 133 Wissenschaftler und Vertreter von NGOs unterzeichneten.

April 2017:

Gerichtsurteil Italien: Tumor durch Handystrahlung als Berufskrankheit anerkannt, in einem Urteil vom 30.03.2017 des italienischen Arbeitsgerichtes der Stadt Ivrea. Der Geschädigte telefonierte 15 Jahre lang täglich mehr als 3 Stunden mit dem Handy. Ihm wurde eine monatliche Rente von 500 Euro von der Unfallversicherung zugesprochen<.

---

171   Quelle S225 / diagnose:funk / Link im Artikel und Verzeichnis / Blatt 30 von 36.

Mai 2018:

>> (172) Ein Gutachten zu WLAN wird von der Verbraucherzentrale Südtirol (VZS) veröffentlicht. Die VZS weist nach, dass WLAN gesundheitsschädlich ist und lehnt WLAN an Schulen ab. Das Gutachten der VZS ist eine Reaktion auf ein Gutachten der Südtiroler Landesregierung, mit dem die WLAN-Einführung an Schulen rechtfertigt werden soll

Die VZS wirft der Regierung eine Verfälschung der Studienlage nach.

Mai 2017:

Die Mediziner Franz Adlkofer und Lebrecht von Klitzing veröffentlichen den Artikel "Die WLAN-Technologie - ein Experiment auf Kosten der Gesellschaft mit ungewissem Ausgang".

Mai 2017:

diagnose:funk Brennpunkt: "Handystrahlung und Gehirntumore" erscheint. Im Brennpunkt veröffentlicht diagnose:funk die Übersetzung des Reviews über Krebsrisiken der nicht-ionisierenden Strahlung, verfasst von den schwedischen Wissenschaftlern Michael Carlberg und Prof. Lennart Hardell: "Evaluation of Mobile Phone and Cordless Phone Use and Glioma Risk Using the Bradford Hill Viewpoints from 1965 on Association or Causation" (2017). Sie kommen zu dem Schluss: "Hochfrequente Strahlung sollte als ein Karzinogen eingestuft werden, das beim Menschen Gliome hervorrufen kann." Das Risiko, durch das Telefonieren ein Gliom (Gehirntumor) zu bekommen, erhöht sich in Abhängigkeit von der Nutzungs-dauer um das 2-3-fache. Als Konsequenz fordern sie: „Die derzeit gültigen Richtlinien zur Exposition gegenüber hochfrequenter Strahlung müssen überarbeitet werden."

Juni 2017:

Das deutsche Bundesamt für Strahlenschutz (BfS) rät zu umsichtiger Handynutzung: "Egal ob im Urlaub oder zu Hause sollte man der Handy-Nutzung eine Pause gönnen. Das BfS empfiehlt einen sorgsamen Umgang mit dem Handy: Das heißt, möglichst das Festnetz anstatt des Mobiltelefons nutzen oder zumindest ein Headset verwenden.

Damit wird der Abstand des Geräts zum Kopf und zum Körper vergrößert - und dies reduziert die Aufnahme der Strahlung. Eine weitere Möglichkeit besteht darin, Textnachrichten zu schreiben, anstatt zu telefonieren"<<.

---

172   Quelle S225 / diagnose:funk / Link im Artikel und Verzeichnis / Blatt 31 von 36.

Juni 2017:

>> (173) Fraunhofer HHI schließt VLC-Projekt erfolgreich ab. Datenübertragung mittels LED-Licht statt WLAN. Im Frühjahr 2015 startete das Projekt "VLC Mainau" mit dem Ziel, einen vorhandenen Konferenzraum auf der Insel Mainau mit Visible Light Communication (VLC) Technologie auszurüsten. Das Fraunhofer-Institut für Nachrichtentechnik, Heinrich-Hertz-Institut (HHI) und die Mainau GmbH haben das Projekt mit der Realisierung einer ersten optischen WLAN-Umgebung erfolgreich abgeschlossen.

Juni 2017:

In der **Bedienungsanleitung WLAN-Router Speed Port warnt die Telekom**: *"Die integrierten Antennen Ihres Speedport senden und empfangen Funksignale bspw. für die Bereitstellung Ihres WLAN.* **Vermeiden Sie das Aufstellen Ihres Speedport in unmittelbarer Nähe zu Schlaf-, Kinder- und Aufenthaltsräumen**, *um die Belastung durch elektromagnetische Felder so gering wie möglich zu halten."*

September 2017:

Internationaler Appell fordert ein 5G-Moratorium. Mehr als **180 internationale Wissenschaftler und Ärzte warnen vor den Gesundheitsrisiken durch den Mobilfunkstandard 5G** *und fordern ein Moratorium. Sie fordern die Überprüfung der Technologie, die Festlegung von neuen, sicheren „Grenzwerten für die maximale Gesamtexposition" der gesamten kabellosen Kommunikation, sowie den Ausbau der kabelgebundenen digitalen Telekommunikation zu bevorzugen.*

Oktober 2017:

VLC-Projekt der Fraunhofer-Gesellschaft am Hegel-Gymnasium in Stuttgart gestartet. In dem Schulraum, der mit den nötigen Geräten ausgestattet wurde, sind über den Arbeitstischen Leuchten angebracht. Ihr Licht ermöglicht Schülern an den Laptops eine drahtlose Kommunikation über Licht<<.

---

173   Quelle S225 / diagnose:funk / Link im Artikel und Verzeichnis / Blatt 32 von 36.

November 2017:

>> (174) BioInitiative Report Supplement 1 zu Handystrahlung und Krebs erscheint. Professor Hardell und sein Mitarbeiter Michael Carlberg publizierten im Mai 2017 eine Aufarbeitung der Forschungslage zur **Auswirkung der Handynutzung auf die Entstehung von Hirntumoren.** Sie kommen zu dem Schluss, dass die Einstufung der Weltgesundheitsorganisation (WHO) von der Gruppe 2B "möglicherweise Krebs erregend" in die **Gruppe 1 "Krebs erregend"** erfolgen muss. Dies wird im BioInitiative Report Supplement 1 übernommen.

Dezember 2017:

In der Erklärung von Nikosia zu WLAN an Schulen fordern die 'Zyprische Ärztekammer', die 'Österreichische Ärztekammer', die 'Ärztekammer für Wien', sowie das 'Zyprische Nationale Komitee für Umwelt und Kindergesundheit' gemeinsam den Schutz von Kindern und Jugendlichen vor Handystrahlung, sowie das Verbot von WLAN an Kitas und Schulen.

Jahr 2018

Januar 2018:

Die Schweizer ÄrztInnen für Umweltschutz kritisieren 5G-Einführung. Ungeklärt seien die gesundheitlichen Risiken der neuen 5G-Technologie. 5G basiert auf kurzwelliger Strahlung, die von der Haut mit unbekannten Folgen absorbiert wird. Deshalb fordern die AefU ein Moratorium für 5G, um die gesundheitlichen Konsequenzen zu untersuchen.

Januar 2018:

Frankreich verordnet Strahlungsminimierung. Nach dem französischen Mobilfunkgesetz müssen Orte "äußerst atypischer Belastung" binnen 6 Monate auf "möglichst 1 V/m" (=2.650 µ/m²) reduziert werden.

Februar 2018:

Review zu WLAN. Die Zeitschrift umwelt-medizin-gesellschaft 1/2018 veröffentlicht den Studienüberblick" Biologische und pathologische Wirkungen der Strahlung von 2,45 GHz auf Zellen, Fruchtbarkeit, Gehirn und Verhalten",<<.

---

174   Quelle S225 / diagnose:funk / Link im Artikel und Verzeichnis / Blatt 33 von 36.

>> (175) verfasst von Dipl. Biologin Isabel Wilke, Redakteurin des Elektrosmog Reports. Der Review dokumentiert mehr als 100 Studien, die Gesundheitsrisiken der Trägerfrequenz 2,45 GHz und der gepulsten Variante WLAN nachweisen.

März 2018:
Der **Ständerat Schweiz lehnt höhere Grenzwerte für 5G ab**. Der Ständerat musste am 05.03.2018 erneut über einen Vorstoss zur Revision der Verordnung über den Schutz vor nichtionisierender Strahlung (NISV) abstimmen. Mit 22 zu 21 Stimmen bei 2 Enthaltungen sagte er **„Nein" zur Motion und lehnt somit höhere Grenzwerte für Mobilfunkantennen ab**.

März 2018:
NTP-Studie: Die Arbeitsgruppe von Prof. Lennart Hardell publiziert einen Review zur Studienlage Mobilfunkstrahlung und Krebs. diagnose:funk publiziert den Artikel in der Reihe Brennpunkt.

April 2018:
Die Datenbank www.EMFData.org geht Online. Mit dieser Datenbank, erstellt von diagnose:funk, wird die Studienlage dokumentiert. Beim Start enthält sie 400 Studien, die biologische Effekte nachweisen und viele wissenschaftliche Dokumente.

Mai 2018:
WLAN: diagnose:funk veröffentlicht die Ausarbeitung von Prof. Karl Hecht: "Die Wirkung der 10-Hz-Pulsation der elektromagnetischen Strahlungen von WLAN auf den Menschen".

Juni 2018:
Der "**Ärztearbeitskreis** digitale Medien, Stuttgart" **fordert** in einem Offenen Brief an das Kultusministerium Baden-Württemberg, dass **kein WLAN an Schulen** eingeführt wird.

Juli 2018:
Die **Handystrahlung kann Gedächtnisleistung beeinträchtigen**. Das ergab eine Studie mit fast 700 Jugendlichen in der Schweiz. Die Studie wurde am Schweizerischen Tropen- und Public Health-Institut (Swiss TPH) durchgeführt (Foerster et al. 2018)<<.

---

175   Quelle S225 / diagnose:funk / Link im Artikel und Verzeichnis / Blatt 34 von 36.

Juli 2018:

>> (176) Frankreich: Handynutzungsverbot an Schulen.

Um der Bildschirmabhängigkeit entgegenwirken, beschließt am 30.07.18 die französische Nationalversammlung in letzter Lesung das erweiterte gesetzliche Handyverbot an Schulen.

August 2018:

NTP-Studie: Die Arbeitsgruppe des Onkologen Prof. Lennart Hardell (Schweden) legt eine umfassende Interpretation der NTP-Studie vor, in der die Ergebnisse in Zusammenhang mit epidemiologischen und medizinischen-biologischen Studien gestellt werden. diagnose:funk legt mit diesem Brennpunkt eine Übersetzung dieser Arbeit vor.

August 2018:

Forscher des Ramazzini-Instituts (Bologna) haben an 2500 männlichen und weiblichen Ratten nach lebenslanger Bestrahlung mit 1800 MHz (2G-Netz) erhöhte Raten von Schwannomen des Herzens und von Gliomen festgestellt (Falcioni et al. 2018). Bei weiblichen Tieren zeigte sich ein von der Strahlungsintensität abhängiger Trend. Die Studie wird als eine Bestätigung der NTP-Ergebnisse angesehen.

August 2018:

Neue Broschüre der Kompetenzinitiative zur "Elektrohypersensibilität. Risiko für Individuum und Gesellschaft" erscheint.

August 2018:

NTP-Studie. Das Peer-Review Panel der NTP-Studie bestätigt die Ergebnisse der Studie. Prof. James C. Lin, Mitglied des Panels, veröffentlicht daraufhin im IEEE Microwave Magazine den Artikel "Clear evidence of cell-phone RF radiation cancer risk". Prof. Lin war bis 2016 führend in der ICNIRP tätig. **Er fordert eine Revision der Grenzwerte.**

September 2018:

In dem Artikel „heiße Zone Rhön": Weniger Mobilfunk = weniger Krankheiten, Baumschäden und Insektensterben?" in der Zeitschrift Natur und Recht weisen der Richter a.D. B.I. Budzinski und Prof. Wilfried Kühling, anhand nachgewiesener Schädigungen auf Mensch und Natur die juristische Unhaltbarkeit der deutschen Mobilfunkpolitik nach<<.

---

176   Quelle S225 / diagnose:funk / Link im Artikel und Verzeichnis / Blatt 35 von 36.

September 2018:

>> (177) Neue Reviews zur Gesamtstudienlage erscheinen auf Grund der Ergebnisse der NTP- und Ramazzini-Studie: Belpomme et al. (2018), Kocaman et al. (2018), Miller AB et al. (2018), Melnick (2018).

September 2018:

5 G Mobilfunkstandard: Die ersten drei Studien zu 5G von Betzalel et al. (2018), Russell (2018) und diCiaula (2018) erscheinen. Auf Grund der Studienergebnisse, die gesundheitsschädigende Wirkungen nachweisen, fordern die Autoren einen Stopp der Einführung.

November 2018:

Berenis, die beratende Expertengruppe nicht-ionisierende Strahlung der Schweizer Regierung veröffentlicht eine Analyse der Ergebnisse der NTP– und Ramazzini-Studien. Sie weist darauf hin, dass die festgestellten krebsauslösenden Wirkungen nicht-thermisch sind.

Die wissenschaftliche Qualität und der Standard der Labortechniken insbesondere in der NTP-Studie seien hoch, die Ergebnisse konsistent und Anlass, die Grenzwerte zu überprüfen und das Vorsorgeprinzip zu beachten.

November 2018:

In einem EMF Call genannten Papier , initiiert von Prof. Lennart Hardell, sprechen die unterzeichnenden Wissenschaftler dem privaten Lobbyverein ICNIRP die Kompetenz und das Recht ab, Grenzwerte festzulegen.

Die ICNIRP-Grenzwerte seinen ein Risiko, die Festlegung schützender Grenzwerte durch unabhängige Wissenschaftler wird gefordert.

November 2018:

Die Bundesdelegiertenversammlung des Bund für Umwelt und Naturschutz (BUND) verabschiedet einen Forderungskatalog, in dem von der Bundesregierung eine Vorsorge- und Schutzpolitik.

Jahr 2019

März 2019

Österreich gibt für 17 Bezirke die Nutzung von 5G frei und setzt somit, ohne jegliche Prüfung, einen elektromagnetischen 5G Feldversuch an der Bevölkerung in Gang<<.

---

177   Quelle S225 / diagnose:funk / Link im Artikel und Verzeichnis / Blatt 36 von 36.

Lexikon

Für was steht der Name E – Smog?

Dies ist eine Abkürzung, wobei das „E" für Elektro oder elektronisch steht. Der Ausdruck „Smog" kommt aus dem Englischen und bedeutet eigentlich Rauch oder Nebel, wobei es sich dabei auch immer um eine Art von Luft – Verschmutzung handelt. Somit ist der Name: Elektro-Smog eigentlich sehr zutreffend.

Physikalische Grundlagen zum Elektro – Smog
(E – Smog – Feld / WELLE / Strahlen)

Als elektromagnetische Welle bezeichnet man eine Welle aus gekoppelten elektrischen und magnetischen Feldern. Beispiele für elektromagnetische Wellen sind Radiowellen, Mikrowellen, Wärmestrahlung, Licht, Röntgenstrahlung und Gammastrahlung. Wobei sie jederzeit und wissenschaftlich anerkannt, auch als elektromagnetische Strahlung oder kürzer Strahlung bezeichnet werden dürfen.

Die Wechselwirkung (das gegenseitige Beeinflussen) der elektromagnetischen Wellen mit Materie, hängt von ihrer jeweiligen Frequenz ab, die über unglaublich viele Größenordnungen variieren kann. (Das ist auch das Fatale daran)

Im Gegensatz zu Schallwellen benötigen elektromagnetische Wellen kein Medium, um sich auszubreiten. Sie können sich daher über weiteste Entfernungen, sozusagen durch die Luft hinweg, ausbreiten. Sogar vor dem Weltraum machen sie nicht halt.

Sie bewegen sich mit Lichtgeschwindigkeit und das unabhängig von ihrer Frequenz.

Unteranderem können sich die elektromagnetischen Wellen aber auch in einem Stoff, einer Materie, ausbreiten. Dies kann eine Flüssigkeit wie Wasser, oder einfach nur menschliches Gewebe sein. Dabei wird zwar ihre Geschwindigkeit erheblich herabgesetzt, sie hinterlässt aber trotz alle dem eine Wirkung. Diese kann von ein wenig getroffen, bis hin zur totalen Vernichtung einer Zelle führen.

Elektro Smog und seine Physik

Die einzelnen Bausteine des ELEKTRO-SMOGS verstehen!

Was ist Elektro – Smog?

Nur mal so viel vorweg: Es gibt zwei vollkommen unterschiedliche Arten von Elektro-Smog. Zum einen, der E-Smog, der aufgrund von stromführenden Kabeln oder Starkstromleitungen entsteht. Zum anderen, der Elektro-Smog der aufgrund einer von uns ausgesendeten Funkwelle unmittelbar durch die Atmosphäre geistert. Mein Hauptaugenmerk liegt in diesem Buch auf dem E-Smog, der von uns durch eine oder mehrere Funkwellen hervorgerufen wird. Diese Art der Umweltverschmutzung basiert auf einer elektromagnetischen Schwingung oder Strahlung, und ist nichts anderes, als eine durch einen elektronischen Impuls ausgelöste Bewegung von Stoffen wie Luft, Wasser, Metall oder Licht.

Aus was bestehen all diese Stoffe?

Aus Atomen, die wiederum auf Elektronen, Ionen, Neutronen und so weiter aufgebaut sind. Da alle uns umgebenden Stoffe auch mit einer natürlichen Eigenschwingung ausgestattet sind, kann man diese, durch von uns künstlich erzeugte Schwingungen oder Strahlungen massiv beeinflussen. Ob dies nun gewollt oder ungewollt stattfindet, und welche unglaublich negativen Auswirkungen diese künstliche Beeinflussung von außen nach sich zieht, wird im Buch detailliert dargestellt.

Da es im Bereich von allen elektrischen Leitungen und künstlichen Funkwellen zu einer nicht unerheblichen Strahlung von elektromagnetischen Wellen kommt, und wobei sich dabei zwangsläufig auch elektromagnetische Felder bilden, wurde diese Art der „nicht gewollten" elektrischen Verschmutzung als „Smog" bezeichnet. Fakt ist: ob gewollt oder ungewollt, diese physikalische Tatsache zur permanenten Umweltvergiftung ist vollkommen unbestritten!

Somit gilt der Name: „Elektro-Smog" nicht zu Unrecht als Bezeichnung für eine Elektronische oder Elektrische Verschmutzung seines gesamten Umfeldes. Die jeweilige Stärke dieser Verschmutzung, hängt von der eingesetzten Strom- und Funkwellenstärke und der benutzten Schwingung, sprich Frequenz ab. Bei einem Kabelgebundenen-System hängt der dabei entstandene Elektro-Smog von der jeweils vorhandenen Isolierung ab!

Bei einer Funkwelle, bei der es natürlich keine Isolierungen geben darf, sonst wäre es ja keine Funkwelle mehr, hängt der Grad der elektronischen Verschmutzung massiv von der zu verwendeten Funkwelle und den bereits genannten Faktoren ab. Was aber bei den heutigen Funkwellentypen noch sehr schwer ins Gewicht fällt, ist die Modulation, also der Wellentyp. Benutze ich ein rein analoges Signal, so bin ich mit der natürlichen Strahlung „fast" konform. Verwende ich aus Kostengründen und der zu transportierenden Datenmengen, eine Digitalmodulierte-Funkwelle, dann bewege ich mich außerhalb jeder natürlich vorkommenden Strahlung.

Damit provoziere ich zwangsläufig, die bereits bekannten Schäden an jeglicher Art von Leben. Da dieses „Digitale" Wellenmuster, allen Natürlichen enorm widerspricht. Da aber das Bestreben der Funkwellen – Betreiber (Netzbetreiber), sich in erster Linie aus Kostengründen immer wieder um die Faktoren: möglichst **weit** und so **dicht** wie nur irgendwie machbar abzustrahlen, werden ausschließlich nur noch diese digitalen Muster verwendet. Mögliche Alternativen, wie optische oder analog-gebundene Übertragungswege, wurden und werden bis heute so gut wie nicht mehr verwendet.

Was bedeutet analoge oder digitale Funkwelle?

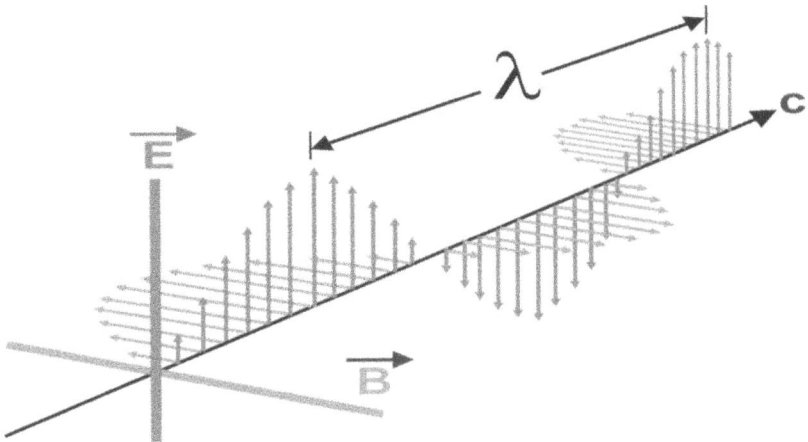

Die roten Pfeile kennzeichnen die Wellenlänge, die blauen Pfeile die elektromagnetische Abstrahlung!

Grundsätzlich wird eine Funkwelle über einen elektrischen Impuls aus einer Kuper - Drahtspule heraus erzeugt. Das Aus- und Einschalten von Strom, der durch diese Kupferdrahtspule floss, produzierte um die Spule herum ein Magnetfeld. Das man dann mit Hilfe einer Antenne, auf die Reise schicken kann.

Früher wurde ausschließlich ein „analoges" Wellenmuster erzeugt, das dem einer gerundeten Wasserwelle sehr ähnlich war (wie zuvor abgebildet).

Extremer Vorteil der analogen Welle für alle Lebewesen. Runde Wellenmuster greifen keine andersartigen Schwingungsmuster an, da sie über keine „Kanten" und somit über keinen Angriffspunkt verfügen.

Alles was rund ist, gleitet an einer anderen runden Fläche ab. Physik eben!

Da aber diese analoge Welle immer wieder den natürlichen analogen Schwingungen von außen ausgeliefert war, wird das Signal des analogen Funks von natürlich vorkommenden Wellenmuster mit beeinträchtigt. Das Signal wurde unscharf oder nicht klar genug. Dadurch kam man auf die fatale Idee, eine wesentlich härtere und vor allem stabilere Funkwelle zu erschaffen. Diese war nun in der Lage, aufgrund ihres „DIGITALEN" Musters, das dem von aneinandergereihten Vierkanthämmern sehr ähnlich ist, mit wesentlich mehr Kraft und einer weit höheren Daten- und Strahlungsrate zu arbeiten.

Diese Digitale - Welle stellte nun alles bisher Dagewesene restlos in den Schatten, und das im wahrsten Sinn des Wortes. Alle natürlich vorkommenden Wellenmuster, haben gegen diese unbändige Gewalt nicht die geringste Chance. Denn digitalen Wellen berühren alles Lebende gleichermaßen.

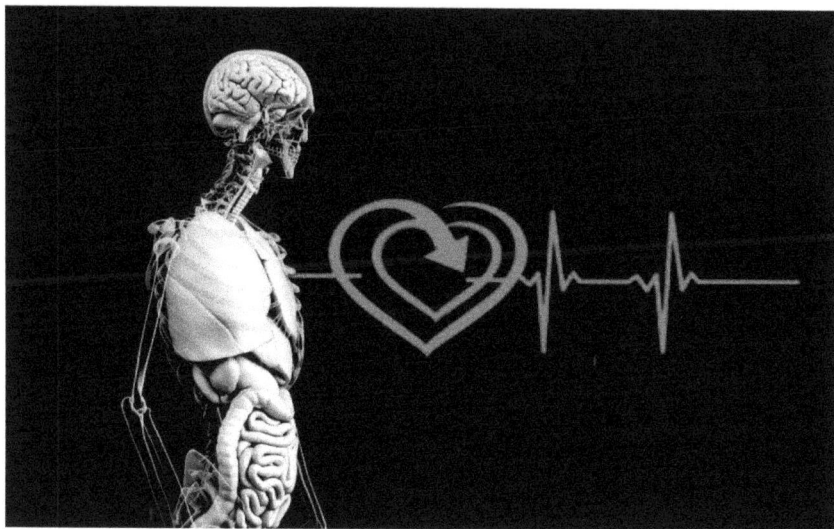

**Digitale Funkwellen treffen einen immer wieder mitten ins Herz.
Ohne jegliche Ausnahme!**

Da dieses künstliche, digitale Wellenmuster erst seit wenigen Jahrzehnten in Gebrauch ist, gibt es so gut wie keinerlei Erfahrungswerte. Was deren Langzeitschäden sind und wie Sie auf die weltweit einzigartigen analogen Wellenmuster, der jeweiligen Körperzelle wirken.

Alles was man aber bis heute darüber weiss, lässt wahrlich nicht Gutes ahnen und wird für Sie in diesem Buch fachlich und sachlich so aufbereitet, dass Sie sich selbst eine vollkommen eigenständige Meinung zum Gebrauch von digitalem Funk bilden können.

Wodurch entsteht E-Smog an Kabeln?

Wird ein elektrischer Leiter (Kabel) unter Strom gesetzt, entsteht ein elektrisches und magnetisches Feld um diesen Leiter (Kabel).

Der Strom selbst richtet sich eigentlich nur in Richtung der dazu verlegten Leitung aus. Was auch so gewollt ist!

Aber er bildet um die Leitung, also um das Kabel herum „ein zusätzliches Elektro - Magnetisches Feld", was eindeutig Elektro-Smog bedeutet.

Das elektrische und magnetische Feld

Fließt in einem elektrischen Leiter (Kupferkabel) Strom, so bildet sich um diesen Leiter ein elektrisches Feld. Dieses elektrische Feld führt aber zwangsläufig immer auch zu einem weiteren und zusätzlichen magnetischen Feld! Wobei sich dann die beiden Felder (das elektrische und magnetische) gegenseitig immer wieder „erregen".

Dieses gegenseitige Erregen bezeichnet man auch als:

„In Resonanz gehen". Ein Nebenprodukt dieser beiden Felder sind, die bis dato noch nicht anerkannten „Skalar Wellen". (Das heilige Licht)

Anmerkung dazu: Geht die menschliche elektronische Schwingung und somit auch eine SKALARWELLE von einem Menschen aus, so bezeichnet man sie auch landläufig als „AURA" oder das „AURA – LICHT".

Bewiesen wurde dies immer wieder mit der Kirlian-Fotografie,

Wodurch entsteht E-Smog bei einer Funkwelle

Wie wir gerade eben beim Kabel erkennen konnten, befindet sich um das stromführende Kabel eine eigenständige und für uns völlig unsichtbare Welle, die aus kleinsten elektronischen und magnetischen Funkwellen besteht. Durch diese Entdeckung kam man auf die Idee, diese so entstandenen Wellen zu nutzen, um über weite Entfernungen Nachrichten zu übermitteln. Will ich jetzt zwischen einem Sender und einem Empfänger elektrische Wellen hin- und her - senden, so moduliere ich diese mit Funknachrichten, zum Beispiel mit einer Stimme. Diese von meinem Funkgerät aus gesendeten Wellen setzen sich nach außen ab. Sie senden sogar mit Lichtgeschwindigkeit und sind unendlich. Jedes Funksignal, das wir einmal ausgesendet haben, läuft ohne Ende bis zum Rand des Universums. Trifft dieses Funksignal, auf der Basis von einem zuvor bestimmten Wellenmuster und einer zuvor getakteten Frequenz einmal auf eine lebende Zelle, die auch über ein eigenes aber deutlich kleineres Funksignal verfügt, so kollidieren die beiden miteinander. Dabei steht es außer Zweifel, dass der Stärkere der beiden gewinnt.

Anmerkung: Sind es analoge Wellenmuster, so ist die Gefahr der gegenseitigen Zerstörung bei weitem geringer, als bei einem digitalen Muster.

Wie versende und empfange ich derartige Funkwellen?

Diese schickt man über eine am Funkgerät vorhanden Antenne, unmittelbar durch die Luft, ohne Trägerstoff und am besten ohne Hindernis, zum Empfänger.

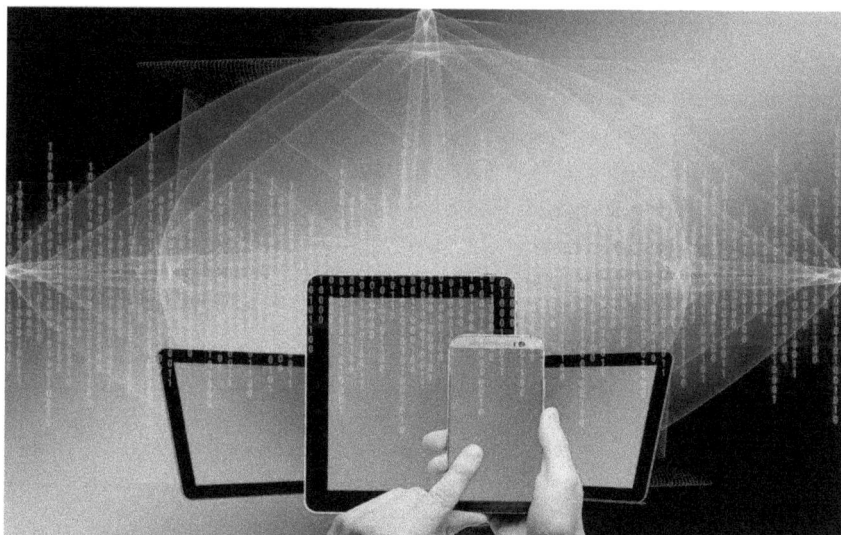

**Ob nun die „Null" oder die „Eins", von gesendeten Mobilen Daten unser Untergang bedeutet, bleibt dahingestellt.
In jedem Fall haben beide erhebliche Auswirkungen auf unsere Gesundheit.**

FAZIT zur elektromagnetischen Welle:

Jedes elektrische oder magnetische Feld zieht zwangsläufig durch die eigene Physik, das jeweils andere Feld nach sich.

Dieses „Hochschaukeln" der beiden Felder (in Resonanz gehen) wurde durch die „Maxwell Gleichung" eindeutig nachgewiesen.

UND damit es nicht zu kompliziert wird, merken Sie sich folgenden Umstand. Jede noch so kleine Aktion in Bezug auf eine Schwingung, zieht in ihrem Gefolge eine Reaktion von anderen schwingenden Elementen nach sich. Dies bedeutet ganz klar: Egal was ich aussende, es wird in meinem Telefon und im gesamten Umfeld des Signals, angefangen von Sendemast bis hin zur Empfangsquelle, eine Reaktion auslösen.

„Aktion ist gleich Reaktion" dies ist in der Physik als absolut unumstößlich zu betrachten. Das dieser Umstand natürlicherweise „immer" seine Konsequenzen hat, steht auch außer Zweifel. Dies gilt für alles und jeden, der sich nur ansatzweise in der Nähe befindet. Wäre dem nicht so, würde kein Handy einen Ton von sich geben.

Und ich könnte mir dieses Buch tatsächlich sparen.

Ich kann doch von keinem physikalischen Element, wie einer gigantisch gestreuten Funkwelle erwarten, dass sie alles was mir lieb und teuer ist, einfach so umgeht und in Ruhe lässt. Aber mein Handy sollte diese Welle schon finden, zum Klingen bringen und vor allem ungestört erreichen. Und dies am besten mit Lichtgeschwindigkeit, was dem tatsächlich auch so entspricht. Funkwellen aller Art, besitzen fast Lichtgeschwindigkeit.

Darum höre ich den Papst im Radio, bei seinem Ostergruß, deutlich früher als der gute Pilger unmittelbar vor Ort. Auch wenn er keine 200 Meter vor ihm auf dem Petersplatz steht. (Das ist eine physikalische Tatsache)

Damit ich jetzt zum Abschluss komme, noch eine kleine Zugabe vom ZeitenSchrift Verlag als freier Download im Internet. Wer nach diesem Artikel noch immer Zweifel hat, dem ist eigentlich nur noch „eine Gute Nacht" zu wünschen.

Internet der Dinge:
Vernetzt, verstrahlt und krank.
5G-Mobilfunk: Globaler Mikrowellenherd ohne entrinnen.

(178) >> *Mikrowellen-Sendeantennen alle zweihundert Meter und Zehntausende von Satelliten sollen jeden Quadratzentimeter Erdoberfläche ab 2020 mit einer völlig neuen Art der Mobilfunkstrahlung überziehen. Ärzte und Wissenschaftler schlagen Alarm: Es wird Siechtum für alles Leben auf dem Planeten bedeuten.*

1G bis 5G: Wie das Handy „laufen lernte".

5G steht für die fünfte Generation des Mobilfunks, deren Datenkapazität über hundertmal schneller sein soll als die besten Netze von heute. Mit ungefähr demselben Faktor lagen die Unternehmensberater von McKinsey daneben, als sie in den frühen 1980er Jahren hochrechneten, zur Jahrtausendwende würde es allein in den USA 900'000 Mobilfunkanschlüsse geben – tatsächlich sollten es 109 Millionen werden (und 740 Millionen weltweit). Als McKinsey damals jene Voraussage machte, konnte man mit den (noch analogen) Handys einfach nur – telefonieren. Das war 1G, die erste Generation. Dann wurde das Mobiltelefon dank GSM-Standard digital und lernte zu texten. Vor allem Jugendliche entdeckten mit 2G die „SMS" und damit die zwischenmenschliche Kommunikation mit zwei Daumen.

UMTS, der Mobilfunkstandard der dritten Generation, holte schließlich übers Internet die ganze Welt aufs Handy, das sich inzwischen zu einem Computer gemausert hatte und als Smartphone zum scheinbar wichtigsten Körperteil vieler Menschen wurde. Seine Hauptaufgabe in den Zeiten von 3G: Bilder und Filmchen abzuspielen. Doch weil die mobilen Internet-User immer zahlreicher werden und gleichzeitig immer abhängiger von sozialen Netzwerken wie Facebook oder Instagram, musste schon bald ein zehnmal schnelleres Mobilfunknetz her: LTE, die drahtlose Kommunikation der vierten Generation.

Jetzt können wir uns überall und jederzeit mit Bildern und Videos aus der virtuellen Cloud – dem Internet – zumüllen. Denn Textnachrichten oder Gespräche machen mittlerweile nur noch einen winzigen Teil des mobilen Datenvolumens aus<<..

---

178 Quelle S263 / ZeitenSchrift Verlag / Internet der Dinge / Freier Download Link im
   Verzeichnis / Blatt 1 von 9 /

(179) >> Doch auch 4G wird sich zu einer Spaßbremse mit Datenstaus im Drahtlosnetz entwickeln, orakeln Mobilfunkexperten. Denn bald schon wird die Menschheit nicht mehr ohne das kabellose und trotzdem blitzschnelle Streaming von hochaufgelösten Videos und – vor allem – das „Internet der Dinge" überlebensfähig sein. Deshalb will man uns weismachen, dass die Einführung des 5G-Standards unausweichlich sei.

*Die fünfte Generation des Mobilfunks wird **400'000-mal leistungsfähiger** sein als der GSM-Standard (die zweite Generation oder 2G), mit welchem 1992 die Ära des Digitalfunks eingeläutet wurde – und immerhin über hundertmal schneller als der aktuelle 4G-Standard. So kann dann ein jeder von uns über zwei Gigabytes Daten pro Sekunde durch den Äther jagen. Doch selbst diese gigantisch anwachsenden Datenmengen sind nicht der eigentliche Grund, weshalb die Mobilfunkindustrie mit 5G eine technologische Revolution anstrebt: Man will „alle Lebensbereiche digitalisieren" (Swisscom) und sämtliche Geräte in der virtuellen globalen „Cloud" miteinander vernetzen – drahtlos, versteht sich. Es ist das vielgepriesene „Internet der Dinge", das angeblich ein „neues Bedürfnis" der Menschheit sei (mehr dazu im*

Damit künftig ausreichend Bandbreiten und Funklizenzen für eine schier unerschöpfliche Datenflut zur Verfügung stehen, will man technologisch völlig neue Wege beschreiten. Und genau das macht 5G noch unberechenbarer – auch für die Gesundheit. Weil aber 700 Milliarden Dollar investiert werden, um das Spektrum der drahtlosen Kommunikation auszubauen, wollen sowohl die Mobilfunkindustrie als auch die Behörden uns Bürgern Sand in die Augen streuen und reden lieber davon, wie toll es dereinst sein wird, überall auf der Welt einen ganzen HD-Kinofilm in wenigen Sekunden kabellos herunterladen zu können.

Antennenflut sprengt Grenzwerte!

Neben den heute bereits verwendeten Mikrowellenbandbreiten soll 5G erstmals auch sogenannte Millimeterwellen bis zu 200 GHz nutzen. Das stellt die Industrie vor neue Herausforderungen, weil solch hochfrequente Mikrowellen im Bereich über 20 GHz in der Haut absorbiert werden und damit auch bereits von Pflanzenblättern abgefangen werden können<<..

---

179   Quelle S263 / ZeitenSchrift Verlag / Internet der Dinge / Freier Download Link im Verzeichnis / Blatt 2 von 9 /

(180) >> Somit dringt 5G nicht in Häuser ein und ist nur über kurze Distanzen nutzbar, da die Funkwellen von zahllosen Hindernissen geschirmt, reflektiert und geschluckt wird. Mit anderen Worten: Die neue Technologie setzt einen so massiven Infrastrukturausbau voraus, wie man ihn noch nicht gesehen hat. Laut Hochrechnungen wird in Ballungsräumen im Schnitt auf jedes Dutzend Wohnhäuser eine Mobilfunkantenne kommen – und selbst in ländlichen Gebieten will man die Antennen flächendeckend ungefähr alle zweihundert Meter aufstellen. Schließlich soll langfristig auch die Landbevölkerung ebenso vollständig ins Internet der Dinge eingebunden werden wie die Städter.

Straßenlampen, Ortsschilder, Telefonmasten, Garagendächer, Hausecken – die deutlich kleineren 5G-Antennen können fast überall montiert werden, was bei der geplanten Ausbaudichte auch unabdingbar ist. Aufgrund der massiv höheren Strahlenbelastung will die Mobilfunkindustrie, dass der Gesetzgeber die Grenzwerte künftig lockert. Die Zeit drängt: Tests mit der 5G-Technologie hatten die US-Mobilfunkgiganten Verizon und AT&T in bestimmten Gebieten bereits 2017 begonnen und die Olympischen Winterspiele 2018 wurden vollmundig als „erste Spiele in 5G" angepriesen. Im Jahr 2020, so hoffen die Mobilfunkanbieter, soll es dann ernst werden. Wenn Büsche Feuer fangen.

Ernst ist es in Kalifornien schon lange, nicht zuletzt wegen der ständigen Brandgefahr aufgrund von Dürre und Hitze. Deshalb sind die Bürger dazu angehalten, kein trockenes Laub liegen zu lassen. Das ist so weit nachvollziehbar. Was der kalifornische Stromlieferant Pacific Gas & Electric (PG&E) jedoch neulich verlauten ließ, lässt aufhorchen: Das Unternehmen musste zugeben, einige Brände auf Werksgeländen seien verursacht worden, weil man versäumt habe, das Blattwerk zurückzuschneiden – also lebende Pflanzen zu stutzen!

Zur Erinnerung: Die Millimeterwellen der 5G-Technologie werden von den Blättern absorbiert. Das heißt, ihre Energie überträgt sich aufs Blatt und erwärmt es um eine Winzigkeit. Wird es trotzdem ausreichen, damit in trockenen Landstrichen wie Kalifornien Büsche künftig noch häufiger von selbst Feuer fangen? Ganz zu schweigen davon, ob viele Pflanzen und Bäume noch mehr kränkeln und eingehen werden<<..

---

180   Quelle S263 / ZeitenSchrift Verlag / Internet der Dinge / Freier Download Link im Verzeichnis / Blatt 3 von 9 /

(181) >> wenn ihre Blätter den Hauptteil der 5G-Strahlung abkriegen. Der Mensch besitzt zwar keine Blätter, dafür aber eine Haut.

Oft geringgeschätzt, ist sie trotzdem ein zentrales Organ des Körpers.

Wie das Pflanzenblatt absorbiert unsere Haut die Millimeterwellen von 5G fast vollständig. Das sei ein Vorteil, behauptet sogar die Weltgesundheitsorganisation. Die WHO verlässt sich in ihrer Argumentation ganz auf die Empfehlungen einer privaten Expertenkommission namens ICNIRP. Darin sitzen vornehmlich Lobbyisten der Mobilfunkindustrie und geben sogenannte Grenzwertempfehlungen aus, welche die meisten Länder unbesehen in ihre nationale Gesetzgebung übernehmen. Die ICNIRP argumentiert: Weil die Strahlung nicht mehr so tief ins Gewebe und in den Kopf eindringe, wären Gehirn und wichtige innere Organe besser geschützt – ein weiterer Grund, weshalb man die Grenzwerte lockern solle.

Der Umstand, dass fast die gesamte Energie eines 5G-Gerätes in der Haut absorbiert werde, dürfe nicht für eine höhere Strahlenbelastung missbraucht werden, bloß „weil die ICNIRP ohne jeden wissenschaftlichen Beweis die Haut willkürlich zu den weniger wichtigen Körperteilen zählt", schimpft Professor Dariusz Leszczynski von der Universität Helsinki. Der international anerkannte Experte im Bereich der Mobilfunkforschung kritisiert die WHO seit Jahren für ihre industriefreundliche Haltung.

Gefährliche Millimeterwellen

Dr. Mercola schreibt hingegen auf seiner weltweit einflussreichsten Gesundheitsseite im Internet, Millimeterwellen würden für Augen- und Herzprobleme, Schmerzen oder Immunschwächen verantwortlich gemacht (das habe die 5G-Technologie im Tierversuch bereits klar gezeigt)[1] : „Diese Strahlung dringt ein bis zwei Millimeter tief in menschliches Gewebe ein und wird ebenfalls von den Oberflächenschichten der Augenhornhaut absorbiert." – Ein bis zwei Millimeter Tiefenwirkung heißt aber auch, dass die 5G-Strahlung das Blut, den Träger unserer Seele, massiv beeinflusst. Dieser kostbare Saft ist auch in physiologischer Hinsicht höchst wichtig, wie jeder weiß. Zudem besteht Blut zu 95 Prozent aus Wasser – und Wasser ist der wichtigste und beste Informationsträger, den die Natur kennt (experimentelle Computer werden bereits mit „Gehirnen" aus Wasser statt Silizium betrieben) <<.

---

181 Quelle S263 / ZeitenSchrift Verlag / Internet der Dinge / Freier Download Link im Verzeichnis / Blatt 4 von 9 /

(182) **>>** *Ausgerechnet Körperflüssigkeiten, welche die Gesundheitsinformationen für unseren Organismus speichern und transportieren sollen, werden also durch die 5G-Millimeterstrahlung besonders in Mitleidenschaft gezogen– und wir reden hier nicht „nur" von Blut und Lymphe, von intra- und extrazellulärem Wasser: Die Wissenschaft hat nämlich unlängst ein „flüssiges Organ" direkt unter unserer Haut entdeckt!*

Kein Wunder also, dass Millimeterwellen mit Symptomen wie Schmerzen oder Immunschwächen in Zusammenhang gebracht werden, die sich überall im Körper manifestieren können! Doch das Blut besteht nicht nur aus Wasser. Fünf Prozent sind in Wasser gelöste Stoffe – Blutzellen, Nährstoffe und eben auch Myriaden von Bakterien. Wozu diese normalen Bakterien allerdings unter Mikrowellenbeschuss mutieren könnten, weiß niemand so genau. Weit hergeholt? Dr. Mercola warnt, die 5G-Strahlung könne das weltweite Drama um die wachsende Antibiotikaresistenz zusätzlich verschärfen, weil sich viele Bakterien (darunter auch E. coli) durch solche Millimeterwellen verändern und damit noch resistenter werden. Diese Erkenntnisse wurden 2016 im Fachorgan Applied Microbiology and Biotechnology veröffentlicht.

„Gekochte" Schweißdrüsen?

Der Mensch besitzt zwei bis vier Millionen Schweißdrüsen. Sie liegen unter der Epidermis in der Lederhaut. Und werden deshalb von der 5G-Strahlung „gekocht", weil sie die Millimeterwellen wie Antennen anziehen. Zu diesem Schluss kommt eine Studie des Physikprofessors Yuri Feldman von der Hebräischen Universität Jerusalem. Man müsse mögliche Gesundheitsgefahren umfassend und unbedingt vor Einführung des 5G-Standards abklären, fordert er und sein Forschungsteam. Sonst werde die Menschheit einem „gigantischen unkontrollierten Experiment" ausgesetzt. Dass die neue Mobilfunkstrahlung in den Schweißdrüsen als Hitzewellen oder gar Schmerz empfunden werden könne, ist hierbei wohl noch das kleinste Gesundheitsproblem<<..

---

182 Quelle S263 / ZeitenSchrift Verlag / Internet der Dinge / Freier Download Link im
Verzeichnis / Blatt 5 von 9 /

(183) >> Feldmans Kollegin Dr. Yael Stein vom Hadassah Medical Center in Jerusalem schrieb deswegen bereits am 9. Juli 2016 einen offenen Brief an die Federal Communications Commission FCC.

Diese unabhängige Behörde regelt in den USA die Kommunikationswege Rundfunk, Satellit und Kabel und hat deswegen auch im Bereich Mobilfunk eine regulatorische Vorreiterrolle für die ganze Welt inne. Ärztin Stein prophezeit in ihrer Warnung vor der 5G-Technologie: „Sollten diese Geräte und Antennen den öffentlichen Raum füllen, werden wir alle, auch die gesundheitlich anfälligeren Mitglieder der Gesellschaft, dieser Strahlung ausgesetzt sein: Babys, schwangere Frauen, Senioren, Kranke und elektrosensible Menschen." Die bereits mit dem heutigen Mobilfunk zutage tretenden Gesundheitsbeschwerden würden sich nochmals deutlich verschärfen, „zusammen mit dem Auftreten vieler neuer Krankheitssymptome von physischen Schmerzen und bis anhin unbekannten neurologischen Störungen", schreibt Stein und schiebt eine Drohung an die Mobilfunkindustrie nach: „Man wird einen kausalen Zusammenhang zwischen der 5G-Technologie und diesen spezifischen Krankheiten nachweisen können. Die betroffenen Personen hätten somit ein Anrecht auf eine finanzielle Entschädigung."

Noch gibt sich die Mobilfunklobby selbstsicher (obwohl in den USA ein Gerichtsfall mit verheerenden Konsequenzen droht; siehe Artikel ab Seite 9), denn sie hat einflussreiche Verbündete in Politik und Behörden. Ein klassischer Fall ist der Lobbyist Tom Wheeler, zum Zeitpunkt von Steins Brief an die FCC Vorsitzender dieser Regulationsbehörde. In einer vielbeachteten Rede zu 5G (mehr dazu im Artikel Internet der Dinge: Vernetzt, verstrahlt und krank) hatte er gut zwei Wochen davor erklärt: „Im Gegensatz zu anderen Ländern glauben wir nicht, dass man die nächsten Jahre damit verschwenden sollte, wie 5G auszusehen habe. Wir werden dem technologischen Fortschritt nicht im Weg stehen. Denn es ist weit besser, den Innovatoren [der Mobilfunkindustrie; die Red.] völlig freie Hand zu lassen, anstatt von Komitees und Behörden zu erwarten, dass sie die Zukunft definieren"<<.

---

183 Quelle S263 / ZeitenSchrift Verlag / Internet der Dinge / Freier Download Link im Verzeichnis / Blatt 6 von 9 /

*(184) >> **Neu entdecktes „Organ" direkt unter der Haut!***
Forschung mag sich im Technologiebereich auszahlen – für die Gesundheit ist sie indes (über)lebenswichtig. Manchmal findet sie selbst dort Bahnbrechendes, wo man schon alles gefunden zu haben glaubte: im menschlichen Körper. So verkündeten Forscher der New York University School of Medicine im April 2018, sie hätten ein neues „Organ" gefunden, das den ganzen Körper durchzieht! Das Besondere an diesem Interstitium ist seine Beschaffenheit – es ist nämlich flüssig. Genau deshalb haben es die Biologen auch bis heute übersehen, weil man für herkömmliche Laboranalysen von Organen und Gewebe zuerst sämtliche Flüssigkeiten entfernt – und damit auch jenen hochinteressanten Stoff. Manche mögen nun einwenden, das Interstitium(lateinisch für „Zwischenraum") oder Stroma sei schon längst als eine Form des Bindegewebes bekannt. Schon, aber bis jetzt war der Wissenschaft nicht klar, dass diese unzähligen miteinander verbundenen Gewebekammern im lebenden Organismus mit Flüssigkeit und dehnbaren Proteinen gefüllt sind. Das Interstitium schließt an die Haut an und findet sich auch in den Innenwänden unseres Verdauungsapparats, der Lungen und des Urinaltrakts sowie in den die Organe umhüllenden Arterien und Venen und sogar in den Faszien zwischen dem Muskelgewebe. So kann das flüssige Interstitium als „Stoßdämpfer" für alle lebenswichtigen Organe dienen und verhindern, dass es zu Geweberissen kommt, vermuten die Forscher. Gleichzeitig könnte die „Autobahn aus sich bewegender Flüssigkeit" auf der materiellen Ebene die Erklärung sein, weshalb Akupunktur wirke, schreiben sie weiter: Die im Interstitium schwimmenden Eiweißbündel erzeugen nämlich Elektrizität, wenn sie durch die Bewegungen der umgebenden Organe und Muskeln in verschiedene Richtungen gedehnt werden. Akupunkturnadeln lösen bekanntlich ebenfalls elektrische Impulse in den Nervenzellen aus. Zudem scheint das Interstitium auch eine wichtige Rolle bei Entzündungsprozessen im ganzen Körper zu spielen, die ein Merkmal für viele chronische Krankheiten wie Herzprobleme, Diabetes, Arthritis und bestimmte Krebsformen sind. Fassen wir also zusammen: Da existiert direkt unter der Haut ein komplexes System, das bis anhin nicht bekannte elektrisch geladene Flüssigkeiten im ganzen Körper reguliert – und offenbar<<..

---

184 Quelle S263 / ZeitenSchrift Verlag / Internet der Dinge / Freier Download Link im Verzeichnis / Blatt 7 von 9 /

(185) **>>** *schwere Krankheiten begünstigt, wenn es aus dem Gleichgewicht gerät. Fällt das Sonnenlicht, eine elektromagnetische Welle, aus der Harmonie, spricht man von „Depolarisation". Auch das Blut und vor allem das Interstitium können durch Strahlung (= Energieübertragung) von außen depolarisiert werden.*

Welche Verheerungen die neuartigen Millimeterwellen des 5G-Mobilfunks mit unserer Gesundheit anrichten könnten, da sie in den obersten zwei bis drei Millimetern des Körpers absorbiert werden, will man sich gar nicht erst ausmalen! Da hilft es auch nicht, dass man Zehntausende von Satelliten in den Orbit schießen will, die den ganzen Planeten mit 5G-Strahlung aus dem All eindecken sollen (mehr dazu im folgenden Artikel Internet der Dinge: Vernetzt, verstrahlt und krank).

Frankensteins Monster fällt vom Himmel.

So warnt denn Lloyd Burrell, ein amerikanischer Experte für Mobilfunkstrahlung davor, dass sogar „Wasser, das vom Himmel fällt, verstrahlt sein wird" – Regentropfen absorbieren den 5G-Mobilfunk natürlich auch. Doch das ist nicht alles. Burrell sieht noch andere Gefahren der 5G-Technologie: Werden die neuartigen Millimeterwellen von den Pflanzenblättern absorbiert, produzieren die Pflanzen mehr Stressproteine, wie Studien beispielsweise an Weizenschösslingen zeigen. Niemand kann voraussagen, in welchem Ausmaß eine flächendeckende globale 5G-Bestrahlung auf die wichtigsten Nahrungspflanzen wirken und damit auch das globale Nahrungsangebot beeinflussen wird. „Mensch und Tier hängen von Pflanzen als Nahrungsquelle ab. Millimeterwellen könnten uns eine Nahrung bescheren, die nicht mehr sicher für den Verzehr ist", schreibt Burrell. „Das ist wie Genfood auf Steroiden."

Ärzte und Forscher warnen.

Kein Wunder, haben über 180 Ärzte und Wissenschaftler aus 35 Ländern eine Petition unterzeichnet, worin sie ein Moratorium für den Ausbau der 5G-Technologie fordern, solange die möglichen Gesundheitsrisiken nicht geklärt sind. Schon vor 5G hätten sich 230 Wissenschaftler aus 41 Ländern „große Sorgen" über die allgegenwärtige und ständig zunehmende elektromagnetische Strahlenbelastung durch Drahtlosgeräte gemacht, steht in dem Appell<<...

---

185 Quelle S263 / ZeitenSchrift Verlag / Internet der Dinge / Freier Download Link im Verzeichnis / Blatt 8 von 9 /

(186) **>>** *„Zu den gesundheitlichen Folgen gehören ein erhöhtes Krebsrisiko, Zellstress, ein Anstieg der schädlichen freien Radikale, beschädigte Gene, strukturelle und funktionelle Veränderungen im Fortpflanzungssystem, Lern- und Gedächtnisschwierigkeiten, neurologische Störungen und ganz allgemein negative Einflüsse auf das Wohlbefinden der Menschen. Wobei längst nicht nur die Menschheit in Mitleidenschaft gezogen wird.*
Die Wissenschaft belegt eine wachsende Zahl von schädlichen Auswirkungen auf Pflanzen und Tiere."
Die Zeit wird knapp, doch gemeinsam können wir den 5G-Irsinn noch im Keim ersticken. Wie das geht, lesen Sie im Elektronik anschließenden Artikel. Dort beleuchten wir auch die wahren Hintergründe, weshalb die globale Schattenelite das „Internet der Dinge" und die damit verbundene vollständige Vernetzung der Welt so rücksichtslos vorantreibt. –
Und weil Information so wichtig ist, haben wir diesen Artikel in vollständiger Länge auf unsere Internetseite gestellt, damit Sie ihn unter möglichst vielen Menschen verbreiten!
Ende des vollständigen Artikels „5G-Mobilfunk: Globaler Mikrowellenherd ohne entrinnen"

Dieser Artikel über die Gefahren von 5G wurde in voller Länge der ZeitenSchrift Nummer 94 entnommen. **Teilen Sie ihn mit möglichst vielen Menschen – gerne können Sie auch das komplette PDF kostenlos downloaden (siehe rechte Spalte) und verteilen! Weitere Artikel zum Thema finden Sie auch in unserer Druckausgabe Nr. 94.**
Weitere Artikel zu diesem wichtigen Thema finden Sie auf unserer Webseite<<..
ORIGINAL TEXT ZeitenSchrift Verlag!

---

186 Quelle S263 / ZeitenSchrift Verlag / Internet der Dinge / Freier Download Link im
   Verzeichnis / Blatt 9 von 9 /

Lexikon mit Erweiterungen der Bundesbehörden
Zitate des Glossars - A bis Z (187))

Antenne

Bei Antennen unterscheidet man grundsätzlich zwei verschiedene Typen die Sende- und Empfangsantenne. Nur die Sendeantennen geben elektromagnetische Signale ab. Empfangsantennen nehmen lediglich Information auf. Allein die Zahl von Antennen an einem Funkmast gibt also keinen Hinweis auf die Leistung der Funkanlage oder die Stärke der elektromagnetischen Felder in der Nähe.

Antennengewinn

Im Antrag für die Standortbescheinigung ist der Begriff Antennengewinn aufgeführt. Was es damit auf sich hat, lässt sich am besten an Beispielen erläutern. Die ideale und einfachste Sendeantenne ist rein theoretisch der isotrope Kugelstrahler, eine Antenne, die ihre Leistung in alle Raumrichtungen gleichmäßig abstrahlt (Kugel). So wie die Sonne in alle Richtungen gleichmäßig Licht und Wärme abgibt. Ein solcher isotroper Strahler lässt sich physikalisch aber nicht realisieren. Er ist ein theoretisches Ideal, das zur Berechnung von Antennen herangezogen wird. Vielmehr strahlt jede Antenne abhängig von ihrer Gestalt in verschiedene Richtungen unterschiedlich stark ab. Da sich die Leistung des theoretischen Kugelstrahlers auf die Fläche einer Kugel verteilt, deren Größe vom Abstand (d) zur Antenne abhängt, müssen zu ihrer Berechnung die Kugelgestalt und der Abstand mitberücksichtigt werden. Die Leistung (P) wird also auf die Kugelfläche bezogen und lässt sich mit der Formel zur Leistungsflussdichte (S) berechnen.mDer Antennengewinn ist letztlich kein echter Gewinn an Leistungsverstärkung. Vielmehr verdeutlicht er, dass die abgestrahlte Leistung auf einen bestimmten Raumabschnitt konzentriert ist.

Antennengewinn - Formel

Da sich die Leistung des theoretischen Kugelstrahlers auf die Fläche eine Kugel verteilt, deren Größe vom Abstand (d) zur Antenne abhängt, müssen zu ihrer Berechnung die Kugelgestalt und der Abstand mitberücksichtigt werden.

---

187   Quelle S271 / Bundesstrahlenschutz-Kommission / Link im Verzeichnis / Download: 16.04.2019. / Blatt 1 von 15 / mit eigenen Zusätzen aber getrennt!

Die Leistung (P) wird also auf die Kugelfläche bezogen und wandelt sich somit nachfolgender Formel zur Leistungsflussdichte (S):

S = abgestrahlte Leistung / Kugeloberfläche bzw.

S = P / 4 x Pi x d 2 [W/m2].

Strahlt eine Antenne nicht kugelförmig in den Raum ab, konzentriert sie ihre Energie auf einen bestimmten Bereich. Sie sendet gerichtet („Richtantenne"). Der Antennengewinn wird als Antennengewinnfaktor (G) bezeichnet und berechnet sich wie folgt:

G = max. Leistungsdichte der Richtantenne / Leistungsdichte des isotropen Kugelstrahlers

Der Antennengewinn wird üblicherweise in der dimensionslosen logarithmischen Bezeichnung Dezibel [dBi] (i = isotrop) ausgedrückt.

BEMFV - Begrenzung elektromagnetischer Felder - Verordnung
Verordnung über das Nachweisverfahren zur Begrenzung elektromagnetischer Felder. Die Verordnung trat am 20.08.2002 in Kraft und regelt die Überprüfung und Überwachung von ortsfesten Funkanlagen hinsichtlich der Einhaltung der Grenzwerte zum Schutz von Personen in elektromagnetischen Feldern. Ausführungsbehörde dieser Verordnung ist die Bundesnetzagentur für Elektrizität, Gas, Telekommunikation, Post und Eisenbahnen (BNetzA).

26. BlmSchV - Sechsundzwanzigste Verordnung zur Durchführung des Bundes-Immissionsschutzgesetzes

Diese Verordnung gilt für die Errichtung und den Betrieb von Hochfrequenzanlagen und Niederfrequenzanlagen (im Sinne der 26. BlmSchV) , die gewerblichen Zwecken dienen oder im Rahmen wirtschaftlicher Unternehmungen Verwendung finden und nicht einer Genehmigung nach § 4 des Bundes-Immissionsschutzgesetzes bedürfen. Der Betreiber einer Hochfrequenzanlage (im Sinne dieser Verordnung sind dies ortsfeste Funkanlagen, die für ihren Betrieb eine Standortbescheinigung der Bundesnetzagentur benötigen) hat diese mindestens zwei Wochen vor der Inbetriebnahme mit der Standortbescheinigung der BNetzA bei der zuständigen Behörde anzuzeigen.

BOS - Behörden und Organisationen mit Sicherheitsaufgaben

Polizei, Feuerwehr und Rettungsdienste besitzen zur mobilen Kommunikation Funkanlagen. Die Sende- und Empfangsantennen dieser Anlagen sind wie bei Mobilfunknetzen auf Antennenträgern und Hausdächern montiert. Oftmals werden diese Standorte auch von anderen Funknetzen (beispielsweise von Mobilfunkanlagen oder Betriebsfunkanlagen) mitgenutzt.

BfS – Bundesamt für Strahlenschutz
Das Bundesamt für Strahlenschutz hat eine Reihe von Informationen zum Thema „Schutz von Personen in elektromagnetischen Feldern" veröffentlicht. Informationen des BfS sind auch im Internet abrufbar: http://www.bfs.de.

BMU
Bundesministerium für Umwelt, Naturschutz und Reaktorsicherheit (BMU)
Im Internet erreichbar unter: http://www.bmu.de

Dezibel
In vielen Veröffentlichungen zum Thema Mobilfunk und in den Messprotokollen der Bundesnetzagentur taucht häufig eine weitere Angabe für die Feldstärke auf:
dBµV/m.
Die Bezeichnung dB deutet an, dass es sich hier nicht um den reinen Feldstärke-Messwert (V/m), sondern seine logarithmische Darstellung handelt – den logarithmierten Feldstärkepegel. Warum aber diese Darstellung? Da Fachleute im Bereich der Elektro- und Hochfrequenztechnik mit großen Zahlenbereichen hantieren müssen – beispielsweise 10 hoch 12 (eine 1 mit 12 Nullen vor dem Komma) oder 10 hoch 8 (eine 1 mit 8 Nullen) – hat es sich bewährt, mit dieser mathematischen Vereinfachung zu rechnen, dem Logarithmus.
In der EMF-Datenbank verzichtet die Bundesnetzagentur bewusst auf eine logarithmische Darstellung, sondern wählt ein Balkendiagramm mit Einteilung nach Prozent. Dadurch ist die Darstellung der Feldstärkesituation an einzelnen Funkanlagen sehr viel schneller zu verstehen.

Down-tilt.
Mechanische vertikale Absenkung der Hauptstrahlrichtung:

Damit Mobilfunkantennen exakt in bestimmte Funkzellen des Mobilfunknetzes einstrahlen, werden sie häufig ein wenig nach unten abgesenkt. Experten sprechen vom **down-tilt**. So wird verhindert, dass sie über die Funkzelle hinausstrahlen, was zu Störungen des Mobilfunks in der benachbarten Zelle führen kann.

Im Rahmen der Standortbescheinigung wird auch ermittelt, ob die geltenden Grenzwerte in Dachwohnungen eingehalten werden, wenn die Funkanlage auf einem Gebäude montiert werden soll. Die Absenkung der Antenne in vertikaler Richtung ist deshalb ein wichtiger Parameter.

Ein weiterer Fachbegriff ist die Elektrische vertikale Absenkung der Hauptstrahlrichtung! Wie bei der mechanischen Absenkung auch wird das Funksignal leicht nach unten gekippt. Anders als bei der mechanischen Absenkung wird aber nicht die Position der Antenne an ihrem Mast verändert. Stattdessen wird das Funksignal durch eine Einstellung der Antennenelektronik abgesenkt.

EIRP - Equivalent Isotropical Radiated Power

Übersetzt: äquivalente (= angemessene / gleichwertige) isotrope Strahlungsleistung. Neben der Senderausgangsleistung findet auch die Antennen-Richtwirkung Berücksichtigung. Ist die Senderausgangsleistung und der Antennengewinn bekannt, lässt sich die äquivalente isotrope Strahlungsleistung durch folgende Formel ermitteln: **EIRP** = 10(g/10)*P (Watt)

P: Senderausgangsleistung;

g: Antennengewinn [dBi]

Die Formel zeigt, dass für die Beurteilung ob eine Funkanlage dem Standortverfahren der **BNetzA** unterliegt nicht nur die Senderausgangsleistung, sondern auch die Charakteristik der eingesetzten Sendeantenne von Bedeutung ist.

Ortsfeste Funkanlagen mit einer äquivalenten isotropen Strahlungsleistung von 10 Watt und mehr unterliegen dem Standortverfahren. Vor der Inbetriebnahme benötigen diese Anlagen eine Standortbescheinigung.

EMF-Messreihe

Die EMF-Messreihe ist eine von der Bundesnetzagentur bundesweit durchgeführte Messkampagne zur Aufnahme von Feldstärken, die von

Funkanlagen ausgesendet werden. Die Messorte werden jährlich in Zusammenarbeit mit den Umweltministerien der Länder ausgewählt und in der EMF-Datenbank der BNetzA veröffentlicht. Weitergehende Informationen zur Durchführung der EMF-Messreihe können auf der Eingangsseite der EMF-Datenbank unter dem Stichwort „Infofenster Messort" aufgerufen werden.

Erlöschen einer Standortbescheinigung.
Eine Standortbescheinigung ist keine zeitlich unbegrenzte Bescheinigung. Sobald ein Betreiber technische Merkmale, die für die Festlegung des Sicherheitsabstandes von Bedeutung sind, ändert (wie zum Beispiel die Montagehöhe, die Hauptstrahlrichtung, die Anzahl der Kanäle, die Leistung, der Antennengewinn) erlischt die Standortbescheinigung und das Standortverfahren ist erneut zu durchlaufen.

Feldstärke
Die Feldstärke ist einer der wichtigen Parameter, um das elektrische Feld einer Funkanlage zu beschreiben. Funkanlagen werden darüber hinaus mit anderen Größen beschrieben. Das macht die Interpretation und das Verstehen von Messwerten nicht gerade einfacher. Letztlich hängen aber alle Größen miteinander zusammen oder lassen sich ineinander umrechnen. Zunächst aber zum Begriff **Feldstärke**: Das Kraftfeld, mit dem sich ein elektrisch geladener Körper umgibt, nennt man elektrisches Feld.
Das Maß für die Stärke des elektrischen Feldes ist entsprechend die Feldstärke **(E)**. Physiker geben sie in **Volt pro Meter an (V/m)**. Volt ist das Maß für die elektrische Spannung. Die Feldstärke gibt also an, wie stark der Einfluss eines elektrisch geladenen Körpers in einer bestimmten Entfernung ist. Letztlich ist dieser Einfluss abhängig von der Stromstärke im elektrisch geladenen Körper und dem Widerstand, den die Umgebung dem elektrischen Feld entgegenbringt.
Elektrisch durchflossene Körper weisen darüber hinaus auch ein Magnetfeld auf. Experten sprechen deshalb auch vom Elektromagnetismus.

Feldstärkeeinheit
Die Einheit für die Stärke des Magnetfeldes ist die **magnetische Feldstärke H (Ampère/Meter)**. Ampere **(A)** ist die physikalische Einheit der Stromstärke.

Fernfeld

Im Fernfeld sind das elektrische Feld (E-Feld) und das magnetische Feld (H-Feld) in Phase, stehen senkrecht aufeinander und sind über den sogenannten Feldwellenwiderstand Z0 von 377 Ohm miteinander verknüpft.

$$E = H \times Z0$$

Beziehungsweise: $H = E / Z0 >>$

Darin ist: E: elektrisches Feld;

H: magnetisches Feld;

Ohne detaillierte Kenntnisse über die Eigenschaften des Fernfeldes und des Nahfeldes (siehe Nahfeld) können Feldstärken von Funkanlagen messtechnisch nicht sachgerecht ermittelt werden. Feldstärkemessungen zur Beurteilung des Schutzes von Personen in elektromagnetischen Feldern sollten deshalb nur von entsprechend ausgebildeten Personen durchgeführt werden.

Frequenz

Töne, Licht oder auch Funksignale breiten sich als Welle in der Umgebung aus. Die Frequenz (f) gibt an, wie häufig eine solche Welle pro Sekunde schwingt. Physiker geben die Frequenz in Hertz an. Ein Hertz entspricht dabei einer Schwingung pro Sekunde. Eine auf den Kammerton A mit 440 Hertz gestimmte Klavierseite schwingt also 440-mal pro Sekunde. Dass sich auch elektromagnetische Felder wellenförmig ausbreiten, verdeutlichen die klassischen Begriffe aus dem Rundfunk Mittelwelle, Langwelle und Ultrakurzwelle. Im Vergleich zum Kammerton A schwingen diese Wellen mehr als tausendmal so schnell.

1 Hertz (Hz)	**– 1 Schwingung pro Sekunde**
1 Kilohertz (kHz)	**– 1.000 Schwingungen pro Sekunde**
1 Megahertz (MHz)	**– 1.000.000 Schwingungen pro Sekunde**
1 Gigahertz (GHz)	**– 1.000.000.000 Schwingungen pro Sekunde**
	(1 Milliarde Schwingungen pro Sekunde)

FTEG
Gesetz über Funkanlagen und Telekommunikationsendeinrichtungen
Das **FTEG** vom 7. Februar 2001 (BGBl. IS. 170) ermächtigt die Bundesregierung, durch Rechtsverordnung mit Zustimmung des Bundesrates Regelungen zur Gewährleistung des Schutzes von Personen in den durch Betrieb von Funkanlagen einschließlich Radaranlagen

entstehenden elektromagnetischen Feldern zu treffen. Auf dieser gesetzlichen Grundlage wurde die BEMFV (Verordnung über das Nachweisverfahren zur Begrenzung elektromagnetischer Felder) erlassen. Hauptstrahlrichtung (N über O). Im Antrag zur Standortbescheinigung wird die Hauptstrahlrichtung in Grad: N (Nord) über O (Ost) angegeben – also als Ausschnitt aus dem Kompass-Kreisel (Nord = 0°, Ost = 90°).

ICNIRP
International Commission on Non-Ionizing Radiation Protection
Internationale Kommission für den Schutz vor nicht ionisierender Strahlung. ICNIRP veröffentlicht Empfehlungen und Richtlinien zum Umgang mit elektromagnetischen Feldern. http://www.icnirp.de

Inbetriebnahme
Funkanlagen, die im Bereich der Verordnung über das Nachweisverfahren zur Begrenzung elektromagnetischer Felder liegen, müssen vor ihrer Inbetriebnahme das Standortverfahren der BNetzA erfolgreich abschließen, also die Grenzwerte zum Schutz von Personen in elektromagnetischen Feldern am Installationsort einhalten. Erst dann dürfen diese Anlagen in Betrieb genommen werden. Zu dem Geltungsbereich der BEMFV gehören unter anderem Funkanlagen des Betriebsfunks, des Datenfunks, des Polizei-, Feuerwehr- und Rettungsfunks, des Mobilfunks, des Satellitenfunks, des Richtfunks, des Rundfunks, usw. Ortsfeste Funkanlagen mit einer äquivalenten Strahlungsleistung von 10 Watt und mehr unterliegen dem Standortverfahren.

Kontrollierbarer Bereich
Der kontrollierbare Bereich ist der Bereich, in dem der Betreiber einer ortsfesten Funkanlage über den Zutritt oder Aufenthalt von Personen bestimmen kann oder in dem aufgrund der tatsächlichen Verhältnisse der Zutritt von Personen (außer Betriebspersonal) ausgeschlossen ist.

Leistungsflussdichte
Ein anderes Maß zur Beschreibung eines elektrischen Feldes ist die Leistungsflussdichte. Die Leistungsflussdichte (S) gibt an, wie groß die Leistungsmenge des Feldes ist, die durch eine Fläche von einem Quadratmeter transportiert wird.

Doch wie hängen Feldstärke und Leistungsflussdichte zusammen? Sowohl die elektrische als auch die magnetische Feldstärke sind mit der Leistungsflussdichte fest verknüpft und können daher ineinander umgerechnet werden. Die Strahlungsintensität eines elektromagnetischen Feldes lässt sich durch die Leistungsflussdichte charakterisieren.

Leistungsflussdichte

$S = E2 / Z0$

Beziehungsweise:

$E = \sqrt{S \times Z0} \gg$ darin ist:

E = elektrische Feldstärke in V/m

S = Leistungsflussdichte in W/m2

Zo = Feldwellenwiderstand; dieser beträgt ca. 377 Ohm. Der Feldwellenwiderstand ist eine physikalisch bedingte Konstante und beschreibt das Verhältnis von elektrischer zu magnetischer Feldstärke. Ohm bezeichnet den elektrischen Widerstand.

Die magnetische Feldstärke H [A/m] kann in der Formel berücksichtigt werden, wenn man E durch den Term der magnetischen Feldstärke ersetzt:

$E = H \times Zo$.

Maximale Anlagenauslastung

Zur Festlegung der Sicherheitsabstände bewertet die Bundesnetzagentur an einem Standort einer Funkanlage jede installierte Sendeantenne. Dabei wird von der maximal möglichen Anlagenauslastung ausgegangen und jeder zu bewertende Parameter (zum Beispiel Leistung, Antennengewinn usw.) im Sinne des Schutzes von Personen in elektromagnetischen Feldern zu Ungunsten des Betreibers angenommen. Mit dieser Vorgehensweise ist gewährleistet, dass es bei keinem Betriebszustand einer Funkanlage zu einer Überschreitung der Personenschutzgrenzwerte kommen kann. Dies gilt insbesondere für Mobilfunkanlagen, die in Abhängigkeit des Gesprächsaufkommens ihre Leistung innerhalb eines fest vorgegebenen Bereichs ändern können.

Montagehöhe der Sendeantennenunterkante über Grund in Meter

Die Montagehöhe gibt an, in welcher Höhe die Antenne am Mast oder auf einem Gebäude über dem Erdboden installiert ist. In der Standortbescheinigung wird zu jedem Sicherheitsabstand einer Sendeantenne auch ihre Montagehöhe über Grund angegeben.

Nahfeld

Das Nahfeld erstreckt sich bis etwa zu einer Entfernung von 4 Lambda (Wellenlänge) und wird unterteilt in das reaktive und das strahlende Nahfeld. Das strahlende Nahfeld wird auch als Übergangsfeld bezeichnet. Im Nah- und Übergangsfeld kann aus einer Feldgröße (elektrische/magnetische) die andere nicht berechnet werden. Ohne detaillierte Kenntnisse über die Eigenschaften des Nahfeldes und des Fernfeldes (siehe Fernfeld) können Feldstärken von Funkanlagen messtechnisch nicht sachgerecht ermittelt werden. Feldstärkemessungen zur Beurteilung des Schutzes von Personen in elektromagnetischen Feldern sollten deshalb nur von ausgebildeten Personen durchgeführt werden.

N.D. = nicht Direktional.

In der Standortbescheinigung wird die Bezeichnung „N.D." verwendet, um deutlich zu machen, dass der Sicherheitsabstand nicht nur für eine bestimmte Richtung festgelegt wurde, sondern in alle Richtungen rund um die betreffende Sendeantenne, also „nicht direktional" gilt.

Netzplanung

Zur Planung der Ton- und Rundfunknetze werden von den Rundfunk- und Fernsehanstalten lokale Versorgungsmessungen durchgeführt, um anhand der sogenannten Mindestfeldstärke (siehe Glossar) unter anderem die Standortauswahl des Senders und die benötigte Sendeleistung zu bestimmen. In ähnlicher Weise erfolgt die Planung von Mobilfunkstandorten. Die Planung und der Aufbau eines Mobilfunknetzes, liegt unter der Beachtung der gültigen Rechtsvorschriften, in der Verantwortung des Mobilfunknetzbetreibers. Zur Standortbestimmung von ortsfesten Mobilfunkbasisstationen setzen die Betreiber computergestützte Verfahren ein, bei denen die topografischen Verhältnisse, die Bebauung und der Bewuchs sowie das erwartete Gesprächs-/Kommunikationsaufkommen für jede auszubildende Mobilfunkzelle (eine Mobilfunkzelle wird durch eine Basisstation gebildet) berücksichtigt werden.

Ortsfeste Funkanlage

Eine ortsfeste Funkanlage ist im Sinne des § 2 Nr. 3 des Gesetzes über Funkanlagen und Telekommunikationsendeinrichtungen, einschließlich Radaranlagen, die während ihres Betriebes keine Ortsveränderung erfährt.

Polarisation (pro Funksystem)

Mit Polarisation wird die räumliche Ausrichtung einer einzelnen Antenne (dem „Funksystem") relativ zum Erdboden beschrieben. Eine senkrecht nach oben deutende Autoantenne etwa ist streng vertikal polarisiert. Die Polarisation einer Antenne hat entscheidenden Einfluss auf die Sende- und Empfangsqualität eines Funksignals. Man denke an die Zimmerantenne eines Fernsehers. Je nach Lage der Antenne ist der Empfang des Fernsehbildes besser oder schlechter. Die Lage von Sende- und Empfangsantenne sollte also entsprechend aufeinander abgestimmt sein. Beim Mobilfunk werden Sende- und Empfangsantennen zwar auf eine Funkzelle ausgerichtet, dennoch nehmen Funksignale nicht immer den direkten Weg vom Handy zur Mobilfunkantenne. Vor allem in Städten wird ein Signal an Straßen oder Gebäuden reflektiert. Funkwellen treffen aus verschiedenen Richtungen auf die Antenne. Dadurch kann es zu Überschneidungen der Wellen kommen. Mobilfunkbetreiber behelfen sich damit, dass sie mehrere Empfangsantennen installieren oder diese unterschiedlich ausrichten. So erhöht man die Wahrscheinlichkeit, ein ungestörtes Signal zu empfangen. Experten sprechen von Diversity-Antennen. In diesem Falle wählt ein elektrischer „Filter" – ein sogenannter Diskriminator – in Sekundenbruchteilen das jeweils beste Empfangssignal aus. Eine ungestörte Telefonverbindung wird möglich.

Richtfunkantennen

Das von einer Richtfunkantenne abgegebene Signal hat, wie der Name schon sagt, eine klar vorgegebene Richtung. Die Richtfunkantenne bindet beispielsweise eine Basisstation nur an eine einzige Empfangsstation, oftmals an die Vermittlungsstelle. Deshalb ist bei einer solchen Antenne das Funksignal stark gebündelt. Es lässt sich mit **einem unsichtbaren Telefonkabel vergleichen**. Das lohnt sich überall dort, wo keine Leitungen verlegt sind oder verlegt werden können. In anderen Fällen senden Basisstationen ihr Richtfunksignal an eine andere Basisstation, die per Kabel mit der Vermittlungsstation verbunden ist und das Signal an diese weiterreicht. Dank der starken Bündelung des Richtfunksignals ist die Leistung sehr gering. Sie beträgt nur wenige Milliwatt (0,0001 Watt) bis maximal ein Watt. Gegenstände können den Richtfunkstrahl leicht unterbrechen. Richtfunkantennen werden deshalb so angebracht, dass ihre Verbindungsstrecke frei von Hindernissen ist.

Aus diesem Grund ist bereits aus technischer Sicht der Eintritt von Personen in die Verbindungsstrecke ausgeschlossen.

Sektorantenne

Aufgabe der Sektorantenne ist es, das Funksignal nur in einen bestimmten Sektor des Mobilfunknetzes zu senden - ähnlich einem Autoscheinwerfer. Ein solcher Funkkegel ist meist zwischen 30 und 120 Grad breit. In der Vertikalen hat er einen Winkel von etwa 5 bis 10 Grad. Viele Basisstationen versorgen von einem Standort aus bis zu drei Sektoren. So sieht man häufig mehrere Sektorantennen, die an einem Mast angebracht oder wenige Meter voneinander entfernt an verschiedenen Masten montiert sind. Grundsätzlich ist zu bedenken, dass die Stärke des Funksignals wegen der kegelförmigen Ausbreitung im Freien mit der Entfernung quadratisch abnimmt. Bei Verdopplung der Entfernung ist die Leistung also auf ein Viertel, bei Verzehnfachung bereits auf ein Hundertstel geschrumpft.

Sicherheitsabstand, standortbezogener

Der standortbezogene Sicherheitsabstand ist der erforderliche Abstand zwischen der Bezugsantenne und dem Bereich, in dem die Grenzwerte nach § 3 der BEMFV (Satz 1) unter Einbeziehung der relevanten Feldstärken umliegender ortsfester Funkanlagen eingehalten werden. In die Bewertung werden auch die übrigen Sendeantennen mit einbezogen, die eventuell bereits auf demselben Funkmast montiert sind oder sich in der näheren Umgebung befinden. Die Bezugsantenne ist die Sendeantenne, die den geringsten Abstand zum Boden hat. Eine Funkanlage darf nur dann betrieben werden, wenn sich innerhalb des standortbezogenen Sicherheitsabstands keine Personen aufhalten, es sei denn aus betriebstechnischen Gründen.

Beispiel zum standortbezogenen Sicherheitsabstand: In direkter Nachbarschaft zu einer Schule befindet sich ein 25 Meter hoher Antennenträger mit zwei Mobilfunkbasisstationen. Die Sendeantennen des einen Mobilfunknetzes sind in einer Höhe von 23 Meter und die Sendeantennen des anderen Mobilfunknetzes in einer Höhe von 20 Meter installiert. Der in der Standortbescheinigung festgelegte standortbezogene Sicherheitsabstand beträgt beispielsweise 6 Meter in horizontaler und 2 Meter in vertikaler Richtung und ist auf die unterst montierte Sendeantenne bezogen. In diesem typischen Fallbeispiel also auf die in einer Höhe von 20

Meter installierten Sendeantenne. Um überhaupt in diesen einzuhaltenden standortbezogenen Sicherheitsabstand zu gelangen, müsste eine Person sich der Bezugsantenne in einer Höhe von 18 Metern (20 Meter (Bezugsantenne) minus 2 Meter vertikaler Sicherheitsabstand) bis auf 6 Meter nähern. Bei einem freistehenden Antennenträger ist diese Möglichkeit ohne technisches Hilfsgerät auszuschließen.

Sicherheitsabstand, systembezogener
Der systembezogene Sicherheitsabstand ist der Abstand zwischen einer einzelnen ortsfesten Sendeantenne und dem Bereich, in dem die Grenzwerte nach § 3 der BEMFV (Satz 1) eingehalten werden. Eine Sendeantenne darf nur betrieben werden, wenn der BNetzA vom Betreiber der betreffenden Anlage nachgewiesen wurde, dass sich in ihrem systembezogenen Sicherheitsabstand keine Personen (außer Betriebspersonal aufhalten können.

Spitzenleistung (pro Kanal am Senderausgang)
Ein Funksystem besteht nicht nur aus der Antenne, von der sich das elektromagnetische Feld ablöst, sondern unter anderem auch aus einer Sendeeinheit, in der das eigentliche Funksignal erzeugt wird. Die Leistung dieser Sendeeinheit wird in Watt gemessen. Für den Antrag auf eine Standortbescheinigung muss die Spitzenleistung dieses Geräts angegeben werden. Ein solcher Sender kann durchaus mehrere Kanäle haben, so dass im Antrag auch die Zahl der Kanäle angegeben werden muss. Bei 4 Kanälen mit jeweils 10 Watt ergibt sich eine Gesamtleistung von 40 Watt. Da das Verbindungskabel zwischen Sender und Antenne einen elektrischen Widerstand darstellt, ist die Sendeleistung der Antenne stets geringer als die angegebene Spitzenleistung direkt am Ausgang der Sendeeinheit. Um den elektrischen Widerstand des Kabels und die Abschwächung des Sendesignals zu berücksichtigen, muss im Antrag auch der Verlust zwischen Senderausgang und Antenneneingang in dB angegeben werden.

Standort
Ein Standort einer Funkanlage ist im Sinne der BEMFV ein Installationsort, an dem eine ortsfeste Funkanlage errichtet wurde oder werden soll; zum Standort gehören alle Funkanlagen, die auf demselben Mast oder in unmittelbarer Nähe von einander betrieben werden.

Standortbescheinigung

Die Bundesnetzagentur hat nach der Verordnung über das Nachweisverfahren zur Begrenzung elektromagnetischer Felder (BEMFV) eine Standortbescheinigung zu erteilen, wenn der standortbezogene Sicherheitsabstand innerhalb des kontrollierbaren Bereichs liegt. In der Standortbescheinigung sind neben dem standortbezogenen, auch die systembezogenen Sicherheitsabstände ausgewiesen. Diese Sicherheitsabstände sind in der EMF - Datenbank für jede dort eingetragene Funkanlage (Infofenster Funkanlage) enthalten. Bereits seit dem 1. Juli 1992 werden in Deutschland ortsfeste Funkanlagen auf die Einhaltung der Grenzwerte zum Schutz von Personen überprüft und nur dann für den Betrieb zugelassen, wenn am Installationsort die Einhaltung der Personenschutzgrenzwerte gewährleistet ist (Standortverfahren).

Standortmitbenutzung

Eine Standortmitbenutzung liegt vor, wenn verschiedene Funkanlagen an einem Installationsort vorhanden sind. Sofern der Standort aufgrund der dort vorhandenen Leistung dem Standortverfahren unterliegt, berücksichtigt die Bundesnetzagentur sämtliche am Standort vorhandene Sendefunkantennen.

Standortverfahren

Das von der Bundesnetzagentur auf der Grundlage der Verordnung über das Nachweisverfahren zur Begrenzung elektromagnetischer Felder durchgeführte Verfahren zur Erteilung einer Standortbescheinigung.

Strahlenschutzkommission (SSK)

Beratungsgremium der Bundesregierung. Die SSK berät das Bundesministerium für Umwelt, Naturschutz und Reaktorsicherheit in allen Angelegenheiten des Schutzes vor ionisierenden und nicht-ionisierenden Strahlen. Veröffentlichungen und Empfehlungen der SSK zum Thema „Schutz von Personen in elektromagnetischen Feldern" befinden sich auf der Internetseite http://www.ssk.de.

Überprüfung

Die Bundesnetzagentur überprüft Standorte von Funkanlagen, für die eine Standortbescheinigung erteilt wurde, in unregelmäßigen Abständen und ohne Kenntnis des Betreibers.

Umfeldfaktor

Bei der Festlegung der am Installationsort einer Funkanlage einzuhaltenden Sicherheitsabständen bewertet die BNetzA nicht nur die Feldstärken der am Standort installierten Funkanlagen, sondern berücksichtigt auch in Form eines Umfeldfaktors alle relevanten Feldstärken von umliegenden ortsfesten Funkanlagen.

UMTS - Universal Mobile Telecommunications System

UMTS ist die dritte Generation der Mobilfunktechnologie. Aufgrund des derzeitigen Übertragungsstandards können Datenübertragungsraten über 7,2 Megabit pro Sekunde übertragen werden. Damit ist die Übertragung von Video- und Textdateien möglich.

Wellenlänge (Lambda)

Abstand zwischen zwei aufeinanderfolgenden in Phase schwingenden Punkten einer Welle.

WHO - World Health Organization

Weltgesundheitsorganisation der Vereinten Nationen
Auf den Internetseiten der WHO können Informationen zum Schutz von Personen in elektromagnetischen Feldern aufgerufen werden: http://www.who.int

Zelle - Mobilfunk

Ein Versorgungsbereich, der von einer Mobilfunkantenne ausgebildet wird. Ein Mobilfunknetz entsteht aus der Verbindung von einzelnen Zellen. Die Größe einer Zelle wird hauptsächlich durch die Leistung der Mobilfunkbasisstation sowie der eingesetzten Mobilfunkantenne gebildet. Die Anzahl der Zellen und damit die Anzahl der Mobilfunkantennen hängt im Wesentlichen von der Höhe des Gesprächsaufkommens (Anzahl der Nutzer) und der zu gewährleistenden Dienstqualität ab. Aus diesem Grund sind Zellen gerade dort vermehrt zu bilden, wo sich die Nutzer der Mobilfunknetze hauptsächlich aufhalten.

Zuständige Behörde

Vor der Inbetriebnahme einer standortbescheinigungspflichtigen

Funkanlage hat der Betreiber dieser Anlage nach den Regelungen der sechsundzwanzigsten Verordnung zur Durchführung des Bundes - Immissionsschutzgesetz seine Anlage bei der zuständigen Behörde anzuzeigen. Grundlage dieser Anzeige ist, die von der Bundesnetzagentur erteilte Standortbescheinigung. Entsprechend den jeweiligen landesrechtlichen Regelungen sind die zuständigen Behörden **Landratsämter oder Umweltämter.**

Teile dieses Lexikons wurde direkt von der Internetseite der Bundesstrahlenschutz – Kommission und oder Behörde entnommen. Dadurch ist auch der gesetzestreue Text wiedergegeben und es kann zu keinerlei Ungereimtheiten hinsichtlich Messeinheiten, Messdaten oder Messanwendungen kommen.
Dieses Lexikon kann als Grundlage für alle eventuellen Rechtsstreitigkeiten und dergleichen als Referenz verwendet werden.

Zusatzinformationen:

5G
5G steht für die fünfte Generation Mobilfunk. Im Moment werden für 5G-Anwendungen neue Frequenzen zwischen 3,5 und 3,7 GHz versteigert. Bis heute werden für Mobilfunksendeanlagen lediglich Frequenzen von 800 MHz bis 2,6 GHz benutzt.

Mit den höheren Frequenzen soll der Datendurchsatz erhöht werden. Doch höherfrequente Mikrowellen haben nur eine geringere Reichweite und durchdringen Baumasse nur schlecht. Deshalb sollen solche Sendeanlagen wohnungsnah, zum Beispiel an Laternen oder auf Verteilerkästen installiert werden. Das erfordert zwangsläufig Hunderttausende neue Sendeanlagen. Durch den verkürzten Abstand zu Menschen und Tier und unseren Wohnungen, wird die derzeitig schon vorhandene Strahlenbelastung nochmals immens ansteigen.
Neue Antennentechniken für zielgerichtete Funkverbindungen (Beamforming) können zudem unglaublich hohe Einstrahlleistungen verursachen.

Beamforming
Antennentechniken für zielgerichtete Funkverbindungen, um sich an die Gelände- und Gebäude – Gegebenheiten anzupassen.

Oxidativ
Bedeutet Zerstörung, Zersetzung von Zellen, wobei deren Reparatur durch die Zunahme von freien Radikalen, dies sind bereits umherwandernde und zerstörte Teile von Atomen/ Elektronen, genau diese Reparatur verhindern, da die freien Radikalen in sehr hoher Zahl auftreten. Hervorgerufen durch den zuvor stattgefundenen Beschuss von Funkwellen.

RNCNIRP
Russischen Nationalen Komitees zum Schutz vor nicht-ionisierender Strahlung

Übliche Abkürzungen zum E-Smog und den Funkwellenarten

CAPI	Computer Assisted Personal Interview
CI	Konfidenz - Intervall
DECT	Digital Enhanced Cordless Telecommunications / (Das sogenannte Schnurlostelefon im Haus / Büro)
EHS	Elektro-Hyper-Sensitivität (Elektro-Smog Krankheit)
EMF	Elektromagnetische(s) Feld(er)
GSM	Global System of Mobil Telecommunication
MHz	Mega Hertz
SAR	Spezifische Absorptionsrate (W/kg)
SD	Standardabweichung
SMS	Short Message Service
UMTS	Universal Mobile Telecommunications System
USB	Universal Serial Bus
VLC	Visible Light Communication / Optische Datenübertragung mit LED - Lampen
WLAN	Wireless Local Area Network
WPAN	Wireless Personal Area Network

Mobilfunk der Allgemeinheit:

GSM	Global System of Mobil Telecommunication
DECT	Telefon
UMTS	Universal Mobile Telecommunications System

WLAN   Wireless Local Area Network – Lokales Daten Netzwerk

WIFI   Datensignale mit Modelabel - Alles ein und dasselbe wie
WLAN

Bluetooth   Datensignale mit Modelabel - Alles ein und dasselbe wie
WLAN

GPS   Global Position System (Ihr Navigationsgerät)

Die Generationenbezeichnungen für Mobilfunk:

1G   1. Generation
2G   2. Generation
3G   3, Generation
4G   4. Generation
5G   5. Generation /
                geplant und auch als Industriefunk bezeichnet.

Digitalfunk der Behörden:

BOS - und TETRA - Funk

Für hochfrequente elektromagnetische Felder / Mobilfunk!

Gesetzliche und institutionelle Grenzwerte oder Empfehlungen, veröffentlicht im EU Kommissionsbericht von 2008.

Institution	Feldstärke (V/m)	Leistungs-Flussdichte (mW/m2)
DIN 0848 für berufliche Exposition	194	100'000
Verordnung 26. BImSchV (**D** 1997).		
DIN VDE 0848, ab 2 GHz	61	10'000
NISV (CH 1999), ab 2 GHz, Gesamtexposition	60	9'600
Verordnung 26. BImSchV (**D** 1997) .		
DIN VDE 0848, E-Netz	58	9'000
Verordnung 26. BImSchV (**D** 1997).		
DIN VDE 0848, D-Netz	42	4'500
NISV (**CH 1999**), D-Netz, Gesamtexposition	40	4'200
China, Russland, Italien, Polen, Ungarn		
(Summe aller Anlagen)	6.1	100
NISV (CH 1999), ab 2 GHz,		
Anlagengrenzwert	6	96
Brüssel UMTS	4.5	54
Brüssel GSM 1800	4.2	46
NISV (CH 1999), D-Netz, Anlagengrenzwert	4	42
Brüssel GSM 900	3	24
ECOLOG 2003		
(Empfehlung, ECOLOG GmbH Hannover)	1	3
„Salzburger Resolution", 8. Juni 2000		
(Empfehlung)	0.61	1

Zu diesen europaweiten Ungereimtheiten, in Sachen Elektro Smog Grenzwerten, bleibt einem nur noch ein Kopfschütteln.
Man beachte die eklatanten Unterschiede von Deutschland zu China, Russland oder den Salzburger Empfehlungen.

Richtwerte von Elektro-Smog für Schlafbereiche

Vorgaben und Empfehlungen des Verbandes für Baubiologie VDB e.V. in der Schweiz!

Die nachstehenden Richtwerte sollten dem „Standard für baubiologische Messtechnik" entsprechen!

Sie sind bereits Vorsorgewerte für sensible Personen und Schlafbereiche und beziehen sich auf eine mögliche Dauereinwirkung, was ja heute bereits Standard in vielen Wohnungen oder Arbeitsplätzen ist.

Gepulst bedeutet hochfrequenter Mobilfunk!

Gepulste Signale	Leistungsflussdichte (MW/m2)	Feldstärke (V/m)
Keine Anomalie bis	0.0001 mW/m2	0.006 V/m
Schwache Anomalie	0.0001 mW/m2	0.006 V/m
bis 0.005 mW/m2	0.04 V/m	
Starke Anomalie	0.005 mW/m2	0.04 V/m
bis 0.1 mW/m2	0.2 V/m	
Extreme Anomalie	Grösser als	Grösser als
	0.1 mW/m2	0.2 V/m
Anomalien bedeuten körperliche Reaktionen und möglichen Auswirkungen auf Körperzellen!		

Welche Maßnahmen zur Verringerung der schädlichen Elektro-Smog-Werte sollten Sie umgehend veranlassen:

Geprüfte Baubiologen kontaktieren und Messungen durchführen lassen.
Sofort den Abstand vergrößern.
Die Verwendung unbedingt einschränken.
Wenn notwendig geeignete Abschirmungen organisieren.
Keine drahtlosen Telefone, Bluetooth- oder WLAN-Anwendungen, in Ihrer unmittelbaren Nähe, geschweige denn zu Kleinkindern oder Babys!

Inhaltsverzeichnis

Quellenverzeichnis

Legende zu den Zitaten:
Bezugszeichen / Autor oder Behörde / Link / Downloaddatum / Querverweise

S 008 / Text im Gesetz :„EMF – Monitoring der Bundesnetzagentur
Mit dem Standortverfahren stellt die Bundesnetzagentur sicher, dass die in Deutschland geltenden Grenzwerte zum **Schutz von Personen** in elektromagnetischen Feldern von Funkanlagen konsequent und uneingeschränkt Anwendung finden." /
https://emf3.bundesnetzagentur.de / Download am 24.04.2019 /

S 034 / **Autor Klaus Scheidsteger / Titel: Thank You for Calling** /
ISBN Buchdaten: 978-3-89189-222-0 / erschienen im emu-verlag.
Internet: emu-verlag.de

S 057/ **Roland Emmerich – FILM „Hell"** / LINK zum Film /
https://www.filmportal.de/film/hell_a5a498ac061c43b3b9163f50480804d7

S 065 / diagnose:funk: / >> ....*darum „Finger weg" beim Kauf von vernetzten Haushaltsgeräten ...* /
Link:https://www.diagnosefunk.org/download.php?field=filename&id=219&class=DownloadItem
http://info.diagnose-funk.org/broschuerenreihe/index.php
Pressekontakt: Peter Hensinger / Tel: 0711 – 63 81 08
pressekontakt@diagnose-funk.de / Download 12.11.2018.

S 066 / diagnose:funk / >> *Zitat diagnose:funk: „Die 5G Mobilfunkfrequenzen bedeuten eine...*/
Link:https://www.diagnosefunk.org/download.php?field=filename&id=219&class=DownloadItem
http://info.diagnose-funk.org/broschuerenreihe/index.php
Pressekontakt: Peter Hensinger / Tel: 0711 – 63 81 08
pressekontakt@diagnose-funk.de / Download 08.11.2018.

S 098 / A / **Dr. H-C. Scheiner / Die verkaufte Gesundheit / Michaels Verlag** /
ISBN 13: 978-3-89539-170-5 / 2. Auflage Nov. 2006 /
Internet: michaelsverlag.de / Seite 32 / 39 / 97 / 19.04.2019 /

S 098 / B4 / **BUND** / Link: https://www.bund.net/ressourcen-technik/elektrosmog/
/ >>In Deutschland gibt es etwa 75.000 Standorte mit rund 350.000 Mobilfunk-Sendeanlagen, etwa zwei Millionen kleinere Sendeanlagen, rund 100 Millionen häusliche Sendeanlagen wie WLAN oder schnurlose Telefone sowie ca. 140 Millionen Mobiltelefone – sie alle senden elektromagnetische Strahlen aus, die unseren Körper draußen und in unseren eigenen vier Wänden ungeschützt durchdringen<<...
Blatt 1 von 2

S 099 / B4 / BUND / Link: https://www.bund.net/ressourcen-technik/elektrosmog /
Blatt 2 von 2

S 099 / B5 / BUND / diagnose:funk / Link:
https://www.diagnose-funk.org/publikationen/artikel/detail?newsid=802
\>> Schutz von Kindern und Jugendlichen /Gemeinschaftsflyer u.a. BUND zu Mobilfunkrisiken / Gemeinsame Pressemitteilung von BUND- Bund für Umwelt und Naturschutz Deutschland, Kompetenzinitiative zum Schutz von Mensch, Umwelt und Demokratie und Diagnose-Funk - Umwelt- und Verbraucherorganisation zum Schutz vor elektromagnetischer Strahlung<<.
Link / Blätter 4 von 4

S 103 / A / diagnose:funk / Krebsstudien Weltweit /
Link:https://www.diagnosefunk.org/download.php?field=filename&id=219&c
lass=DownloadItem
http://info.diagnose-funk.org/broschuerenreihe/index.php
Pressekontakt: Peter Hensinger / Tel: 0711 – 63 81 08
pressekontakt@diagnose-funk.de / Download: 06.11.2018 /

S 103 / M1 / diagnose:funk / Vorsicht WLAN /
Link:https://www.diagnosefunk.org/download.php?field=filename&id=219&c
lass=DownloadItem
http://info.diagnose-funk.org/broschuerenreihe/index.php
Pressekontakt: Peter Hensinger / Tel: 0711 – 63 81 08
pressekontakt@diagnose-funk.de / Download: 21.10.2018 / 3 von 3 Blätter.

S 106 / M2 / DF diagnose:funk / Italienisches Gericht verfügt.../
Link:https://www.diagnosefunk.org/download.php?field=filename&id=219&c
lass=DownloadItem
http://info.diagnose-funk.org/broschuerenreihe/index.php
https://www.diagnose-funk.org/publikationen/artikel/detail?newsid...
Pressekontakt: Peter Hensinger / Tel: 0711 – 63 81 08
pressekontakt@diagnose-funk.de / Download 16.02.2019 / Blatt 1 von 1.

S 111 / EU Gesetzblatt / 11.03.2019 / EU Kommission /
Quellverzeichnis dieser Tabelle / Link.
https://eur-lex.europa.eu/LexUriServ/LexUriServ.do?uri=COM:2008:0532:F
IN:DE:PDF
Zitat aus der EU Rats Empfehlung / Link:
http://ec.europa.eu/health/ph_determinants/environment/EMF/e
bs272a_en.pdf / Download 24.04.2019 /

S 114 / EU Forschungsprojekte / 11.03.2019 / EU Kommission / Quellverzeichnis
dieser   Tabelle / Link.
https://eur-lex.europa.eu/LexUriServ/LexUriServ.do?uri=COM:2008:0532:F
IN:DE:PDF / Download 24.04.2019

S 119 / Presse Mitteilung der Landesregierung vom 19.06.2018.
Zitat >> Landesregierung Brandenburg will Mobilfunkstandard 5G testen << / / Link: Landesregierung Brandenburg / Download 12.01.2019

S 121 / rbb 24 / Bauernverband Mecklenburg / Pressemitteilung 13.01. 2019
Zitat >> Thema: Flächendeckendes schnelles Internet / Bauernverband fordert 5G bis "an jeden Milchtank" Veröffentlichung 13.01.19 / Download: 18.03.2019 / dpa/Norz.

S 121 / Newsletter Meldung des Diagnose Funk e. V. *Zitat >> Stuttgarter Stadträt/e/innen geben LTE frei /*
Link:https://www.diagnosefunk.org/download.php?field=filename&id=219&class=DownloadItem
http://info.diagnose-funk.org/broschuerenreihe/index.php
Pressekontakt: Peter Hensinger / Tel: 0711 – 63 81 08
pressekontakt@diagnose-funk.de / Download: 18.04.2019 /.

S 122 / diagnose:funk / Offener Brief einer Ärztin /
Link:https://www.diagnosefunk.org/_files/news/news_1361/img_intro_contentmain_newslandscape.jpg / Blatt 1 von 5. /
Link:https://www.diagnosefunk.org/download.php?field=filename&id=219&class=DownloadItem
http://info.diagnose-funk.org/broschuerenreihe/index.php
Pressekontakt:
Peter Hensinger
Tel: 0711 – 63 81 08
pressekontakt@diagnose-funk.de / Download am 26.03.2019

S 127 / Ä1 / diagnose:funk / Ärztekammerbrief Wien /
Link: http://www.aekwien.at/media/Plakat_Handy.pdf /
Pressestelle der Ärztekammer für Wien kostenlos - auch für Schulen - unter Tel. 01/51501-1223 DW, E-Mail: pressestelle@aekwien.at /
Download auf der Homepage der Ärztekammer für Wien /
Download am 22.03.2019 / Blatt 1 von 2

S 140 / Quelle ZeitenSchrift Verlag / MVW / Autor: Frank-Robert Belewsky /
Titel **/ Vom Verschwinden des Wassers /**
Erschienen in ZeitenSchrift Nr. 72 / Ab Seite38 / Umfang Artikelauszug
Themen / Planet Erde • Umweltschutz / Wasser / Mikrowellen / Mobilfunk
Download am 16.01.2019 / Link:
https://www.zeitenschrift.com/uploads/extract/2012/06/72_Mikrowellen-Vom_Verschwinden_des_Wassers2.jpeg / 9 von 9 Blätter.

S 149 / Quelle ZeitenSchrift Verlag / LMW / Lasen Mikrowellen unser Wasser verdunsten / Download am 16.01.2019 /
Link:https://www.zeitenschrift.com/uploads/extract/2010/12/54-wasser.jpg

/ 6 von 6 Blätter.

S 159 A / diagnose:funk / / *Die Machbarkeit ist bereits gegeben! /*
Link:
https://www.diagnosefunk.org/download.php?field=filename&id=219&class
=DownloadItem
http://info.diagnose-funk.org/broschuerenreihe/index.php
Pressekontakt: Peter Hensinger / Tel: 0711 – 63 81 08
pressekontakt@diagnose-funk.de / Download 24.02.2019 /.

S 159 B / diagnose:funk / *Smart City, Smart Country, Smart Mobility,*
Link:https://www.diagnosefunk.org/download.php?field=filename&id=219&c
lass=DownloadItem
http://info.diagnose-funk.org/broschuerenreihe/index.php
Pressekontakt: Peter Hensinger / Tel: 0711 – 63 81 08
pressekontakt@diagnose-funk.de / Download 25.02.2019.

S 160 A3 / diagnose:funk /
Angebliche Fälschung einer Doktorarbeit an der Charité?
http://www.diagnose-funk.org/wissenschaft/wien-angebliche-
datenfaelschung/index.php
http://www.diagnose-funk.org/infoformate/brennpunkt/who-lehnt-prof-a-
lerchl-als-mitarbeiter-ab.php
Broschüre der Kompetenzinitiative:
http://info.diagnose-funk.org/broschuerenreihe/index.php
Pressekontakt: Peter Hensinger / Tel: 0711 – 63 81 08
pressekontakt@diagnose-funk.de
www.diagnose-funk.de / Download 24.02.2019 / 3 von 3 Blätter.

S 163 / Autor und Journalist Jens Wernicke / Das Strahlungskartell /
Selbst auf kenfm.de publiziert am 28.11.2016, Lizenz: KenFM /
Link:https://www.diagnosefunk.org/download.php?field=filename&id=219&c
lass=DownloadItem
http://info.diagnose-funk.org/broschuerenreihe/index.php
Pressekontakt: Peter Hensinger / Tel: 0711 – 63 81 08
pressekontakt@diagnose-funk.de / Download: 03.03.2019 / 12 von 12 Blä.

S 176 / BH1 / Autor Bernd Hartmann / Diagnose Funk /
Link:https://www.diagnosefunk.org/download.php?field=filename&id=219&c
lass=DownloadItem
http://info.diagnose-funk.org/broschuerenreihe/index.php
Pressekontakt: Peter Hensinger / Tel: 0711 – 63 81 08
pressekontakt@diagnose-funk.de /
Download 24.02.2019 / Blätter 5 von 5.

S 181 / B2 / ZeitenSchrift Verlag / ZeitenSchrift-Druckausgabe Nr. 64
Rotten Handystrahlen unsere Bienen aus
Link; https://www.zeitenschrift.com/uploads/extract/2010/12/55_bienen.jpg
/ Download 20.02.2019 / Blätter 5 von 5 /

ZeitenSchrift Internetausgabe Leseprobe

1;vgl. ZS 55 (3. Quartal 2007): Rotten Handystrahlen unsere Bienen aus?
2; Eigentlich: „Reduktions-Oxidations-Reaktion". Bei diesem fundamentalen chemischen Prozeß gibt ein Stoff Elektronen ab (Oxidation), während sein Reaktionspartner Elektronen aufnimmt (Reduktion). Ein gesundes Verhältnis solcher Vorgänge ist für alle Zellen überlebenswichtig."
3; vgl. ZS 56, Seite 2: Der Urzeit-Code: Elektrofeld statt Gentechnologie

S 186 / B3 / ZeitenSchrift Verlag / ZeitenSchrift-Druckausgabe Nr. 55 /
Bienen Quasseln oder Essen? /
Link: https://www.zeitenschrift.com/uploads/extract/2010/12/64_bienenster ben_2.jpeg / Download 20.02.2019 / Blätter 6 von 6 /

ZeitenSchrift Internetausgabe Leseprobe

S 192 / diagnose:funk / **Mobilfunk: Studienergebnisse bestätigen eindeutige Risiken!** / Link:
https://www.diagnosefunk.org/download.php?field=filename&id=219&class=DownloadItem
http://info.diagnose-funk.org/broschuerenreihe/index.php
Pressekontakt: Peter Hensinger / Tel: 0711 – 63 81 08
pressekontakt@diagnose-funk.de / Download 03.02.2019 / Blätter 4 von 4.

S 196 / diagnose:funk / **Der ATHEM Report / Österreich Teil II /**
Link: https://www.AUVA_R47_ATHEM.pdf / Download 03.02.2019 /
Blatt 1 von 7

AUVA /Allgemeine Unfallversicherungsanstalt /
Adalbert-Stifter-Strasse 65
1200 Vienna / Austria / DVR: 0024163

Die Verfasser: AUVA
Dipl.-Ing. Dr. Hamid Molla-Djafari
Allgemeine Unfallversicherungsanstalt
Adalbert Stifter Straße 65, 1200 Wien
ÖSTERREICH
hamid.molla-djafari@auva.at

Seibersdorf Labor GmbH
Dipl.-Ing. Gernot Schmid,
Fachbereich Elektromagnetische Verträglichkeit
Seibersdorf Labor GmbH
2444 Seibersdorf /ÖSTERREICH /
gernot.schmid@seibersdorf-laboratories.at

Dr. Helga Tuschl,
Toxicology,
Seibersdorf Labor GmbH
2444 Seibersdorf
ÖSTERREICH

Dipl.-Ing. Letizia Farmer,
Toxicology
Seibersdorf Labor GmbH
2444 Seibersdorf
ÖSTERREICH
letizia.farmer@seibersdorf-laboratories.at

Dipl.-Ing. Dr. Georg Neubauer,
Fachbereich Elektromagnetische Verträglichkeit
Seibersdorf Labor GmbH
2444 Seibersdorf
ÖSTERREICH
georg.neubauer@seibersdorf-laboratories.at

Med. Univ. Wien

Ao. Univ. Prof. Dr. Michael Kundi,
Med. Univ. Wien, Institut für Umwelthygiene,
AG für Arbeits- und Sozialhygiene,
Kinderspitalgasse 15,1095 Wien.
ÖSTERREICH
michael.kundi@meduniwien.ac.at

A.o. Univ. Prof. Dr. Christopher Gerner,
Med.Univ. Wien, Innere Klinik-1,
Inst. f. Krebsforschung, Borschkegasse 8a,
1090 Wien.
ÖSTERREICH
christopher.gerner@meduniwien.ac.at

Ao. Univ. Prof. Dr. Wilhelm Mosgöller
Med. Univ. Wien, KIM-1,
Abt.: Institut f. Krebsforschung
Borschkegasse 8a,1090 Wien
ÖSTERREICH
wilhelm.mosgoeller@meduniwien.ac.a

S 203 / *Dr. H.-Peter Neitzke / Spinkonversion und freie Radikale /* diagnose:funk /
Link:https://www.diagnosefunk.org/download.php?field=filename&id=219&class=DownloadItem
http://info.diagnose-funk.org/broschuerenreihe/index.php
Pressekontakt: Peter Hensinger / Tel: 0711 – 63 81 08
pressekontakt@diagnose-funk.de / Download am 26.03.2019 /
Blätter 4 von 4.

S 206 / diagnose:funk / Einfluss auf die endogenen elektrischen Ströme und Felder /
Link:https://www.diagnosefunk.org/download.php?field=filename&id=219&class=DownloadItem
http://info.diagnose-funk.org/broschuerenreihe/index.php
Pressekontakt: Peter Hensinger / Tel: 0711 – 63 81 08
pressekontakt@diagnose-funk.de / Download am 20.03.2019 /
Blätter 3 von 3.

S 210 / Aufzählung wissenschaftlicher Erkenntnisse / diagnose:funk mit Direkten Quellenangaben /
Link:https://www.diagnosefunk.org/download.php?field=filename&id=219&class=DownloadItem
http://info.diagnose-funk.org/broschuerenreihe/index.php
Pressekontakt: Peter Hensinger / Tel: 0711 – 63 81 08
pressekontakt@diagnose-funk.de / Download am 22.03.2019 /
Blätter 7 von 7 /

S 217 / diagnose:funk / Sendemaststudien werden unmöglich /
Link:https://www.diagnosefunk.org/download.php?field=filename&id=219&class=DownloadItem
http://info.diagnose-funk.org/broschuerenreihe/index.php
Pressekontakt: Peter Hensinger / Tel: 0711 – 63 81 08
pressekontakt@diagnose-funk.de / Download am 24.03.2019 /
Blätter 3 von 3.

S 220 / diagnose:funk / Frequenzmix und Wechselwirkungen nicht erforscht! /
Link:https://www.diagnosefunk.org/download.php?field=filename&id=219&class=DownloadItem
http://info.diagnose-funk.org/broschuerenreihe/index.php
Pressekontakt: Peter Hensinger / Tel: 0711 – 63 81 08
pressekontakt@diagnose-funk.de / Download am 26.03.2019 /
Blätter 5 von 5.

S 225 / diagnose:funk / Chronologie der Ereignisse / MOBILFUNK-CHRONOLOGIE / Politische und wissenschaftliche Dokumente / https://www.DF_Mobilfunk_Chronologie_Stand_181210a2003 – 2018 / **Impressum:**
Diagnose-Funk e.V.
Postfach 15 04 48
D - 70076 Stuttgart
kontakt@diagnose:funk.de
Diagnose-Funk Schweiz
Heinrichsgasse 20 CH - 4055 Basel
kontakt@diagnose:funk.ch
Dezember 2018
Link in den einzelnen Artikeln und Verzeichnissen /
Download am 02.03.2019 / Blätter 36 von 36 /

S 263 / Quelle: ZeitenSchrift Verlag / Titel: Internet der Dinge / Freier Download Erschienen in ZeitenSchrift Nr. 94 / Umfang Artikelauszug Link:https://www.zeitenschrift.com/uploads/extract/ZS94/94-internetofthings.jpg/ Download am 28.03.2019 18:32 / 9 von 9 Seiten.

S 271 / Bundesstrahlenschutz-Kommission- und Behörden – Lexikon / / mit eigenen Zusätzen aber getrennt! / Link Quelle: TN Deutschland https://www.bundesnetzagentur.de/cln_1422/DE/Sachgebiete/Telekommunikation/Unternehmen_Institutionen/Marktbeobachtung/Deutschland/Mobilfunkteilnehmer/Mobilfunknehmer.html?nn=268208 Download: 16.04.2019. / Blätter 15 von 15 /.

Statistik zu Handynutzern und Verträgen:
Die Statistik bildet die Entwicklung der Anzahl der Mobilfunkanschlüsse weltweit in den Jahren 1993 bis 2018 ab. Im Jahr 2017 belief sich die Anzahl der Mobilfunkanschlüsse, d.h. die Anzahl er aktiven SIM-Karten, auf rund 7,8 Milliarden weltweit.
Quelle: https://de.statista.com/statistik/daten/studie/2995/umfrage/entwicklung-der-weltweiten-mobilfunkteilnehmer-seit-1993/
Download 24.04.2019

Bundesnetzagentur Grenzwert Tabellen (Alle):
https://emf3.bundesnetzagentur.de/img/ams.jpg
https://emf3.bundesnetzagentur.de/img/funk_tech.png
https://emf3.bundesnetzagentur.de/
Download 24.04.2019

Statistik und Tabelle zur Einwohnerzahl und Handynutzern:
EU Einwohner 512 Millionen / Download 24.04.2019

Grenzwerte zu E-Smog geprüft über Statistik / Tabelle:
Quelle:https://ec.europa.eu/eurostat/documents/2995521/6903514/3-10072015-AP-DE.pdf/1dc02177-b1d7-47ed-8928-66fec35e2e36
Herausgegeben von: Eurostat Press Office Erstellung der Daten:
Vincent BOURGEAIS / Tel +352-4301-33444 / eurostat-pressoffice@ec.europa.eu
Andrea GEREÖFFY / Tel. +352-4301-37061 / andrea.gereoffy@ec.europa.eu
Download: 16.04.2019. / Blatt 1 bis 5 /

Grenzwert Recherche International
AUVA / Allgemeine Unfallversicherungsanstalt
Adalbert-Stifter-Strasse 65
1200 Vienna
Austria
DVR: 0024163

Impressum:
Diagnose-Funk e.V.
Postfach 15 04 48
D - 70076 Stuttgart
kontakt@diagnose:funk.de
Diagnose-Funk Schweiz
Heinrichsgasse 20 CH - 4055 Basel
kontakt@diagnose:funk.ch

Quelle; Medizinische Wochenschrift 1932 / DiagnoseFunk
Download 24.04.2019

File:///F:/E%20SMOG/Schliephake_Deutsche_Medizinische_Wochenschrift_1932.p df

Bericht 1932:
Arbeitsergebnisse auf dem Kurzwellengebiet, 1932
Vortrag in der Berliner Medizinischen Gesellschaft am 15.6.1932
Autor: Priv.-Doz. Dr. Erwin Schliephake, Jena-Gießen
Inhalt:

>> Dr. Schliephake berichtete über die deutliche Beeinflussung des Gesamtorganismus durch die freie Hertzsche Welle im Strahlungsfeld von starken Kurzwellensendern. Er beschrieb biologische Wirkungen, die sich nicht alleine durch die Wärmewirkung erklären lassen: starke Mattigkeit am Tag, dafür in der Nacht unruhiger Schlaf, zunächst ein eigenartig ziehendes Gefühl in der Stirn und Kopfhaut, dann Kopfschmerzen, die sich immer mehr steigern, bis zur Unerträglichkeit. Dazu Neigung zu depressiver Stimmung und Aufgeregtheit. Erste Indizien für die nichtthermischen Wirkungen elektromagnetischer Felder und das in der wissenschaftlichen Literatur beschriebene Rundfunk-/ Mikrowellensyndrom <<
Quelle Diagnose-Funk e.V.

Ehemaliges ICNIRP-Mitglied fordert Revision der Grenzwerte!
Eindeutige Beweise für Krebsrisiko der Mobilfunkstrahlung!
Quelle Diagnose-Funk e.V.
Gesamtzusammenfassung zu den INCRP Studien:
Lin JC. Clear evidence of cell-phone RF radiation cancer risk. IEEE
Microwave Magazine. 19(6):16-24. Sep/Oct 2018.
DOI:10.1109/MMM.2018.2844058. https://ieeexplore.ieee.org/document/8425056/
Lin JC. The NTP cell phone RF radiation health effects project. IEEE
Microwave Magazine. 18(1): 15-17. Jan/Feb 2017. DOI:
10.1109/MMM.2016.2616239. https://ieeexplore.ieee.org/document/7779288/
(2) Analysen über den Lobbyismus und die Grenzwerte enthalten die Brennpunkte:

- Handystrahlung und Gehirntumore. Stand der Forschung; Mai 2017
- Mobilfunk - Grenzwerte entzaubert: Studie weist nach, wie Grenzwerte scheinwissenschaftlich legitimiert werden; Januar 2017

Siehe: https://www.diagnose-funk.org/publikationen/diagnose-funk-
publikationen/brennpunkt
(3) Gandhi Om P. et al. (2011): Exposure Limits: The underestimation of absorbed cell phone radiation, especially in children; Electromagnetic Biology and Medicine, Early Online: 1–18, 2011 Copyright Q Informa Healthcare USA, Inc.

ISSN: 1536-8378print / 1536-8386; online DOI: 10.3109/15368378.2011.622827;
in deutscher Übersetzung als diagnose:funk Brennpunkt erschienen.
(4) ICNIRP statement 2002, general approach, Health Phys. 82, 540-548
(S. 546), Ergänzung der ICNIRP-Richtlinien von 1998
(auf denen die Grenzwerte beruhen),
Quellen:
https://www.saferemr.com/2016/05/national-toxicology-progam-finds-cell.html
http://www.emfsa.co.za/news/clear-evidence-of-cell-phone-rf-radiation-cancer-risk/

Bilderverzeichnis

Legende zu den Bildern / Tabellen:
Seite / Autor oder Behörde / Link / Downloaddatum / Querverweise

S 008 / Pixabay / freie Nutzung / 15.03.2019 / Funkmasten / 1 mal verwendet /
S 010 / Medizinische Wochenschrift 1932 /
File:///F:/E%20SMOG/Schliephake_Deutsche_Medizinische_Wochenschrif
t_1932.pdf / Download 11.03.2019 / Deutsche Medizinische Wochenschrift
/ 1-mal verwendet /.
S 014 / Pixabay / freie Nutzung / 15.03.2019 / Erde im Glas / 1 x verwendet /
S 018 / Pixabay / freie Nutzung / 14.03.2019 / Antennenblock / 1 x verwendet /
S 020 / Pixabay / freie Nutzung / 15.03.2019 / Funkwelle orange / 1 x verwendet /
S 028 / Pixabay / freie Nutzung / 15.03.2019 / Bestrahlter Mensch / 1 x verwendet /
S 032 / Pixabay / freie Nutzung / 11.03.2019 / Herzsignale / 1 x verwendet /
S 042 / Pixabay / freie Nutzung / 11.03.2019 / Baby und Teddy / 1 x verwendet / Bild
https://pixabay.com/de/users/cherylholt-209609.
S 045 / Pixabay / freie Nutzung / 11.03.2019 / Smartphone Social / 1 x verwendet /
S 054 / Tabelle A1 / Bundesstrahlenschutzkommision / Bundesgesetzblatt. /
Anhang 1a (zu §§ 2, 3, 3a, 10) / Fundstelle: BGBl I 2013, 3270 /
Link: https://emf3.bundesnetzagentur.de/img/ams.jpg
Link: https://emf3.bundesnetzagentur.de/img/funk_tech.png
Download 12.04.2019 / mehrfach verwendet /
S 053 / Tabelle A2 / Bundesstrahlenschutzkommision / Bundesgesetzblatt. /
Anhang 1b (zu §§ 2, 3, 3a, 10) / Fundstelle: BGBl I 2013, 3270 /
Link :https://emf3.bundesnetzagentur.de/img/ams.jpg
Download 12.04.2019 / mehrfach verwendet /
S 054 / Pixabay / freie Nutzung / 11.03.2019 / Mensch Strahlung / 1 x verwendet /
S 060 / Pixabay / freie Nutzung / 11.03.2019 / Dunkle Wolken / 1 x verwendet /
S 063 / Pixabay / freie Nutzung / 11.03.2019 / Glühbirne / 1 x verwendet /
S 070A / rbb Fernsehen / Eigenes Bild vom TV / 12.10.2018 / Kopfschmerz /.
rbb Berlin Bericht vom 12.10.18 / 1 x verwendet /.
S 070B / Zeitschrift „Das Wochenblatt" / Eigenes Bild mit Kamera am 11.04.2018 /
/ Zeitungsbericht: Mysterium Nervenschmerz, erschienen Oktober 2017 /
1 x verwendet.
S 073 / Tabelle / 11.03.2019 / *Krankheitsverläufe nach Einführung des DECT*
System bei Schur los Telefonen. Link im Verzeichnis. / 1 x verwendet /
S 074 / Pixabay / freie Nutzung / 11.03.2019 / *Schutzbefohlene* / 1 x verwendet /
S 077 / Pixabay / freie Nutzung / 11.03.2019 / *Brückenbau* / 1 x verwendet /.
S 087 / Pixabay / freie Nutzung / 11.03.2019 / Herz im *Handy* / 1 x verwendet /
S 097 / Pixabay / freie Nutzung / 11.03.2019 / *Göttlicher Funke* / 1 x verwendet /

S 098 / Pixabay / freie Nutzung / 11.03.2019 / *Schmetterlinge* / 1 x verwendet /

S 108 / Bildquelle: Verbraucherschutzorganisation Deutschland /
Nr. 80, August   2004   **Verlag:** Verbraucher initiative Service GmbH,
Elsenstr. 106 / 12435 Berlin, / Tel. (030) 53 60 73-3, Fax (030) 53 60 73-45,
mail@verbraucher.com / Download 12.10.2018 /
Herausgeber: Die VERBRAUCHERINITIATIVE e.V.,
Redaktion: Georg Abel (V.i.S.d.P.), Autor: Ralf Schmidt-Pleschka,
Layout: setz it. Gabriele Richert, Kirstin Wermter, Sankt Augustin,
Recherche Grenzwerte Internationaler Vergleich /
Download 08.04.2019 /
Bundesnetzagentur:
https://emf3.bundesnetzagentur.de/img/funk_tech.png
1 x verwendet /

S 109 / EU Gesetzblatt / 11.03.2019 / EU Kommission / Quellverzeichnis dieser
Tabelle / Link.
https://eur-lex.europa.eu/LexUriServ/LexUriServ.do?uri=COM:2008:0532:F
IN:DE:PDF / 1 x verwendet/.

S 110 / EU Gesetzblatt / 11.03.2019 / EU Kommission / Quellverzeichnis dieser
Tabelle / Link.
https://eur-lex.europa.eu/LexUriServ/LexUriServ.do?uri=COM:2008:0532:F
IN:DE:PDF / 1 x verwendet/.

S 129 / Pixabay / freie Nutzung / 11.03.2019 / *Mensch Glühbirne* / 1 x verwendet /.

S 134 / Pixabay / freie Nutzung / 11.03.2019 / *Im Netz sichtbar* / 1 x verwendet /.

S 136 / Pixabay / freie Nutzung / 11.03.2019 / *Wasseratom* / 1 x verwendet /

S 137 / Pixabay / freie Nutzung / 11.03.2019 / *Grashalm Wasser* / 1 x verwendet /

S 139 / Pixabay / freie Nutzung / 11.03.2019 / *Roter Himmel* / 1 x verwendet /

S 148 / Pixabay / freie Nutzung / 11.03.2019 / *Wasser im Glas* / 1 x verwendet /

S 155 / Pixabay / freie Nutzung / 11.03.2019 / *Wassertropfen Bild* / 1 x verwendet /

S 157 / Pixabay / freie Nutzung / 11.03.2019 / *PC/Handy in Ketten* / 1 x verwendet /.

S 202 / Pixabay / freie Nutzung / 11.03.2019 / *Durchsichtig* / 1 x verwendet /

S 265 / Pixabay / freie Nutzung / 11.03.2019 / *Funkwelle Schnitt* / 1 x verwendet /

S 266 / Pixabay / freie Nutzung / 11.03.2019 / *Funkwelle Herz* / 1 x verwendet /

DANKE Sagen!

Allen Personen und Organisationen ein herzliches Dankeschön, für das umfangreiche Wissen, das Sie mir mit ihren Veröffentlichungen zur Verfügung gestellt haben.

Insbesondere würde ich mich sehr darüber freuen, wenn Sie lieber Leser, dem diagnose:funk e.V. eine kleine Spende zukommen lassen könnten.

Ich betone dazu, dass diese meine Bitte, keinesfalls mit den dort Verantwortlichen abgesprochen ist. Ich mache dies aus freien Stücken. Aber ich denke, dies fordern der Anstand und die allgemeine Fairness, hier darauf aufmerksam zu machen.

Denn ohne diesen Verein und dessen Wissen, würde mein Buch nur auf einem Bein stehen. Umso mehr ist es meine Pflicht hier Danke zu sagen.

Selbes gilt auch für den ZeitenSchrift-Verlag, da dieser mit seinem Weitblick und den dazu veröffentlichten Artikeln schon vor Jahren auf die Problematiken zum Elektro-Smog hingewiesen hat. Auch diesem Team ein herzliches Danke.

Danken möchte ich auch meinen Lektoren und allen Personen, in erster Linie ELISABETH und CHRISTOPHER, die mich immer wieder dazu aufgefordert haben, mein Wissen und mein Engagement für dieses Buch bereitzustellen.

Nicht zu vergessen ist die PIXABAY Community, die mir die Bilder kostenlos zur Verfügung gestellt hat. Ein riesengroßes Danke an Euch alle da draußen.

Insbesondere ein großes Dankeschön an all jene Buchkäufer, die den Mut besessen haben, sich meinem Thema zum Elektro-Smog anzunehmen, es zu lesen und sich dadurch der Konsequenzen daraus voll bewusst zu sein DANKE.

Euer Heinrich Schmid

Stellt Euch vor, es wäre Krieg und keiner ginge hin!
Stellt Euch vor, es gäbe Handys, aber keiner telefoniert mehr damit!

Schlussworte

Deutlicher kann man es wohl kaum aufzeigen, wohin die Reise mit uns allen geht und welch hohe Verantwortung Sie sich selbst bereits aufgebürdet haben, sofern Sie mobile Geräte zur Kommunikation nutzen. Im Moment steuern wir auf unseren gemeinsamen Untergang zu, obwohl es eigentlich ein Leichtes wäre, sofort mit dem Ausstieg zu beginnen. Alle notwendigen Technologien, wie die der Kabel - oder Optischen - Systeme, sind bereits vorhanden. Aber unsere verflixte Bequemlichkeit macht uns immer wieder alles zu Nichte. Neueste fundierte Erkenntnisse zeigen, worauf wir alle zusteuern, sollten wir der auf Elektro-Smog basierende Mobilität nicht sofort Einhalt gebieten. Die schier unglaublichen Zustände, sowohl beim Gesetzgeber als auch bei der Industrie, müssen schonungslos aufgedeckt, zur Debatte gebracht und auch beim Namen genannt werden. Es liegt aber auch an uns allen, und vor allem an jedem von uns selbst, hier und jetzt eine Entscheidung zu treffen. Sein oder Nichtsein sind die zwei Optionen, die uns Menschen jetzt noch zur Verfügung stehen. Ein zwischendrin gibt es schon seit Jahren nicht mehr, da der von uns ausgelöste Massenhype zum Handy, fast alles bereits zunichtegemacht hat. Da werden Datenmengen für vollkommen sinnlose Bilder, Filme, Musik und dergleichen versendet, die alles bisher Dagewesene, restlos in den Schatten stellen. Ein Ende ist überhaupt nicht in Sicht. Bedenken Sie bitte eines vorweg: Die Lage ist nicht erst seit der geplanten Einführung von 5G mehr als kritisch. Nur stehen Sie bei weitem nicht so im Fokus, obwohl deren Schädlichkeit für unsere Gesundheit, seit Jahren schon bewiesen ist. Ich betone es noch einmal ganz ausdrücklich: Gesund oder Krank sein, das ist die unumstößliche Konsequenz daraus! Machen Sie sich mit diesem Buch und dem darin enthaltenen Wissen selbst ein Bild davon. Sie ganz allein, sollten für das Wohl und Wehe von sich und anderen entscheiden. Nicht dass es hinterher wieder nur heißt: „Aber ich habe es doch nicht gewusst"
Euer Heinrich!

Was ich noch zu sagen hätte!

Der mobile Reim / Vers

„Meinem Handy sei Dank"!

Oh Telefon, oh Telefon,
oh Klingel du mal schon,
damit auch ich zum E-Smog komm,
und nicht mehr allzu lange warten brauch,
weil all die andern machen´s auch,
so komm ich meinem Ende,
wenigstens mit meinem Handy,
möglichst schnell entgegen,
und dies gibt mir auch den letzten Segen.

Nun steh ich hier ich armer Thor,
und will's kaum glauben was ich las zuvor,
das Böse wollte ich mit dem Beelzebub austreiben,
doch auch der ließ die Menschen leiden,
da dieser selbst sich mit Leidenschaft,
durchs eigene Telefon hinweggerafft.

Grundlegende Verantwortung zeigen!

Bereits ab den ersten wissenschaftlichen Studien (1997) war es schon nicht
mehr von der Hand zu weisen, was wir unseren Kindern zumuten und
welche Schuld wir bereits auf uns geladen haben. Denn unsere Kinder
wären wohl kaum in der Lage gewesen, sich solche krankmachenden
Funknetze mir den dazugehörigen Spielzeugen aufzubauen und
herzustellen. Um diese anschließend in gigantischen Kaufmännischen
Organisationen, unter die Leute zu bringen.
Und exakt diesen viel zu engen Schuh,
darf sich die momentan vorhanden „dritte" Generation,
auch ganz allein anziehen.

Lightning Source UK Ltd.
Milton Keynes UK
UKHW031013101120
373143UK00015B/1232